# 无线传感器网络安全与加权复杂网络抗毁性建模分析

叶 清　王甲生　袁志民　付 伟　著

电子工业出版社
Publishing House of Electronics Industry
北京·BEIJING

## 内 容 简 介

本书围绕无线传感器网络安全与加权复杂网络抗毁性建模展开论述，首先对无线传感器网络进行了概述，接着分别介绍了无线传感器网络安全理论、加权复杂网络基础理论，详细阐述了无线传感器网络安全认证方案、安全路由协议、位置隐私保护，并系统分析了加权复杂网络抗毁性建模关键问题、不完全信息条件下加权复杂网络抗毁性建模、修复策略下加权复杂网络抗毁性建模、加权复杂网络抗毁性优化设计，在无线传感器网络安全和加权复杂网络抗毁性建模方面分别给出了具体的仿真分析。

本书兼具理论深度和工程实用性，内容叙述专业性较强、逻辑联系较紧密，便于相关领域人员了解和掌握该研究领域的相关内容，为进一步的深入研究打下基础。

本书适合高等院校的信息安全、网络工程、物联网、计算机等专业的研究生和高年级本科生，以及从事网络信息安全、物联网工程等领域工作的科研人员阅读。

未经许可，不得以任何方式复制或抄袭本书之部分或全部内容。
版权所有，侵权必究。

**图书在版编目（CIP）数据**

无线传感器网络安全与加权复杂网络抗毁性建模分析/叶清等著. —北京：电子工业出版社，2022.6
ISBN 978-7-121-43607-9

Ⅰ. ①无… Ⅱ. ①叶… Ⅲ. ①无线电通信－传感器－网络安全 Ⅳ. ①TP212

中国版本图书馆 CIP 数据核字（2022）第 090094 号

责任编辑：管晓伟　　文字编辑：韩玉宏
印　　刷：天津千鹤文化传播有限公司
装　　订：天津千鹤文化传播有限公司
出版发行：电子工业出版社
　　　　　北京市海淀区万寿路 173 信箱　邮编：100036
开　　本：720×1000　1/16　印张：20　字数：327.4 千字
版　　次：2022 年 6 月第 1 版
印　　次：2024 年 6 月第 3 次印刷
定　　价：100.00 元

凡所购买电子工业出版社图书有缺损问题，请向购买书店调换。若书店售缺，请与本社发行部联系，联系及邮购电话：(010) 88254888，88258888。
质量投诉请发邮件至 zlts@phei.com.cn，盗版侵权举报请发邮件至 dbqq@phei.com.cn。
本书咨询联系方式：(010) 88254460，guanxw@phei.com.cn。

# 前 言

无线传感器网络（Wireless Sensor Network，WSN）是由许多个功能相同或不同的传感器节点以自组织、多跳方式构成的无线网络。该网络集计算机技术、传感器技术、微电子技术、嵌入式技术、无线通信技术及分布式信息处理技术于一体，能够协作地实时监测、感知和采集各种环境或监测对象的信息，并对其进行处理，再将处理后的信息传送到外部目标。无线传感器网络的发展和应用可以使人们直观地感知物理世界，极大地扩展了人类的感知和认知能力，潜移默化地改变着人与自然的交互方式。无线传感器网络在国防军事、环境监测、目标跟踪、抢险救灾、智能控制、生物医疗等领域具有广泛的应用前景，成为信息科学的重要研究领域。

广域随机部署的无线传感器网络，无论是在网络拓扑结构方面，还是在网络业务数据传输方面，均具有相当的复杂性。因此，它实际上是一种复杂网络。现实无线传感器网络的功能往往是通过拓扑结构、物理过程和权重的相互作用而呈现出来的，通过研究加权复杂网络（Weighted Complex Network，WCN）可以加深对实际无线传感器网络的理解，同时对优化无线传感器网络的功能具有一定的指导意义。加权复杂网络的抗毁性是指在网络中的节点（或边）发生随机失效或遭受蓄意攻击的情况下，网络维持其功能的能力。系统地研究抗毁性，为设计出抗毁性更强、服务能力更优的复杂无线传感器网络提供科学依据。

无线传感器网络具有分布性、动态性和开放性的特点，传统的安全机制难以应对其安全需求，而身份认证技术是无线传感器网络安全的第一道屏障。目前，对身份认证技术的研究主要集中在密码算法的设计及密钥的获取方式上。这很难从根本上满足开放、动态分布网络的安全需求，认证过程仍然会遭受重放、中间人攻击等。本书以无线传感器网络为研究背景，对身份认证的相关技术进行了研究。此外，本书总结现有的无线传感器网络路由协议中存在的问题，分析其可能遭受的攻击及这些攻击对整个无线网络造成的影响，在此基础上提出基于动态密钥管理的 LEACH 安全路由协议和基于信任评估的安全路由协议。位置隐私泄露是无线传感器网络主要的安全威胁之一，位置隐私窃取手段多样，而位置的泄露又会进一步引起网络设施与监测对象遭受攻击。因此，设计能够抵御多种攻击、适应于无线传感器网络特点的位置隐私保护协议具有重要意义。本书主要基于差分隐私保护与位置隐私保护结合的思想对无线传感器网络位置隐私保护展开研究。本书在深入分析和总结国内外关于加权复杂网络理论与加权复杂网络抗毁性研究现状的基础上，运用理论分析与数值仿真相结合的方法，对加权复杂网络抗毁性建模相关问题进行系统深入的研究，并进行仿真分析。

因此，本书紧紧围绕当前无线传感器网络应用亟待解决的安全认证、安全路由、位置隐私保护、网络抗毁性等领域的问题，从理论研究与工程实践相融合的创新视角，系统地阐述了无线传感器网络在安全认证、安全路由、位置隐私保护、网络抗毁性等方面的新算法、新方案、新模型等。

本书共 10 章，可分为以下三个部分。

第 1 部分为概述和基础理论，包括第 1～3 章。第 1 章介绍无线传感器网络的基本结构、发展概况、通信与组网技术、支撑技术、复杂网络特征、应用场景、可能遭受的攻击及安全需求。第 2 章介绍无线传感器网络安全理论，主要包括安全认证基本理论、安全路由协议基本理论、位置隐私保护基本理论。第 3 章介绍加权复杂网络的特征参量、演化模型、赋权模型等基础理论。

第 2 部分为无线传感器网络安全，包括第 4～6 章。第 4 章详细阐述基于无双线性对的身份加密方案、基于分层管理的安全认证方案、基于零知识证明的安全认证方案。第 5 章深入讨论基于动态密钥管理的 LEACH 安全路由协议、基于动态信任度的信任评估方法、基于信任评估的安全路由协议。第 6 章系统描述差分隐私保护理论、基于聚类匿名化的无线传感器网络源节点差分位置隐私保护协议、基于差分隐私保护的无线传感器网络基站位置隐私保护协议、基于噪声加密机制的无线传感器网络差分位置隐私保护协议。

第 3 部分为加权复杂网络抗毁性建模分析,包括第 7~10 章。第 7 章讨论加权复杂网络抗毁性测度指标选择、不同信息条件下加权复杂网络静态抗毁性、基于改进负载容量模型的加权复杂网络级联抗毁性等关键问题。第 8 章进行不完全信息条件下加权复杂网络抗毁性建模分析。第 9 章进行修复策略下加权复杂网络抗毁性建模分析。第 10 章对加权复杂网络抗毁性优化设计进行探讨。

叶清负责全书设计和统稿,并撰写了第 4~6 章。第 1 章和第 2 章由袁志民撰写。第 3 章和第 7 章由付伟撰写。第 8~10 章由王甲生撰写。参与本书撰写工作的还有刘伟、陈渊、黄仁季、张乔嘉等,书中还引用了其他同行的工作成果,在此一并表示感谢。

本书的研究工作得到了国家自然科学基金(71171198、61672531)、湖北省自然科学基金(2011CDB052)等科研项目的支持。

本书可供从事信息安全或无线传感器网络安全研究的高校教师、科技人员、研究生或高年级本科生阅读,可为无线传感器网络安全性、抗毁性方案设计、验证等一系列工作提供参考。

由于作者科研学术水平有限,书中难免存在不妥或错误之处,还请读者见谅。本书内容仅涉及无线传感器网络安全研究领域中的一小部分,希望通过实际研究工作成果的分享,为广大读者提供新的研究思路与方法,欢迎广大读者批评指正。

作 者

# 目 录

## 第1部分 概述和基础理论

### 第1章 无线传感器网络概述 ……………………………………………… 003
- 1.1 无线传感器网络的基本结构 ……………………………………… 004
- 1.2 无线传感器网络的发展概况 ……………………………………… 005
- 1.3 无线传感器网络的通信与组网技术 ……………………………… 006
  - 1.3.1 网络协议体系结构 …………………………………………… 006
  - 1.3.2 物理层协议 …………………………………………………… 008
  - 1.3.3 MAC协议 ……………………………………………………… 009
  - 1.3.4 路由协议 ……………………………………………………… 013
- 1.4 无线传感器网络的支撑技术 ……………………………………… 016
  - 1.4.1 定位技术 ……………………………………………………… 016
  - 1.4.2 时间同步技术 ………………………………………………… 017
  - 1.4.3 数据融合技术 ………………………………………………… 020
  - 1.4.4 安全机制 ……………………………………………………… 022
- 1.5 无线传感器网络的复杂网络特征 ………………………………… 025
  - 1.5.1 网络结构复杂性 ……………………………………………… 026
  - 1.5.2 网络的复杂演化能力 ………………………………………… 026
  - 1.5.3 自组织、自适应复杂性 ……………………………………… 026
  - 1.5.4 多重复杂性融合 ……………………………………………… 027
- 1.6 无线传感器网络的应用场景 ……………………………………… 027

|  | 1.6.1 | 环境监测 | 028 |
|  | 1.6.2 | 军事应用 | 028 |
|  | 1.6.3 | 物联网应用 | 029 |
| 1.7 | 无线传感器网络可能遭受的攻击及安全需求 | | 031 |
|  | 1.7.1 | 无线传感器网络可能遭受的攻击 | 031 |
|  | 1.7.2 | 无线传感器网络的安全需求 | 032 |
| 1.8 | 本章小结 | | 034 |
| 参考文献 | | | 034 |

## 第 2 章 无线传感器网络安全理论 …… 042

| 2.1 | 无线传感器网络安全认证基本理论 | | 042 |
|  | 2.1.1 | 认证基础知识 | 042 |
|  | 2.1.2 | 认证相关技术 | 044 |
|  | 2.1.3 | 可证明安全理论 | 045 |
|  | 2.1.4 | 秘密共享 | 048 |
|  | 2.1.5 | 零知识证明 | 049 |
| 2.2 | 无线传感器网络安全路由协议基本理论 | | 051 |
|  | 2.2.1 | 泛洪路由协议 | 053 |
|  | 2.2.2 | SPIN 路由协议 | 054 |
|  | 2.2.3 | GPSR 协议 | 056 |
|  | 2.2.4 | TEEN 协议 | 058 |
| 2.3 | 无线传感器网络位置隐私保护基本理论 | | 059 |
|  | 2.3.1 | 基本模型 | 060 |
|  | 2.3.2 | 位置隐私保护模型 | 064 |
| 2.4 | 本章小结 | | 065 |
| 参考文献 | | | 066 |

## 第 3 章 加权复杂网络基础理论 …… 068

| 3.1 | 加权复杂网络的特征参数 | | 068 |
|  | 3.1.1 | 点强及强度分布 | 069 |
|  | 3.1.2 | 加权最短路径 | 070 |
|  | 3.1.3 | 加权聚类系数 | 072 |
| 3.2 | 加权复杂网络的演化模型 | | 073 |
|  | 3.2.1 | 边权固定模型 | 074 |

3.2.2　边权演化模型 ·································· 075
3.3　加权复杂网络的赋权模型 ·································· 079
　　3.3.1　典型赋权模型分析 ·································· 079
　　3.3.2　加权复杂网络强度分布熵分析 ·································· 081
3.4　本章小结 ·································· 083
参考文献 ·································· 084

# 第2部分　无线传感器网络安全

## 第4章　无线传感器网络安全认证方案 ·································· 089
4.1　概述 ·································· 089
　　4.1.1　基于对称密码体制的安全认证方案 ·································· 089
　　4.1.2　基于非对称密码体制的安全认证方案 ·································· 091
　　4.1.3　基于身份加密的安全认证方案 ·································· 092
　　4.1.4　广播认证方案 ·································· 093
　　4.1.5　其他安全认证方案 ·································· 093
4.2　基于无双线性对的身份加密方案 ·································· 094
　　4.2.1　相关定义 ·································· 096
　　4.2.2　基于无双线性对的身份加密方案描述 ·································· 098
　　4.2.3　方案分析 ·································· 099
4.3　基于分层管理的安全认证方案 ·································· 103
　　4.3.1　部分分布式认证模型 ·································· 103
　　4.3.2　基于分层管理的安全认证方案描述 ·································· 105
　　4.3.3　方案分析 ·································· 108
4.4　基于零知识证明的安全认证方案 ·································· 109
　　4.4.1　典型的零知识证明协议 ·································· 110
　　4.4.2　基于零知识证明的安全认证方案描述 ·································· 112
　　4.4.3　方案分析 ·································· 114
4.5　本章小结 ·································· 115
参考文献 ·································· 116

## 第5章　无线传感器网络安全路由协议 ·································· 121
5.1　概述 ·································· 121
　　5.1.1　典型路由协议的分类 ·································· 121

5.1.2 典型路由协议可能遭受的攻击 …………………………………… 122
 5.1.3 国内外所提出的安全路由协议 …………………………………… 123
5.2 基于动态密钥管理的 LEACH 安全路由协议 ………………………… 127
 5.2.1 LEACH 协议 …………………………………………………… 127
 5.2.2 基于动态密钥管理的 LEACH 安全路由协议描述 ……………… 129
 5.2.3 算法仿真与分析 ………………………………………………… 133
5.3 基于信任管理机制的安全路由协议 …………………………………… 135
 5.3.1 基于动态信任度的信任评估方法 ……………………………… 136
 5.3.2 基于信任评估的安全路由协议 ………………………………… 142
5.4 本章小结 ………………………………………………………………… 152
参考文献 ……………………………………………………………………… 153

# 第 6 章 无线传感器网络位置隐私保护 ……………………………………… 157

6.1 概述 ……………………………………………………………………… 157
 6.1.1 无线传感器网络源节点位置隐私保护方案 …………………… 157
 6.1.2 无线传感器网络基站位置隐私保护方案 ……………………… 162
6.2 差分隐私保护理论 ……………………………………………………… 166
6.3 基于聚类匿名化的无线传感器网络源节点差分位置隐私保护协议 …… 168
 6.3.1 聚类匿名机制 …………………………………………………… 168
 6.3.2 基于聚类匿名化的无线传感器网络源节点差分位置隐私
      保护协议描述 …………………………………………………… 169
 6.3.3 协议分析 ………………………………………………………… 173
 6.3.4 协议仿真与分析 ………………………………………………… 175
6.4 基于差分隐私保护的无线传感器网络基站位置隐私保护协议 ……… 180
 6.4.1 基于位置的路由 ………………………………………………… 180
 6.4.2 基于差分隐私保护的无线传感器网络基站位置隐私保护
      协议描述 ………………………………………………………… 181
 6.4.3 协议分析 ………………………………………………………… 183
 6.4.4 协议仿真与分析 ………………………………………………… 186
6.5 基于噪声加密机制的无线传感器网络差分位置隐私保护协议 ……… 191
 6.5.1 差分位置隐私保护 ……………………………………………… 191
 6.5.2 基于噪声加密机制的无线传感器网络差分位置隐私保护
      协议描述 ………………………………………………………… 192

| | 6.5.3 | 协议分析 | 196 |
|---|---|---|---|
| | 6.5.4 | 协议仿真与分析 | 198 |
| 6.6 | 本章小结 | | 201 |
| 参考文献 | | | 202 |

# 第3部分 加权复杂网络抗毁性建模分析

## 第7章 加权复杂网络抗毁性建模关键问题 …………………… 211

### 7.1 复杂网络与加权复杂网络抗毁性测度指标选择 …………… 211
  7.1.1 复杂网络抗毁性测度指标选择 …………………… 211
  7.1.2 加权复杂网络抗毁性测度指标选择 ……………… 215

### 7.2 不同信息条件下加权复杂网络静态抗毁性研究 …………… 216
  7.2.1 不同信息条件下加权复杂网络静态抗毁性建模 … 216
  7.2.2 基于网络局部信息的加权复杂网络抗毁性仿真分析 … 218
  7.2.3 基于网络全局信息的加权复杂网络抗毁性仿真分析 … 220
  7.2.4 考虑成本与性能的加权复杂网络抗毁性优化分析 … 222

### 7.3 基于改进负载容量模型的加权复杂网络级联抗毁性研究 … 224
  7.3.1 基于改进负载容量模型的加权复杂网络级联抗毁性建模 … 225
  7.3.2 加权复杂网络级联抗毁性仿真分析 …………… 228
  7.3.3 考虑成本与性能的加权复杂网络级联抗毁性优化分析 … 236

### 7.4 本章小结 …………………………………… 238
参考文献 …………………………………… 239

## 第8章 不完全信息条件下加权复杂网络抗毁性建模分析 …………… 242

### 8.1 加权复杂网络攻击中的不完全信息条件建模 …………… 242
  8.1.1 不完全信息的处理方法 …………………… 242
  8.1.2 加权复杂网络攻击中的不完全信息条件建模分析 … 245

### 8.2 不完全信息条件下加权复杂网络抗毁性分析 …………… 246
  8.2.1 基于灰色系统理论的不完全信息处理 ………… 246
  8.2.2 不完全信息条件下加权复杂网络抗毁性仿真分析 … 248

### 8.3 不完全信息条件下指挥控制网络抗毁性分析 …………… 258
  8.3.1 指挥控制网络拓扑结构模型 …………………… 258
  8.3.2 指挥控制网络模型特征参数分析 ……………… 260
  8.3.3 不完全信息条件下指挥控制网络抗毁性仿真分析 … 261

8.4 本章小结 ································································ 262
参考文献 ··································································· 263

## 第9章 修复策略下加权复杂网络抗毁性建模分析 ························ 265

9.1 加权复杂网络的修复策略研究 ········································ 265
    9.1.1 加权复杂网络的修复策略 ······································ 265
    9.1.2 修复策略下加权复杂网络修复效果仿真分析 ················ 267
9.2 修复策略下加权复杂网络级联抗毁性分析 ··························· 271
    9.2.1 加权复杂网络级联失效的修复策略 ··························· 272
    9.2.2 修复策略下加权复杂网络级联抗毁性仿真分析 ············· 273
9.3 修复策略下指挥控制网络抗毁性分析 ································ 284
    9.3.1 指挥控制网络修复策略及仿真分析 ··························· 284
    9.3.2 修复策略下指挥控制网络级联抗毁性仿真分析 ············· 285
9.4 本章小结 ································································ 287
参考文献 ··································································· 287

## 第10章 加权复杂网络抗毁性优化设计 ·································· 290

10.1 加权复杂网络节点重要度评估方法 ·································· 290
    10.1.1 重要节点发掘的研究现状 ····································· 290
    10.1.2 改进的节点重要度评估模型 ·································· 292
    10.1.3 基于凝聚度的节点重要度评估方法 ·························· 293
    10.1.4 改进的加权复杂网络节点重要度评估方法的步骤 ········· 294
    10.1.5 加权复杂网络节点重要度评估方法仿真分析 ··············· 295
10.2 加权复杂网络容量优化设计 ·········································· 297
    10.2.1 基于有限冗余容量的容量优化设计 ·························· 298
    10.2.2 冗余容量分配策略优化效果仿真分析 ······················· 299
10.3 本章小结 ······························································· 304
参考文献 ··································································· 304

# 第 1 部分　概述和基础理论

# 第1章
# 无线传感器网络概述

无线传感器网络（Wireless Sensor Network，WSN）是属于无线通信网络的一种具体表现，它通过无线传感器节点可以对监测区域内的监测目标对象进行状态感知，采集各种感知数据；此外，无线传感器网络中各个节点之间进行感知数据和指令数据的传递是通过短程无线传输方式进行的。无线传感器网络是通过随机、密集的方式进行各节点部署的，各个节点之间位置、距离、方位可以任意变化；另外，无线传感器网络还可以通过有线或无线的通信方式与其他无线传感器网络及互联网、移动互联网等网络进行互联互通，实现各个网络中数据的交换与协助。

无线传感器网络是一个多跳的、自组织的、通过无线通信方式将分布在一定区域内的传感器节点连接起来而构成的网络系统。无线传感器网络具有信息综合和信息处理能力，并融合了计算机技术（computer technology）、传感器技术（sensor technology）、微电子技术（microelectronic technology）、嵌入式技术（embedded technology）和无线通信技术（wireless communication technology）等多种技术。无线传感器网络也在军事、环境、医疗、工业及家庭等方面得到了广泛运用。

本章将对无线传感器网络的基本结构、发展概况、通信与组网技术、支撑技术、复杂网络特征进行分析介绍，从环境监测、军事应用、物联网应用等应用场景介绍无线传感器网络的应用情况，分析无线传感器网络可能遭受的攻击及安全需求。

## 1.1 无线传感器网络的基本结构

无线传感器网络是由许多个功能相同或不同的传感器节点以自组织、多跳方式构成的无线网络。该网络集传感器技术、嵌入式技术、无线通信技术及分布式信息处理技术于一体,能够协作地实时监测、感知和采集各种环境或监测对象的信息,并对其进行处理,再将处理后的信息传送到外部目标。无线传感器网络的基本结构如图 1-1 所示。

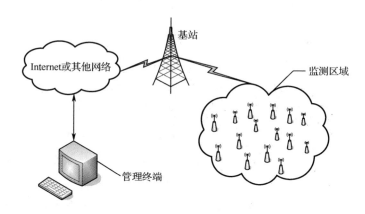

图 1-1 无线传感器网络的基本结构

基站的处理能力、存储能力和通信能力相对比较强,它连接无线传感器网络与因特网等外部网络,实现两种协议栈之间的通信协议转换,同时发布管理节点的监测任务,并把收集的数据转发到外部网络中。

传感器节点通常是一个微型的嵌入式系统,它构成了无线传感器网络的基础层支持平台,它的处理能力、存储能力和通信能力相对较弱,通过携带能量有限的电池供电。从网络功能上看,每个传感器节点兼顾网络节点的中断和路由器双重功能,除进行本地信息收集和数据处理外,还要对其他节点转发来的数据进行存储、管理和融合等处理,同时与其他节点协作完成一些特定任务。

典型的传感器节点由数据采集模块、数据处理和控制模块、通信模块和供电模块组成。其中,数据采集模块由传感器、A/D 转换器组成,负责感知监控对象的信息;供电模块负责供给节点工作所消耗的能量,一般为小体积的电池;通信模块完成节点间的交互工作,一般为无线电收发装置；数据处理和控制模块包括存储器和微处理器，负责控制整个传感器节点的操作，存储和处理本身采集的数据及其他节点发来的数据。同时，一些节点上还装配有能量再生装置、运动或执行机构、定位系统等扩展设备以获得更完善的功能。

## 1.2 无线传感器网络的发展概况

20世纪90年代以后，计算机通信与网络技术得到了飞速的发展，尤其以因特网为代表。这些发展引起了社会、经济、工业生产及传媒等多方面的变化，改变了人们的生活方式，因特网已成为很多人日常生活中不可缺少的一部分。

当前，无线传感器网络硬件技术越来越先进，硬件架构越来越广泛和普遍，已经远超1970年的互联网。

无线传感器网络是国际公认的继互联网之后的第二大网络，其应用最早可追溯到20世纪70年代的越战时期美军所制造的"热带树"系统，在接下来的几十年里无线传感器网络技术得到了长足的发展和完善，应用领域越来越广阔，在人类生活中所起到的作用也越来越大。从节点平台的角度总结无线传感器网络技术的发展历程如表1-1所示。

表1-1 无线传感器网络技术的发展历程

| 时 间 | 发 展 阶 段 | 内 容 |
| --- | --- | --- |
| 1996—1999年 | 起源阶段 | 出现了WINS、Smart Dust、Rene等研究平台，但研究的重点并非网络和通信 |
| 2000—2001年 | 初步阶段 | 出现更多的如Mica、Dot等研究平台，研究水平得到提升 |
| 2002—2003年 | 理论发展阶段 | 无线传感器网络如何更好地应用于特殊环境及如何减小网络能耗等问题成为研究的重点 |
| 2004年 | 初步应用阶段 | Chipeon所研发的能在ZigBee协议下工作的无线传感器网络芯片，促使研究人员对无线传感器网络使用标准有了新的思考，指引出新的研究方向 |
| 2005年至今 | 全面研发阶段 | 更多新型射频芯片被研发和投放到市场 |

发展至今，很多无线传感器网络可连接成千上万个传感器节点，更多的节点还随着技术的发展不断完善和更新，无线传感器在持续发展过程中，其制造成本逐步下降，并且其体积日益缩小，由无线传感器组成的无线传感器网络作为一种各种各样的感知数据获取方式也不断在更加广阔的领域进行更加广泛的应用。

## 1.3 无线传感器网络的通信与组网技术

无线传感器网络通过在目标区域内随机部署大量各种类型的无线传感器节点，这些节点通过自组织方式组网，并通过无线通信的方式构成多跳的连通网络，从而形成了一个连通的无线通信网络，具有很强的环境适应能力。通过各个无线传感器节点之间任务协作与数据融合等，及时、准确地对监测区域内监测目标对象的各种状态进行感知、识别和采集，并将采集到的感知数据通过多跳的通信方式传输到计算机终端以便进行后续处理。

在当前的应用中，无线传感器网络的组网模式一般分为四种模式：扁平组网、基于分簇的层次型组网、网状网和移动会聚模式组网[1]。这四种模式各有各的侧重点和优缺点。无线传感器网络采用什么样的体系架构和拓扑结构，在一定程度上是由其选择的组网模式来确定的。但是在具体应用中，为了能够更大限度地提高单个无线传感器节点的能量利用率，需要更加精细地感知和控制节点之间关系的变化、节点之间数据传递和交换等。

### 1.3.1 网络协议体系结构

无线传感器网络拥有和传统无线网络不同的体系结构，除了基本的网络结构，还包括不同的网络协议体系结构。网络协议体系结构是无线传感器网络的"软件"部分，包括网络的协议分层及网络协议的集合，是对网络及其部件应完成功能的定义与描述。如图1-2所示，无线传感器网络协议体系结构由网络通信协议、传感器网络管理技术及应用支撑技术组成。

分层的网络通信协议结构类似于传统的 TCP/IP 协议体系结构，由物理层、数据链路层、网络层、传输层和应用层组成。

（1）物理层的功能包括信道选择、无线信号的监测、信号的发送与接收等。无线传感器网络采用的传输介质可以是无线电、红外线或光波等。物理层的设计目标是以尽可能小的能量损耗获得较大的链路容量。

（2）数据链路层的主要任务是加权物理层传输原始比特的功能，使之对上层显现一条无差错的链路，该层一般包括介质访问控制（MAC）子层与逻辑链路控制（LLC）子层。其中，MAC 层规定了不同用户如何共享信道资源，LLC 层负责向网络层提供同意的服务接口。

（3）网络层主要实现数据融合，负责路由发现、路由维护和路由选择，使传感器节点能够以无线多跳方式进行有效的数据传输。

（4）传输层负责数据流的传输控制，提供可靠、高效的数据传输服务。

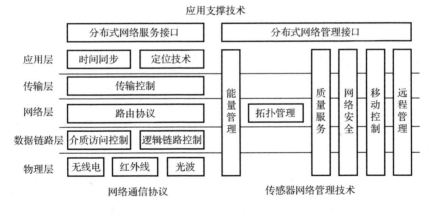

图 1-2　无线传感器网络协议体系结构

（5）应用层包括用于实现检测任务的各种应用层软件。

在进行无线传感器网络协议栈[2]的设计时，考虑到分层管理、提高效率和网络鲁棒性的要求，充分参考互联网七层协议模型，结合无线传感器网络的特点，把无线传感器网络中的网络协议栈设计成包含物理层、数据链路层、网络层、传输层和应用层的五层协议模型。再结合无线传感器网络不同于传统互联网的独有特点，还应具有能量管理、动态自组网管理、网络拓扑动态管理及任务管理等特殊功能。这些特殊功能的引入能够使无线传感器节点高效、稳定、实时、准确地进行协同工作。对于无线传感器网络协议栈的五层协议模型，各层各司其职，相互协调和服务，完成整个数据传输处理过程。

无线传感器网络拓扑控制[3]主要包括三个方面的内容，分别为时间控制、空间控制及逻辑控制。时间控制是指通过固定的时间间隔，周期性地对所有无线传感器节点在工作状态和休眠状态进行切换，从而实现网络拓扑结构的周期性变化。空间控制是指根据一定的规律周期性地改变无线传感器节点的通信功率，节点的通信功率大于某个阈值时能够与其他节点实现连通，小于这个阈值时与其他节点断开，通过这个周期性变化来改变无线传感器节点的连通范围和连通状态，从而周期性地形成不同的网络拓扑结构。逻辑控制是指通过事先确定的逻辑规则，排除不满足规则的节点，而使用保留下来的节点形成稳定的网络拓扑。总之，拓扑控制技术的目的是在保障无线传感器网络的连通，确保工作的顺利执行下，尽量减小节点能耗，延长网络的生命周期。

### 1.3.2 物理层协议

无线传感器网络的物理层主要实现信号调制解调和收发等最为基础的功能，采用诸如无线电、红外线、蓝牙、光波、微波等介质进行传输。物理层实现对硬件进行控制和调度，所以在该层的设计中，传感器节点的功耗优化设计是最为重要的。此外，节点的接收信号强度可以表示为传播距离函数，在离节点不同的距离上，其接收信号强度是不同的，这一个特性就决定了无线传感器节点的传播范围。如果信号强度小于一定的门限，节点就无法正确监听信号，从而就从整个无线传感器网络中脱离出来了。在接收和发送信号时，无线传感器节点作为接收机时，其信号强弱的灵敏度决定了信号传播的范围和距离。当信号强度减小到接收机灵敏度时，此时的临界距离称为最大通信距离，或称为最大传感器节点传播距离[4]。

无线电传输是目前无线传感器网络采用的主流传输方式，需要解决的问题有频段选择、节能的编码方式、调制算法设计等。在频段选择方面，ISM频段由于具有无须注册、具有大范围的可选频段、没有特定的标准、可以灵活使用等优点，被人们普遍采用。与无线电传输相比，红外线、光波传输具有不需要复杂的调制、解调机制,接收器电路简单,单位数据传输功耗小等优点,但由于不能穿透非透明物体,只能在一些特殊的无线传感器网络系统中使用。另外,光束通信容易受周围环境中的光线及阳光干扰,但它比无线电通信更加高效,SmartDust 中就以光束为通信介质。声波和超声波通信主要应用在水下等特殊环境下。根据网络应用环境的不同,无线传感器网络可能同时采用几种方式作为通信手段。目前,对无线传感器网络物理层的研究迫切需要解决的问题有:在降低硬件成本方面需要研究集成化、全数字化、通用化的电路设计方法;在节能方面需要设计具有高数据率、低符号率的编码、调制算法。

### 1.3.3 MAC 协议

在无线传感器网络中,介质访问控制(Medium Access Control,MAC)协议决定无线信道的使用方式,在传感器节点之间分配有限的无线通信资源,用来构建传感器网络系统的底层基础结构。MAC 协议处于传感器网络协议的底层部分,是无线网络节点通信的媒介,对传感器网络的性能有较大影响,是保证无线传感器网络高效通信的关键网络协议之一。无线传感器网络的 MAC 层对无线信道利用的效率高低决定了整个无线网络的性能,并且要能最大限度地减小能量消耗,同时具有较高的适应网络拓扑变化的能力[7,8,22]。

无线传感器节点的能量、存储、计算和通信带宽等资源有限,单个节点的功能比较弱,而无线传感器网络的强大功能是由众多节点协作实现的。多点通信在局部范围内需要 MAC 协议协调其间的无线通信分配,在整个网络范围内需要路由协议选择通信途径。在设计无线传感器网络的 MAC 协议时,需要着重考虑节省能量、可扩展性、网络效率等几个方面[9]。

现有无线传感器网络的 MAC 协议包括基于竞争冲突的 MAC 协议和基于固定分配的 MAC 协议。

#### 1. 基于竞争冲突的 MAC 协议

将基于竞争冲突的 MAC 协议应用于无线传感器网络,要解决的问题是,减小由于竞争冲突、空闲监听导致的能量损耗。文献[10]和[11]

各自独立提出了一种载波检测机制，它在每个无线数据包的前面附加了一个前导载波 Preamble，此类小功耗前导载波周期监听（LPL）协议的主要思想是：将接收节点消耗在空闲监听上的能量，转移到发送数据节点在发送前导载波的能量消耗上去，从而使接收节点能周期性地开启无线收发装置、监听是否有发送过来的数据和检测是否有前导载波。如果接收节点在工作状态下检测到前导载波，它就会一直监听信道，直到数据被正确地接收；如果接收节点没有检测到前导载波，节点的无线装置将被置于"待命"状态，直到下一个前导载波检测周期到来。

SMAC 协议[12]提出了一种叫"虚拟簇"的机制，这种机制能使所有节点工作于一个共同的"时隙结构"。一个 SMAC 时隙由同步时段、活动时段、休眠时段组成。SMAC 协议减小了空闲监听的能耗，采用冲突避免机制，使节点避免了不必要的"窃听"。SMAC 协议的不足之处在于，节点的工作循环周期在 SMAC 协议开始工作时就已确定下来，不能根据网络中的业务量的变化来进行调整。

T-MAC（Timeout MAC）协议[13]是对 SMAC 协议的改进。在空闲监听、碰撞、协议开销和串音等浪费能量的因素中，空闲监听的能耗占绝对大的比例，特别是在消息传输频率较低的情况下。SMAC 协议采用周期性的监听休眠机制来减小空闲监听的能耗，T-MAC 协议在保持周期长度不变的基础上，根据网络流量动态地调整活动时间，用突发方式发送信息，减少空闲监听时间。T-MAC 协议的缺点是时延比较大、吞吐量低，尤其是在网络流量大的时候。

LPL 协议的 Preamble 长度和周期监听间隔需要根据应用合理设置，其本身无法根据网络的变化对这两个参数进行自动调整。为此在 LPL 协议的基础上，文献[14]提出了改进的 LPL 协议，称为 WiseMAC 协议。WiseMAC 协议在保持网络节点的抽样调度不变的情况下，发送节点可提前知道接收节点的抽样调度，直到接收节点将要监听时，发送节点才发送适当长度的 Preamble，这样就减小了 Preamble 的长度，从而减小能耗。但由于节点需要存储邻居节点的信道监听时间，会占用宝贵的存储空间，增大协议实现复杂度，尤其是在节点密度高的网络内这个问题尤其突出。

B-MAC 协议[15]使用信道评估和退避算法分配信道，通过链路层确认保证传输可靠性,利用小功率监听技术减少空闲监听,实现小功率通信。信道评估通过对接收信号强度 RSSI 采用指数加权滑动平均算法求出信道的平均噪声,再将一小段时间内的最小 RSSI 值与平均噪声比较,以确定信道状态。退避算法包括初始退避和拥塞退避两种,可由应用程序设置。该协议最主要的贡献是向上层协议提供了一系列双向接口,如 setPreambleLength 等。通过设置这些接口,MAC 协议可应用于多种不同流量类型的网络。

D-MAC 协议[16]分析了 SMAC 协议和 T-MAC 协议的自适应工作-休眠策略,发现了数据转发中断问题,并提出了摆动唤醒策略(staggered wakeup schedule)来解决这个问题。从传感器节点到 Sink 节点形成一棵数据汇集树,树中的数据传输是单向的,由孩子节点到父节点,节点采用工作/休眠状态转换,其中工作状态分为发送和接收两个部分。摆动唤醒策略调整树中每层节点的工作周期,使孩子节点的发送时间与父节点的接收时间重合,在最理想情况下,数据转发会一直进行,没有休眠时延。

BMA 协议[17]分为两个阶段,在簇建立阶段,节点根据剩余能量大小选择簇头(也称簇首)。所有当选的簇头通过非持续 CSMA 方式,向其他节点广播当选通告。其余节点根据收到信号的强度,决定加入哪个簇。之后系统进入稳定状态阶段。稳定状态阶段由若干定长会话组成,每个会话由争用周期、数据传输周期和空闲周期组成。对于许多应用,运行能耗远大于待机能耗,故 Edgar H. Callaway 提出通过减小占空比来获得小能耗和长电池寿命的 MD(Mediation Device)协议[18]。MD 作为一个不停活动的仲裁者,通过接收由信息传输节点发出的 RTS 和目标节点的询问信标,协调两个节点暂时同步来传输数据。出于节能的考虑,又提出了分布式 MD 协议,即节点随机成为 MD。这样,每个节点的平均占空比仍可保持很小,整个网络保持小功耗、低成本的异步网络。但是,由于节点必须等待邻近的节点成为 MD 才能传输,时延将会增大。另外,由于占空比小,没有过多考虑通道访问的问题。

Sift MAC 协议[19]是针对基于事件驱动的传感器网络提出的基于竞争的 MAC 协议。它充分考虑了通常传感器网络的以下三个特性:第一,传感器网络的空间相关性和时间相关性;第二,不是所有节点都需要报告事件；第三，感知事件的节点密度随时间变化。Sift MAC 协议充分利用传感器节点的空间相关性和时间相关性，对于同一事件，需要部分节点发送消息；同时考虑扩展性，适应发送竞争节点数量的变化。

## 2．基于固定分配的 MAC 协议

原有的固定分配类 MAC 协议主要有频分多址（FDMA）、时分多址（TDMA）、码分多址（CDMA）三种。FDMA 是将频带分成多个信道，不同节点可以同时使用不同的信道。TDMA 是将一个时间段内的整个频带分给一个节点使用。相对于 FDMA，TDMA 通信时间较短，但网络时间同步的开销增大。CDMA 是固定分配方式和随机分配方式的结合，具有零信道接入时延、带宽利用率高和统计复用性好的特点，并能减小隐藏终端问题的影响，但其完全集中式的信道分配和基站的高复杂性，使其不适用于全分布的无线传感器网络。

TRAMA（Traffic Adaptive Medium Access）协议[20]将时间划分为连续时槽，根据局部两跳内的邻居节点信息，采用分布式选举机制确定每个时槽的无冲突发送者。TRAMA 协议包括邻居协议（Neighbor Protocol，NP）、调度交换协议（Schedule Exchange Protocol，SEP）和自适应时槽选择算法（Adaptive Election Algorithm，AEA）。

LEACH 协议[21]由一个 TDMA 的 MAC 协议和一个简单的路由协议组成。LEACH 协议把节点分簇，簇首负责安排本簇内的时隙分配。簇内节点把数据传给簇首，由簇首负责把数据传到会聚节点。LEACH 定义了"轮"（round）的概念，一轮由初始化和稳定工作两个阶段组成，为使能量最小化，稳定工作阶段远远长于初始化阶段。

DE-MAC（Distributed Energy-aware MAC）协议[22]的中心内容是让节点交换能级信息。它执行一个本地选举程序来选择能量最小的节点为"赢者"，使得这个"赢者"比其邻居节点具有更多的休眠时间，以此在节点间平衡能量，延长网络的生命周期。

SMACS（Self-organizing Medium Access Control for Sensor Networks）协议[23]是分布式的协议，无需任何全局或局部主节点，就能发现邻居节点并建立传输-接收调度表。链路由随机选择的时隙和固定的频率组成。在链接阶段使用一个随机唤醒机制，在空闲时关掉无线收发装置，来达到节能的目的。SMACS 协议的缺点是从属于不同子网的节点可能永远得不到通信的机会。EAR(Eavesdrop-And-Register)算法[24]用来为静止和移动的节点提供不间断的服务，是 SMACS 协议的补充，但 EAR 算法只适用于那些整体上保持静止且个别移动节点周围有多个静止节点的网络。

LMAC 协议[25]在时间上把信道分成许多时隙，一个时隙包含业务控制时段和固定长度的数据时段。当一个节点需要发送一个数据包时，它会一直等待，直到属于自己的时隙到来。在时隙的业务控制时段内，节点首先广播消息头，消息头中详细描述了消息的目的地和消息长度，然后马上发送数据。监听到消息头的节点如果发现自己不是此消息的接收者，它会将自己的无线发送装置关闭。LMAC 协议的不足之处在于，节点必须监听整个帧结构中的所有控制时段，甚至包括没有被使用的时隙，因为新的节点随时会加入进来。可采用对未占用时隙的控制部分进行抽样判断的方法来减小空闲监听能耗，当检测到未占用时隙上有消息传递时将该时隙标记为占用，并在下一个帧中相应时隙进行监听。

### 1.3.4 路由协议

网络通信协议中的路由协议负责将数据分组从源节点通过网络转发到目标节点，主要包括两个方面的功能：其一是寻找源节点和目标节点间的优化路径；其二是将数据分组沿着优化路径正确转发[25-27]。

Ad hoc、无线局域网等传统无线网络的首要目标是，提供高服务质量和公平高效地利用网络带宽，同时提高整个网络的利用率，避免产生通信拥塞，并均衡网络流量等，而能量消耗问题不是这类网络的重点[28-32]。在无线传感器网络中，节点的能量一般有限，而且一般没有能量补充机制，因此路由协议需要高效利用能量。传感器网络具有能量优先、基于局部拓扑信息、以数据为中心、应用相关等特点[33,34]。

针对不同的传感器应用，研究人员提出了不同的路由协议。本书以各种路由协议的特点和发展历程为依据，将路由协议分成以下几种。

**1. 传统平面拓扑路由协议**

基于平面网络的路由是最简单的路由形式，其中每一个点都具有对等的功能。最有代表性的算法是泛洪算法。

泛洪（Flooding）算法的主要思想是：由槽节点发起数据广播，然后任意一个收到广播的节点都无条件将该数据副本广播出去，每一个节点都重复这样的过程直到数据遍历全网或达到规定的最大跳数。泛洪算法不用维护网络拓扑结构和路由计算，实现简单，但是也会带来一些问题，最主要的是内爆、重叠及资源盲点等，如图1-3和图1-4所示。Gossiping算法[35]是泛洪算法的改进，与泛洪算法不同，每一个节点并不是向所有的邻居节点发送数据包的副本，而是随机选择一个或几个邻居节点来转发数据包。由于一般无线传感器网络的链路冗余度较大，适当选择转发的邻居节点数量，可以保证几乎所有节点都能接收到数据包。

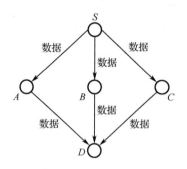
图1-3　泛洪算法的消息内爆问题

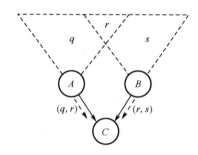
图1-4　泛洪算法的消息重叠问题

### 2．新型层次拓扑路由协议

这是与平面路由相对的概念，主要特点是出现了分簇结构。相对于平面结构中每一个点都是对等的，具有分簇结构的层次拓扑路由将节点分成若干个集合（簇），每一个簇都有一个节点充当簇头节点，簇头节点负责管理簇内事务及与其他簇进行数据交换。簇内其他节点仅与簇头节点进行数据交换，而与其他簇成员不发生联系。这样，簇内成员组成一个低层次的节点集合，通过相应算法进行数据交换；所有簇头节点组成一个高层次的节点集合，各个簇头节点之间再通过相应算法进行数据交换。其最有代表性的算法是LEACH算法[36]。

### 3. 以数据为中心的路由协议

最有代表性的是 SPIN 算法和定向扩散（Directed Diffusion，DD）算法[37]。以数据为中心的路由协议与传统网络路由协议最大的区别表现在：

（1）以数据为中心，网络中的任务是在对数据进行命名的基础上进行的。

（2）以 DD 算法为例，数据是在相邻的节点之间进行扩散的，DD 算法中每一个节点都是一个端，都可能是数据的目标节点，都能进行数据处理。DD 算法中没有固定的路由路径。

（3）以 DD 算法为例，节点遵循本地交换的原则，节点只需要与邻居节点进行数据交换，而不需要对整个网络的拓扑了解。

定向扩散算法是以数据为中心的路由协议发展过程中的里程碑。Estrin 等提出了定向扩散模型来进行数据分发，它与已有的路由算法的实现机制不同，节点用一组属性值来命名它所生成的数据。槽节点向所有传感器发送对任务描述的"兴趣"（Interest），即一个任务描述数据包，它是用属性值对来描述的。兴趣会通过全网逐渐扩散，最终找到匹配请求条件的数据源，与此同时，也建立起从数据源到槽节点的"梯度"。节点会在它的缓存中存储兴趣入口，兴趣入口包含时间戳和梯度场，数据源节点会沿梯度最大的方向将数据传回槽节点。图 1-5 展示了兴趣扩散、梯度建立及数据按照加强的梯度路径传送的三个步骤。

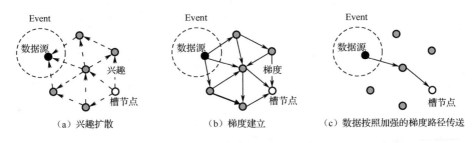

图 1-5　DD 算法示意图

### 4．基于连通支配集的路由协议

支配集的概念来自图论理论，其定义为：$D$ 包含于 $V(G)$，称为图 $G$

的一个支配集，若任何顶点 $u \in V(G)$，则要么 $u \in D$，要么 $u$ 与 $D$ 内任意一个顶点相邻。在支配集概念的基础上又有连通支配集与最小连通支配集，连通支配集要求保证支配集中的节点满足连通的条件，最小连通支配集又要保证连通支配集节点数量最少，寻找最小连通支配集为 NP 完全问题[38]。基于连通支配集的算法将节点分成两类：支配节点和非支配节点。支配节点作为骨干节点负责日常事务处理，非支配节点在有数据要传输的时候将数据传给支配节点，不需要的时候可以进入休眠状态，节省能量。代表性算法有 WULI[39]、SPAN[40]等。

## 1.4 无线传感器网络的支撑技术

无线传感器网络是一种典型的无线通信系统（wireless communication system），其集成了当前公认的三大互联网核心技术，即传感器技术、嵌入式计算和无线网络通信。

无线传感器网络能够快速发展得益于多项技术的发展与成果，这些技术包含微电子机械系统（Micro-Electro-Mechanism System, MEMS）、系统级芯片（System on Chip, SoC）、无线通信技术、计算机技术、嵌入式技术、压缩传感技术、信息处理技术等。无线传感器网络在各种具体的实际应用过程中，一般都同时具备对监测目标对象的各种状态的实时感知和感知数据的采集、存储、转换、分析处理与传输等功能。

### 1.4.1 定位技术

节点定位技术一般分为节点自定位和目标定位跟踪两种技术。节点自定位是指为了能够满足无线传感器节点在整个网络中随机部署并能够自行组网的基本需求，无线传感器节点需要能够自行确定它自己在网络内的位置。GPS 应用技术是当前室外定位应用中最为常用的自定位方法之一，但这种方法需要具有特殊的设备来解析 GPS 信息，成本较高，而且易受山体、建筑物、森林等大面积障碍物的影响而导致定位失效[41]。在无线传感器网络中，定位方法一般有两种：一种是基于测距的方法，另一种是基于非测距的方法[42,43]。在实际应用中，为了提高节点定位的精确性和减小能耗，节点定位常常采用两种方法的混合方式，通常的具体做法是通过手动部署少量的特殊节点，这些节点携带 GPS 模块，这些节点周边的其他节点根据与这些节点之间的距离、方位等信息计算出具体位置，然后这些新节点周边的其他无线传感器节点再根据与这些新节点之间的距离、方位等信息，计算出具体位置，逐步扩展，直至整个无线传感器网络中所有节点的位置确定，从而完成了各个节点的定位功能。

而对探测目标的位置定位，是建立在整个无线传感器网络中各个无线传感器节点的自定位信息基础之上的，通过各个无线传感器节点之间的配合，加上对距离、方位的计算，完成对探测目标对象的定位功能，从而能够实现更为复杂的跟踪功能。陈佳俊等提出了基于移动代理的目标跟踪 WSN 体系结构设计[44]。潘仲明等对目标探测和分类问题进行了研究，提出了一种基于直觉模糊推理的多源数据融合思想[45]。江泽鑫针对无线传感器节点自身存在的对目标探测过程中存在的范围差异，提出了一种关于传感器本地决策阈值的动态算法[46]。

### 1.4.2 时间同步技术

无线传感器网络的时间同步保证源数据质量。在无线传感器网络的应用中，随机部署大量的无线传感器节点来实时采集监测目标的各种感知数据，通过多个节点对同一目标的不同方位、层次、远近等进行感知处理，可以在单个无线传感器的精度不高的情况下实现高精度的目标检测与识别。无线传感器网络进行密集部署后，由于部署密度很高，就会在网络中产生较多冗余节点，这些节点能够不断提高网络的容错性能，而且还能提高感知对象的精度；并且在网络采用不同的网络拓扑结构调度算法时，通过对一些节点进行休眠或唤醒，增加节点的工作时长，从而达到延长无线传感器网络生命周期的目的。

在无线传感器网络内，由于各个无线传感器节点是通过无源电池进行供电的，储能有限导致节点的工作时间有限。当失效节点达到一定的数量后，整个无线传感器网络的生命周期就结束了。为了达到延长无线传感器网络生命周期的目的，需要对网络中的各个无线传感器节点的可用工作时间进行延长，这就需要延长单个节点的有效工作时间。可以通过一定的规则来调整单个节点的休眠和唤醒方式来延长其有效工作时间。当前，对无线传感器网络中节点的唤醒方式主要有四种模式，分别是全唤醒模式、随机唤醒模式、由预测机制选择唤醒模式及任务循环唤醒模式，具体详细内容如下。

（1）全唤醒模式是指在无线传感器网络开始工作时，就把无线传感器网络中的所有节点都唤醒，根据节点的类型不同处理不同的任务和行为。这种模式的优点是整个无线传感器网络能够对目标获得较高的感知、识别和跟踪精确度；不过缺点也很明显，那就是这种模式是以最快速度消耗掉各个节点上存储的有限能量的，各个节点的有效工作时间的缩短也将导致整个无线传感器网络生命周期的缩短。

（2）随机唤醒模式是指在无线传感器网络工作过程中，以预先设定的概率随机唤醒网络中的无线传感器节点，同时休眠掉未被唤醒而正在工作的节点。在唤醒的过程中，哪些无线传感器节点被同时唤醒，哪些不被唤醒，事先是无法准确了解的。无线传感器网络在每次执行随机唤醒模式后，将根据新唤醒的节点数量、位置、方位、疏密程度等信息，按照其自组网模式和一定的路由算法进行重新组网。每次组网的结果可能会由于随机唤醒的传感器节点的随机性，导致无线组网失败，从而增大了组网失败的概率。

（3）由预测机制选择唤醒模式是指在无线传感器网络工作过程中，根据一定的预测机制有选择性地唤醒某些节点，这些被选择的节点是对监测目标的感知、识别、跟踪等精度收益较大的节点，并根据这些节点采集到的感知数据进一步预测监测目标下一时刻的状态，并根据这些可能的状态唤醒相应的无线传感器节点和休眠一些已经唤醒了的节点。这种唤醒模式的优点是有利于实时感知、识别与跟踪，缺点是需要适当增强每个无线传感器节点的计算处理能力。

（4）任务循环唤醒模式是指在无线传感器网络工作过程中，根据任务特性，周期性地对某些节点进行唤醒和休眠。这种模式中每个无线传感器节点的唤醒周期和休眠周期是可以预先准确了解到的。在这种工作模式下，能够随时明确地知道各个节点当前工作状态，所以一般来说还可以采用混合模式，协助其他工作模式的节点开展具体的工作，提升其他工作模式的效率。

根据实际运用情况，在大部分情况下，由预测机制选择唤醒模式会

# 第 1 章 无线传感器网络概述

获得较小的能耗和比较好的探测效果。

以协作的工作思想，无线传感器网络的诸多节点协同地对兴趣目标进行感知和探测，从而获知完整的信息。在协作方式下，无线传感器网络能够获得更高的效率，不但能够有效改善整个无线传感器网络中单个节点在数据处理和数据存储方面的不足，而且还能够通过节点间的协作来共同完成更加复杂的任务，以及提高节点的能量利用率，增加无线传感器节点的有效工作时长，从而延长整个无线传感器网络的生命周期。

无线传感器网络已在各个领域进行了大量的实际应用，这些实际应用在进行数据感知、采集、存储、传输、处理时，都需要基于时间序列来进行。如果各个节点的时间信息不一致，那么采集到的许多感知数据就无法进行融合和分析处理，所以时间同步技术是最为基础的支撑技术之一。而在实际应用中，无线传感器网络采集的感知数据需要有时间戳信息，对时间同步有特殊要求，诸如各个无线传感器节点的任务协调、无线传感器节点与用户之间的数据交互和指令处理，还有诸如无线传感器节点认证、数据加密和数据验证等方面。假如无线传感器网络中出现时间不一致性的情况，则网络中的诸多节点获得的感知数据在进行数据处理过程中，得不到准确处理，数据的时间序列将无法对齐，更无法进行数据的会聚和融合；定位信号将不能准确测量，在数据传递方面会产生数据的发出和到达时间混乱等情况，并且更无法对传感器节点进行实时定位；在无线传感器网络的唤醒模式方面更加不可能进行协调和调度，难以确定在同一时间刻度上得到节点休眠、活动、空闲等正确状态信息；还有就是在无线传感器节点进行状态切换时，如果其状态切换与时间有关，也会因时间的不同步，导致频繁切换或错误切换，造成整个无线传感器网络的网络连通状态错误或异常。综上所述，无线传感器网络需要有正确的时间同步才能够维持各个节点的休眠和唤醒状态得到统一协调，而在传输通信过程中，也需要协调各个无线传感器节点与其他节点之间的通信对应的时间槽分配问题，此种情况下时间同步是一定需要的。总之，只有在无线传感器网络的整个环境中保持一致的物理时间，才能依据各个无线传感器采集到的数据进行有效和正确的事实判断与逻辑处理应用。

时间同步在无线传感器网络的众多应用中无所不在，存在于各种行为和任务中,如对监测目标的感知、定位和追踪,节点之间的协同处理与数据传输,整个无线传感器网络中的唤醒管理、调度管理等方面。在无线传感器网络进行监测目标的感知、定位和追踪时,一方面,需要获得被监测目标的速度、位置、前进方向等数据;另一方面,在获取这些数据时,还需要取得在获取这些数据时的时间戳信息,这样才能够相对准确地得到监测目标以时间序列进行的运动轨迹。

由于在无线传感器网络中各个节点上的电量存储有限,为了能够节约节点上的电池能量,延长其使用寿命,无线传感器节点根据应用需求采用的唤醒机制可以在大部分时间内要节点进入休眠状态,在需要工作时才及时唤醒,这种唤醒机制需要有严格的时间同步保障。除此之外,在进行数据存储、数据融合、通信处理和信道复用等方面,也需要时间同步来保障相关事件的有序执行。

从互联网诞生开始,就有时间同步的强烈需求,通过多年的研究和实际应用,当前已有经过实践验证过的成熟时间同步协议和相应的算法实现,可以精确地在互联网范围内进行各种网络设备(如计算机、防火墙、交换机、路由器、打印机等设备)时间的实时同步,如 NTP(Network Time Protocol)协议和 GPS(Global Position System)协议来进行时间同步的技术[47]。但是,在传统互联网上成功应用的时间同步技术却不能在无线传感器网络中直接使用,这是因为无线传感器网络具有网络连通不稳定、网络拓扑结构经常改变、各个节点处理能力不足等独特特点。这样在时间同步协议的实际应用过程中,就需要专门的设备来进行时间同步,但是在无线传感器网络中,由于单个节点的性能有限等真实情况约束,往往不能单独配备相关的设备[48]。

### 1.4.3　数据融合技术

大数据 ETL 是无线传感器网络大数据的价值提炼。随着云计算、大数据、人工智能等新兴技术的快速发展与应用,互联网、物联网、移动互联网、车联网等方面信息技术的快速发展,越来越多的数据已经、正在和将要被产生,整个社会正在加速进入大数据的时代。对各级运营商来说,大数据逐步成为企业的财富,成为一种重要的战略资源[49]。当前,各式各样的数据因为一些历史和现实因素一般都存在于一个个独立

## 第1章 无线传感器网络概述

的信息系统中，相互之间缺少统一的接口，数据结构差异巨大，即使同一类数据，在不同信息系统中的结构和存储方式也不尽相同。如何将这些相同对象或互有关联的、数据结构有差异的分布式异构数据源合理地集成在一起，让用户不用去考虑不同的信息系统的数据在内容和结构上的差异，以透明、统一、便捷的方式访问这些数据，从而充分挖掘大数据信息，获得数据的价值，是当前各运营商急需解决的关键问题。针对该问题，文献[49]提出了数据抽取（Extract）、转换（Transform）和加载（Load）的概念，也就是 ETL 的概念。ETL 是各种数据分析的数据源获取优质数据的最为重要的步骤[50]。通过 ETL 技术可以把分散在不同地域、不同行业、不同系统中针对同一或类似对象的不同种类、不同形式、不同结构、不同精度的相关数据进行提取、清洗、转换和加载，继而为后续的在线分析（OLAP）、商业智能（BI）、大数据分析等具体应用提供基础的优质数据。

信息作为当前企业的关键资源之一，是企业运用科学的管理方法、先进的信息处理系统，进行科学决策分析的基础。现在，很多企业花费大量的人力、物力和时间资源来构建各种业务系统和管理系统，从而及时记录各种活动中的各种相关数据。美国市场调查公司 IDC 公司进行的一项研究预计，全球数据总量增长将主要源于嵌入服饰、各种媒体设备和建筑物内的各种传感器逐渐增多，此外，文档、电子邮件、视频和图片等非结构化信息约占未来十年数据产生量的 90%以上。这些数据蕴含着巨大的商业价值，通过对这些数据的挖掘利用，企业能够快速、准确地把握市场，抢占商机。然而对现有的绝大多数企业而言，其所关注的数据信息只占其中极少一部分，根据统计一般只能占总数据量的 2%~4%。从这个数值可以看出，企业对现有数据的利用率是非常低的，根本没有进行充分利用，更没有向数据要价值，也就失去了在瞬息万变的市场经济浪潮中及时、准确地制定关键商业决策的最佳时机。从这一点来说，企业如何运用各种技术手段对这些数据进行各种分析、挖掘，并把经过各种数据处理和解析的结果转换为用户感兴趣的信息、知识和预测，从而充分挖掘出这些数据中的潜在价值，已经成为提升企业核心竞争力、挖掘企业潜在发展机遇、预警企业发展瓶颈的主要途径和手段。相应地，ETL 自然地成为重要的一个技术解决方案[51]。

许多应用中的无线传感器网络中的数据量已经达到或超过了 PB 级,这么巨大的数据量已经远远超越了以前传统无线传感器网络的计算和传输能力;同时,这些海量传感器数据存在着高度冗余现象。在同时考虑能耗与效率的情况下,文献[52]对传感器数据的核心数据集的提取进行了研究。

### 1.4.4 安全机制

无线传感器网络与传统无线网络相比,除信息容易遭到空中拦截、窃听或篡改外,还具有更多局限性,直接导致许多成熟、有效的安全方案无法顺利应用。无线传感器节点一般只拥有有限的能量、带宽、计算能力和存储空间,无法进行复杂运算或存储大量数据;节点往往被部署在广大区域内,除位置不确定外,网络拓扑结构也经常变化,大大增大了安全方案的设计难度。基于这些局限性,如何在节点能力、网络环境和性能方面取得合理的平衡,已成为无线传感器网络安全机制讨论的焦点。

#### 1. 无线传感器网络密钥管理方案

为保证信息的保密性和完整性,无线传感器网络必须采用端到端加密机制。受到传感器性能的限制,对存储空间和计算能力要求较高的公钥密码体制无法顺利应用在无线传感器网络中,这就要求设计有效的对称密钥管理方案,来保证网络密钥有效地分发和更新。

当前的密钥管理方案可分为密钥预分配方案和密钥动态分配方案两类。前者在节点部署前预分配一定数量的密钥,部署后只需通过简单的密钥协商即可获取共享的通信密钥;后者密钥的分配、协商、撤回操作是周期性进行的。

密钥预分配方案根据如下两个协议演变而来。预分配单个主密钥协议使得网络所有节点共享同一个主密钥,具有最佳的有效性、易用性、空间效率和计算复杂度,但是只要一个节点被捕获,攻击者就立刻获得全局密钥。预分配全部节点共享密钥协议使得网络中的每一对节点之间都分配一对共享密钥,这个协议走向了另一个极端:它具有完美的安全性,却需要占用极大的存储空间且几乎不具有可扩展性。这一领域最重要的方案是由 Eschenauer 和 Gligor[53]提出的。在节点部署之前首先为整个网络选择一个特定大小的密钥池，并为池中的每一个密钥分配 ID，然后从此密钥池中随机选择一定数量的密钥存储在每个待分发的节点中，使得每两个节点以一定的概率共享密钥。节点部署后，每个节点向周围广播自己的所有密钥 ID，如果邻居节点存在共享密钥，则双方可以进行加密通信；如果没有共享的密钥，则双方需要借助有共享密钥的节点建立一条最短路径，保证加密通信的顺利进行。这一方案保证了密钥连通概率，节省了存储空间，防止了拒绝服务（DoS）攻击，具有较强的有效性和可用性。但是，这一基于概率的方案只能提供不确定的安全性，在抵御节点捕获攻击等方面不尽如人意。

与密钥预分配方案相比，密钥动态分配方案并不多见，Younis 提出的基于位置信息的密钥动态管理方案 SHELL[54]是较有代表性的一个。该方案中节点按照其地理位置被划分为若干簇，每个簇由一个簇头节点来控制。簇内节点的管理密钥一般由其他簇的簇头节点生成并维护。密钥生成时，簇头节点生成所在簇的信息矩阵，并将部分信息发送至负责生成密钥的节点，密钥生成后再通过原簇头节点向簇内广播。更新密钥时，簇头首先把最新的通信密钥发送给负责生成密钥的节点，该节点生成新的管理密钥后再通过原簇头节点向簇内广播。与一般的密钥预分配方案相比，SHELL 方案明显增强了抗串谋攻击的能力。但在该方案里负责密钥生成的节点受损数量越多，网络机密信息暴露的可能性就越大。针对这一问题，Eltoweissy 提出了 LOCK 方案[55]，使用两层管理密钥对基站、簇头和普通节点的密钥分配、更新、撤回进行管理，使簇头的受损不会暴露更多的机密信息，性能得到提升。

## 2. 无线传感器网络安全路由协议

无线传感器网络路由协议负责在各级节点间可靠地传输数据，高效的安全路由协议能够合理寻找建立效率最高、消耗资源最少的传输路径和传输方法，从而最大化网络的生命周期。路由协议可分为平面路由协议与层次式（也称层簇式）路由协议。

平面路由协议中所有节点的地位是平等的，一般具有良好的鲁棒性和较差的可扩充性。典型代表是 Flooding 协议[56]，节点不停地广播数据包直到数据包的生命周期结束。这一协议极易引起内爆、重叠等问题，资源利用率极低。它的改进版本 Gossiping 协议[35]以随机转发的方式避免了内爆，但扩展性仍很差。一种性能较好的协议称为 SPIN 协议[37]，节点传输数据前需要得到目标节点的确认，通过数据协商克服了 Flooding 协议的缺点。另有一种专门为无线传感器网络设计的定向扩散协议，它通过设置数据属性来完成对传感器节点的询问，通过广播兴趣信息和梯度的方式最大限度节省了能量。

层次式路由协议是在通信过程中使用簇型结构对数据进行融合，减少向基站传送的数据量，进而达到能量有效利用目的的。这一方面最典型的算法称为 LEACH 算法[36]。该算法首先从传感器节点中选出簇头，在每个簇中用簇头向基站转发簇内信息，避免了所有节点都与基站进行直接数据传输，节省了能量。其他协议中，PAGASIS 协议使用构造链路的方法执行多条路径，选择链路中唯一的节点与基站通信，在对不同类型网络的适应能力方面强于 LEACH 协议。TEEN 协议将簇头直接与基站通信的方式扩展为将簇头的集合作为另一个簇再选出簇头与基站通信，减少了数据传输量[57]。

需要指出的是，现有的无线传感器网络路由协议一般只从能量的角度设计，较少考虑安全问题。提供备用路径的方式可以抵御节点捕获攻击，Ganesan 等[58]也提出了一些多径路由协议，防御恶意节点的选择性转发攻击，但对安全性仍考虑不足，这将成为今后研究的重要方向。

### 3．无线传感器网络节点鉴权协议

由于传感器节点所处环境的开放性，当传感器节点以某种方式进行组网或通信时，须进行鉴权以确保进入网络内的节点都为有效节点。根据参与鉴权的网络实体不同，鉴权协议可以分为传感器网络内部实体之间鉴权协议、传感器网络对用户的鉴权协议和传感器网络广播鉴权协议。

目前，主要的节点鉴权方案大多是基于 TESLA 协议的改进方案[59]。Satia 等提出了用于局部加密和认证的 LEAP 协议[60]，使用了基于单向密钥链的鉴权协议，支持数据源认证、网内数据处理和节点的被动加入。Bohge 提出了另一种三层分级式传感器网络的认证框架[61]，使用

TSALA 证书进行网络实体鉴权，性能更强。

#### 4．无线传感器网络安全数据融合

数据融合是近年来无线传感器网络研究领域的一个热点，数据融合技术使用某个中介节点将多份数据或信息进行处理，组合出更高效、更符合用户需求的数据发送给终端节点，可以有效地减小网络负载。但是，融合节点一旦受到攻击，将对网络造成严重危害。Przydatek 等提出了一种安全数据融合方案[62]，这种方案使网络中的每一个节点都与融合节点共享一个密钥，并基于交互式证明协议确认融合结果的正确性。目前，安全数据融合的研究成果还不多，这项技术也将是未来研究的重要方向。

#### 5．无线传感器网络安全体系协议

由于无线传感器网络自身的特殊性，传统的安全方案往往不能直接使用。为了满足无线传感器网络特有的安全特征，许多研究致力于提出一种完全适用于这一网络、包括鉴权协议和密钥管理协议在内的安全体系，Perrig 等提出的 SPINS 协议[63]是具有代表性的一个。SPINS 协议包含 SNEP 协议和 μTESLA 协议两个子协议。SNEP 协议用于保证数据机密性、新鲜性，μTESLA 协议用于对传感器网络广播数据的鉴权。SNEP 协议通过在发送者和接收者之间使用一个共享计数器，建立一个一次性密钥的收发器，防止重放攻击并且保证数据新鲜，同时也使用一个信息验证代码，保证两方认证和数据完整性。μTESLA 协议使用单向密钥链，通过对称密钥的延迟透露引入的非对称性进行广播认证。

SPINS 协议的两个子协议都存在很多改进方案，目前尚没有人提出包含鉴权协议、密钥管理协议、安全路由协议等方面在内的无线传感器网络通用安全体系。可以预料，这一体系的提出将大大加快无线传感器网络研究和应用的进程。

## 1.5 无线传感器网络的复杂网络特征

无线传感器网络是由数量众多的智能传感器节点，分布在广大的地理区域内，自组织形成网络拓扑，执行实时监测的网络系统。无线传感

器网络集成了监测、控制及无线通信的网络系统，节点数量庞大，可以数千甚至上万，节点分布密集，节点之间彼此交互又紧密作用，环境影响和节点故障易造成网络拓扑的变化，具有众多关系错综复杂的变量，整个系统呈现出多种的复杂网络特征[64]。所以，无线传感器网络以其结构的复杂性和行为上的动态性构造出一个同样属于复杂网络的范畴，具有如下的复杂特征[6,65]。

### 1.5.1 网络结构复杂性

网络结构复杂性表现在随着时间的推移，网络中节点或连接产生与消失，从而导致网络结构不断发生动态变化。主要表现在以下几个方面。

（1）人为或自然环境因素，或者传感器节点能量耗尽造成传感器节点出现故障或失效。

（2）环境条件的不稳定性影响无线链路的稳定通信，造成时断时续的状态。由于衰落、噪声、环境干扰等因素，无线通信具有比特误码率高、链路质量不稳定、带宽有限及链路容量起伏波动等特点。

（3）无线传感器网络中的传感器节点一般是静止的，但在某些情况下也存在少数移动的节点，而节点的移动会带来网络拓扑的实时变化。

（4）在无线传感器网络的运行过程中，可能加入新节点。网络中的节点状态不断变化，引起网络的拓扑结构不断变化。

### 1.5.2 网络的复杂演化能力

传感器网络作为一种自组织开放的系统，在异构传感器网络的组网过程中，普通节点倾向于与网络中连接度更大的超级节点或能量更充足的骨干节点建立连接，这一特性符合无标度网络中的择优连接特性。依据这种"择优依附"的网络生成原则，网络最终演化为具有无标度特性的拓扑结构。通过借鉴小世界网络具有较小的平均路径长度的特点，研究加入有效捷径提高传感器网络的数据传输效率。

### 1.5.3 自组织、自适应复杂性

在传感器网络应用中，通常情况下传感器节点被部署在没有基础设

备控制的地方，网络工作在无人值守的状态下，没有人工干预，能够自行进行配置和管理，所有节点通过分布式算法来彼此交互和协商。传感器节点能量严格受限，要求传感器节点具有自组织、自适应能力，使得节点的状态随时间发生复杂变化。

### 1.5.4 多重复杂性融合

多重复杂性融合是指以上多重复杂性相互影响，这将导致更为难以预料的结果。对于无线传感器网络规划，需要考虑网络的扩展性问题和多重目标的均衡，网络的拓扑结构受多重复杂性相互影响。

以上无线传感器网络的复杂网络特征表明，可以借助复杂网络中的图论、统计物理学、不确定性理论等方法，研究无线传感器网络系统的网络特性、演化机制与规律、动力学特性等方面。因而，复杂网络理论可以成为从整体上研究无线传感器网络系统的结构、发展与功能的十分有力的研究工具。

## 1.6 无线传感器网络的应用场景

当前，随着人们对物理世界的探知越来越多，需求越来越细化，无线传感器网络的应用和地位在各个领域都得到了重视，如军事监测、环境监测、智能制造、智能交通、大健康、应急救援、社会治理、防灾救灾等领域，都有着大量的应用。无线传感器网络在快速发展的同时，也在不断产生越来越多的新问题和新热点。这些新产生的问题和热点不断被解决和优化，成为推动无线传感器网络技术进一步发展的动力和方向，如节能、覆盖、休眠调度、拓扑控制和路由策略等。

极大丰富了大数据的无线传感器网络实现了人类对现实世界中各种事物的感知、识别和数据采集等，如感知和识别现实环境的温度与湿度变化、监测目标对象的地理位置与等高信息的变化、人类与动植物等的健康状态变化、城市交通控制状态等。无线传感器网络的深入应用，促使人类生活与工作更加智能、更加有序、更加良性发展。

当前，无线传感器网络在各行各业中都有广泛的应用，应用领域也是越来越细化，已经逐步融入人们的日常生活、工作中，其重要程度已上升到与传统互联网相提并论的高度。互联网使计算机能够访问不管放置在什么地方的各种多样性的数字信息，而无线传感器网络也能够感知无论远离用户终端多远的各种多样化的物理状态，但后者扩展了人们与现实世界远程交互的能力。

### 1.6.1 环境监测

无线传感器网络具备对监测目标进行实时感知、实时采集、节点内简单处理、无线通信、可不间断工作等功能和特性。所以，在实际应用环境中，无线传感器网络的应用非常广泛，在军事侦察、无人驾驶、环境监测、家居生活、交通出行、生产制造及危险环境等领域均有非常重要的实用前景。而时间同步是无线传感器网络最为核心的技术之一，时间同步带来的各个节点的准确时间信息是无线传感器网络能够正常工作的基础。所以，时间同步协议和算法在实际研究中受到了越来越广泛的关注，且重要程度高，也成为无线传感器网络各种技术研究中的一个重要的热点方向。

无线传感器网络是通过在监测区域内随机部署大量无线传感器节点来进行工作的，节点通过自组织方式进行组网，通过多跳方式实现各种数据的传输，最终构成稳定的无线通信网络。在节点工作过程中，通常以协作工作方式来探测目标、收集目标数据，然后进行数据融合、分析处理、无线传输这些数据，这些数据最终到达计算机终端以供后续使用。

### 1.6.2 军事应用

无线传感器网络在从出现到现在发展的数十年时间里，与军事应用密不可分。无线传感器网络发展的第一阶段：这个阶段大规模无线传感器的应用，已经初具大数据规模了。这个阶段最早追溯到越南战争时期，那时美军使用了传统的传感器系统。

无线传感器网络发展的第二阶段：此时的无线传感器网络应用环境多样，所探测类型具有大数据的多样性特征。这个阶段处于 20 世纪 80 年代到 90 年代之间。通过大量应用驱动，对传感器相关技术进行了大量的研究和产业化。在这个时期中，无线传感器逐步走向微型化，体积越来越小，实现的功能却越来越多，已具备了感知能力、适度计算能力、存储能力与无线通信能力。这个时期的具体应用还是集中在军事领域，在军事领域应用广泛。

无线传感器网络发展的第三阶段：大规模应用由军用逐渐向民用多个领域纵向和横向延伸与扩展。这个阶段从 20 世纪 90 年代开始到现在。在此阶段，无线传感器网络的技术特点开始强调网络架构的自组织、数据传输的自我优化、传感器节点功耗更小等关键特点。在这个阶段，无线传感器网络不但在军事领域得到更加广泛的应用，还在民用领域和越来越多的行业中得到广泛应用。无线传感器网络应用包括用于危险、不安全或需要实时监控的各类环境，如地质流地段、滑坡地段、鱼虾养殖水池、煤矿、石油钻井、核电厂，以及农作物害虫防治、土地酸碱度监测、农业灌溉和施肥等需要随时监控但又不方便随时在现场的情况。通过对多个无线传感器节点感知数据的融合，还可以精确地分析得到目标个体的状态，诸如睡眠与清醒、休息与运动，甚至还可以细分出煮饭、看电视、跑步、散步等具体活动内容，进而获得目标个时活动状态，也不侵犯个人隐私，容易被人们接受。

### 1.6.3　物联网应用

基于无线传感器网络的各种解决方案逐步产生并进行广泛推广，再结合市场层出不穷的各种需求出现，更多基于无线传感器网络的新产品、新应用也会随时出现。随着无线传感器网络相关技术的快速发展，以及应用不断细化和深入，无线传感器也发展成多种多样，并且还会根据实际需求的变化层出不穷。例如，根据当前实际应用需要，无线传感器可探测属性包括但不限于噪声、压力、湿度、温度、土壤成分、化学成分、风力、光强度，以及移动物体的强度、大小、高度、坐标、速度和方向等度量信息；应用也是遍布各行各业，包括但不限于军事、航空、航海、救灾、防灾、制造、生产、农业、林业、环保、医疗、家居、交通、体育等；还可以在车联网、智慧城市、智慧交通、无人驾驶、工业互联网等多个领域进行更加广泛的应用。

在基于无线传感器网络的各种应用场景中，都需要在监测区域内随机部署数量巨大、种类多样的无线传感器作为节点来感知监测目标的各种状态。由于是随机部署，所以在量上就需要有大量的无线传感器才能够确保对每个监测目标的实时感知。因此，一般而言，在无线传感器网络中的无线传感器不但部署的种类繁多，并且部署的数量还巨大。

无线传感器网络的大规模含义包括两个方面：一方面是，无线传感器网络监测的区域是很广阔的地理范围，为了能够感知到监测区域内所有目标的状态，作为数据采集终端节点的无线传感器节点，就需要在整个区域内进行大范围部署，如在人迹罕至的原始森林中采用无线传感器网络进行森林防火、生态监测及环境保护监测等；另一方面是，无线传感器节点是随机部署的，如果部署的数量不够大的话，就难免会产生监测盲区，所以为了实现对整个监测区域的全覆盖，无线传感器节点部署是按照密集方式进行的，也就是说，在一个广阔空间内，随机部署了海量的无线传感器节点。这大规模特性的提法，与现在关心的大数据问题是完全对应的。

无线传感器网络广泛、深入地在各行各业广泛应用，得益于无线传感器网络的独特优势：一方面，无线传感器网络是不需要人为干预就能够持续、实时、周期性地获得监测目标的各种状态数据信息的；另一方面，无线传感器网络所产生的大量数据，将同其他系统产生的大量数据一样，通过互联网这个统一平台传输到计算机平台上进行进一步处理。

与此同时，大规模无线传感器网络在快速投入应用的过程中，形成了有别于传统互联网技术的特点。首先，在获取数据方面，通过不同角度、不同层面获得的数据具有更加有用的价值；其次，在信息处理方面，通过分布式数据处理对获得的多角度、多层面大量信息进行加工后使得监测更加精确，减少了单个无线传感器节点的监测精度要求，从而降低了每个无线传感器的设计成本和制造成本；再次，在无线传感器节点的鲁棒性方面，由于是密集部署，存在着大量的冗余节点，这就使无线传感器网络在网络鲁棒性方面具有更强的容错性能；最后，大量无线传感器节点的密集部署，能够大大减少所覆盖监测区域的死角，从而减少了监测盲区的产生。对这些应用中涉及的关键技术研究，即各个相关环节数据的采集、传输、路由等关键技术研究，有助于促进无线传感器网络在各个领域的应用技术更加成熟，平台更加普及，更加深入到人类的生活、学习、工作等各个环节，把人类对现实世界的感知延伸到更深远、更广阔的领域和地方。

## 1.7 无线传感器网络可能遭受的攻击及安全需求

### 1.7.1 无线传感器网络可能遭受的攻击

无线传感器网络可能遭受的攻击多种多样，按照不同网络层次，分类如下。

**1．物理层攻击**

物理层攻击主要集中在物理破坏、节点捕获、信号干扰、窃听和篡改等。攻击者可以通过流量分析，发现重要节点簇头、基站的位置，然后发动物理层攻击。这些攻击包括信号干扰和窃听攻击、篡改和物理破坏攻击、仿冒节点攻击等。

**2．链路层攻击**

链路层比较容易遭受 DoS 攻击，攻击者可以通过分析流量来确定通信链路，发动相应攻击，如对主要通信节点簇头发动资源消耗攻击。

**3．网络路由层攻击**

对无线传感器网络的攻击主要集中在对网络攻击上，主要是通过改变两个节点之间的路由信息进行攻击。具体的攻击如下。

1）虚假路由信息攻击

虚假路由信息攻击是通过伪造、重放或篡改路由信息，形成路由回路，对网络资源造成浪费来实现的。该攻击不仅会产生大量无用的流量，还会造成网络分离，增大端到端的时延；同时，有用的数据无法成功到达目标节点。

2）选择性转发攻击

选择性转发是指网络中的节点在接收到从上一个节点发送的消息后，拒绝转发部分消息，或者直接丢弃一些数据包，使得这些数据无法继续传播。在实际情况中，如果节点直接丢弃全部转发的数据包会引起周围节点的怀疑，因此，为避免被发现，选择性转发攻击采取一种更加具有欺骗性的方法，该节点只会丢弃或破坏一部分数据，而其余数据仍按照路由算法正常发送，以此达到减小周围节点对它怀疑的目的。

3）虫洞（Wormholes）攻击

虫洞攻击通过在网络不同部分建立一个小延迟的链路隧道，利用该隧道传输消息，并向其他节点发送这条消息，以获得更多的数据流向这条隧道，从而达到获得数据或破坏数据传输的目的。

4）女巫（Sybil）攻击

女巫攻击表示一个节点可能拥有不止一个身份，从而可以在无线网络中获得更多的权益。该攻击会对基于地理位置的路由算法造成较大的威胁，因为这种算法对于地理标识的准确性具有较高要求，一旦一个节点拥有多个地理标识，就会造成大量数据包被错误发送至该节点，便于恶意的第三方进行下一步操作。

5）污水池（Sinkhole）攻击

污水池攻击的主要目的是让一个范围内的所有数据包通过某个遭受入侵的节点，使其相比其他节点更具吸引力。无线传感器网络中一旦出现通往目标节点的高性能路由，将会影响许多节点的通信能力，将数据包向高性能路由的方向发送。

6）劫持攻击

劫持攻击是指通过一些方法，将无线传感器网络中已经获得认证的内部节点进行"绑架"，使它成为一个恶意的内部节点。该方法因节点属于合法节点很难被发现，也无法用普通的加密方法进行处理，对整个网络中的数据安全产生较大影响。

7）Hello Flood 攻击

一些路由协议需要节点不断发送 Hello 包，以声称自己为邻居，但当一个较强的恶意节点以大功率广播 Hello 包时，收到此包的节点会认为这个恶意节点是它们的邻居。在以后路由中，这些节点可能会使用恶意节点的路径，使得网络不能正常运行。

### 1.7.2　无线传感器网络的安全需求

针对不同的网络应用，无线传感器网络有不同的安全需求。但总体来说，无线传感器网络在网络性能上要满足消息的机密性、数据的完整性、网络的可用性、用户的真实性、消息的新鲜性、可扩展性、鲁棒性等。

### 1. 消息的机密性

消息的机密性用于保证数据在存储和传输的过程中,攻击者即使截获了物理信号也无法获取消息的内容。在无线传感器网络中,为了防止信息泄露和保证信息安全,在数据包发送之前要对其进行加密。

### 2. 数据的完整性

数据的完整性用于保证数据包在传输过程中不被中间节点篡改。无线传感器网络中通常采用以下两种方法来保证数据的完整性:一是采用循环冗余校验检测在过程中数据包是否出现错误,二是采用基于分组密码的消息认证码检测数据包是否被篡改。

### 3. 网络的可用性

网络的可用性是指传感器网络提供的各种服务能够被授权用户使用,并且能有效防止非法用户的恶意攻击,或者即使网络受到攻击仍是可用的。

### 4. 用户的真实性

用户的真实性是指消息的发送者和接收者均为合法实体。通常可采用签名、身份认证和访问控制等方式保证用户身份的真实性。

### 5. 消息的新鲜性

消息的新鲜性用于保证最新接收的数据包是发送者最新发送的。消息的新鲜性是为了防止攻击者进行任何形式的重放攻击。

### 6. 可扩展性

由于无线传感器网络中传感器节点分布范围广,环境条件的变化、恶意攻击或任务的变化会使传感器网络的拓扑结构发生变化,所以网络必须要有安全的可扩展机制来保证网络保持良好的工作状态。

### 7. 鲁棒性

传感器网络一般配置在恶劣环境、无人区域或敌方阵地中,环境条件、现实威胁和当前任务具有很大的不确定性。这要求传感器节点能够灵活地加入或撤除，因而安全解决方案应当具有鲁棒性和自适应性，能够随着应用背景的变化而灵活扩展，来为所有可能的应用环境和条件提供安全解决方案。此外，当某个或某些节点被攻击者控制后，安全解决方案应当限制其影响范围，保证整个网络不会因此而瘫痪或失效。

## 1.8 本章小结

本章介绍了无线传感器网络的基本结构和发展概况，使读者了解无线传感器网络发展的来龙去脉；阐述了无线传感器网络的通信与组网技术，包含其网络协议体系结构，以及各协议具体分析；描述了无线传感器网络的支撑技术，包含定位技术、时间同步技术、数据融合技术、安全机制等；阐述了无线传感器网络的复杂网络特征；介绍了无线传感器网络的应用情况，通过阐述无线传感器网络的环境监测、军事应用、物联网应用等应用场景，使读者理解无线传感器网络的重要性；分析了无线传感器网络可能遭受的攻击及安全需求。

## 参考文献

[1] 高宏. 低功耗无线传感器网络的研究与实现[D]. 天津：天津大学，2012.

[2] 王爱新. 无线传感器网络 LEACH 路由协议的研究与优化[D]. 保定：河北农业大学，2011.

[3] GALLUZZI V, HERMAN T. Survey: discovery in wireless sensor networks[J]. International journal of distributed sensor networks, 2012, 123(1):1-12.

[4] 徐平平，刘昊，褚宏云，等. 无线传感器网络[M]. 北京：电子工业出版社，2013.

[5] HILL J, SZEWCZYK R, WOO A, et al. System architecture directions for networked sensors[C]//Proceedings of the Ninth International Conference on Architectual Support for Programming Languages and

Operating Systems, Boston, MA, USA, 2000.

[6] 王慧. 基于复杂网络理论的无线传感器网络拓扑结构研究[D]. 重庆：重庆大学，2015.

[7] ZHENG D, GE W Y, ZHANG J S. Distributed opportunistic scheduling for AdHoc networks with random access: an optimal stopping approach[J]. IEEE transactions on information theory, 2009,55(1): 205-222.

[8] BAO L, GAREIA J J. A new approach to channel access scheduling for adHoc networks[C]//Proceedings of the Annual International Conference on Mobile Computing and Networking, 2001: 210-220.

[9] 杨少军. 无线传感器网络若干关键技术研究[D]. 西安：西北工业大学，2006.

[10] EI-HOIYDI A. Aloha with preamble sampling for sporadic traffic in ad hoc wireless sensor networks[C]//Proceedings of IEEE International Conference on Communications, USA, 2002: 3418-3423.

[11] HILL J L, CULLER D E. Mica: a wireless platform for deeply embedded networks[J]. IEEE micro, 2002, 22(6): 12-24.

[12] YE W, HEIDEMANN J, ESTRIN D. An energy-efficient MAC protocol for wireless sensor networks[C]//INFOCOM 2002, USA, 2002: 1567-1576.

[13] DAM T, LANGENDOEN K. An adaptive energy-efficient MAC protocol for wireless sensor networks[C]//The First ACM Conference on Embedded Networked Sensor Systems, Los Angeles, CA, USA. ACM Press, 2003: 171-180.

[14] ENZ C, EI-HOIYDI A, DECOTIGNIE J-D, et al. Wise NET: an ultra low power wireless sensor network solution[J]. Computer, 2004, 37(8): 62-71.

[15] POLASTRE J, HILL J, CULLER D. Versatile low power media access for wireless sensor networks[C]//ACM Sensys'04, Baltimore, Maryland, USA, 2004: 95-107.

[16] LU G, KRISHNAMACHARI B, RAGHAVENDRA C. An adaptive energy-efficient and low-latency MAC for data gathering in

sensor networks[C]//International Workshop on Algorithms for Wireless, Mobile, Ad Hoc and Sensor Networks (WMAN04), 2004: 224-230.

[17] LI J, LAZAROU G. A bit-map-assisted energy-efficient MAC scheme for wireless sensor networks[C]//The 3rd International Symp. On Information Processing in Sensor Networks (IPSN04), Berkeley, CA, USA, 2004: 55-60.

[18] CALLAWAY E H. Wireless sensor networks architecture and protocols[M]. Auerbach Publications, 2004: 71-78.

[19] JAMIESON K, BALAKRISHNAN H, TAY Y C. Sift: a MAC protocol for event-driven wireless sensor networks: MIT Technical Report LCS-TR-894, 2003. [R/OL]// http://www.lcs.mit.edu/publications/ pubs/pdf/ MIT-LCS-TR-894.pdf.

[20] RAJENDRAN V, OBRACZKA K, GARCIA-LUNA-ACEVES J J. Energy-efficient, collision-free medium access control for wireless sensor networks[C]//The First ACM Conference on Embedded Networked Sensor Systems, Los Angeles, CA, USA. ACM Press,2003: 181-192.

[21] HEINZELMAN W B, CHANDRAKASAN A P, BALAKRISHNAN H. An application-specific protocol architecture for wireless microsensor networks[J]. IEEE transactions on wireless communications, 2002,1(4): 660-670.

[22] KALIDINDI R, KANNAN R, IYENGAR S, et al. Distributed energy aware MAC layer protocol for wireless sensor networks[C]// Proceedings of the International Conference on Wireless Networks 2003 (ICWN'03), June 23-26, Las Vegas, Nevada, USA, 2003.

[23] SHIH E, CHO S-H, ICKES N, et al. A Physical layer driven protocol and algorithm design for energy-efficient wireless sensor networks[C]//Proceedings of the ACM MobiCom 2001, Rome, Italy. ACM Press, 2001: 272-286.

[24] CHEN K, SHAH S H, NAHRSTEDT K. Cross-layer design for data accessibility in mobile Ad Hoc networks[J]. Wireless personal communications, 2002,21: 49-76.

[25] CHATTERJEA S, VAN HOESEL L F W, HAVINGA P J M. AI-LMAC: an adaptive, information-centric and lightweight MAC protocol for wireless sensor networks[C]//Proceedings of the 2004 Intelligent Sensors, Sensor Networks and Information Processing Conference, New Jersey, USA. IEEE, 2004: 381-388.

[26] LAN/MAN Standards Committee of the IEEE Computer Society. ANSI/IEEE Std 802.11-1999, Part 11: Wireless LAN Medium Access Control(MAC) and Physical Layer(PHY) specification [S]. IEEE, 1999.

[27] YE W, HEIDEMANN J, ESTRIN D. Medium access control with coordinated adaptive sleeping for wireless sensor networks [J]. IEEE/ACM transactions on networking, 2004, 12(3): 493-506.

[28] JIANG Q F, MANIVANNAN D. Routing protocols for sensor networks[C]//The 1st IEEE Consumer Communications and Networking Conference, Las Vegas, Nevada, USA, 2004: 93-98.

[29] SALHIEH A, WEINMANN J, KOCHHAL M, et al. Power efficient topologies for wireless sensor networks[C]//International Conference on Parallel Processing, September 2001: 156-163.

[30] GUPTA G, YOUNIS M. Performance evaluation of load-balanced clustering of wireless sensor networks[C]//Proceedings of the 10th International Conference on Telecommunications, March 2003. IEEE Press, 2003, 2: 1577-1583.

[31] PERKINS C E, BELDING-ROYER E M, DAS S. Ad-Hoc on-demand distance vector routing[C]//Proceedings of the Second IEEE Workshop on Mobile Computing Systems and Applications, February 25-26, New Orleans, LA, USA, 1999: 90-100.

[32] AKKAYA K, YOUNIS M. An energy-aware QoS routing protocol for wireless sensor networks[C]//Proceedings of the 23rd International Conference on Distributed Computing Systems Workshops, 2003:710-715.

[33] MURUGANATHAN S D, MA D C F. A centralized energy-efficient routing protocol for wireless sensor networks[J]. IEEE communications magazine, March 2005,43(3): S8-13.

[34] ZHENG J, GUO S J, QU Y G, et al. A low delay energy equalizing routing scheme in wireless sensor networks[C]//International Conference on Wireless Communications, Networking and Mobile Computing, September 21-25, 2007: 2667-2670.

[35] LIN M, MAZULLO K, MASINI S. Gossip versus deterministic flooding: low message overhead and high reliability for broadcasting on small networks: UCSD Technical Report TR CS990637. [R/OL]. http://citeseer.nj.nec.com/278404.html.

[36] HEINZELMAN W B, CHANDRAKASAN A P, BALAKRISHNAN H. Energy-efficient communication protocol for wireless microsensor networks[C]//Proceedings of the 33rd Annual Hawaii International Conference on System Sciences, January 7-7, 2000, Maui, Hawaii, USA. ACM Press, 2000: 3005-3014.

[37] INTANAGONWIWAT C, GOVINDAN R, ESTRIN D. Directed diffusion: a scalable and robust communication paradigm for sensor networks[C]//Proceedings of the Sixth Annual International Conference on Mobile Computing and Networks(MobiCom 2000), August, Boston, Massachusetts, USA, 2000.

[38] BHARGHAVAV V, DAS B. Routing in Ad Hoc networks using minimum connected dominating set[C]//International Conference on Communication'97, Montreal, Canada, 1997.

[39] WU J, LI H L. On calculating network[C]//Proceedings of the Third International Workshop on Discrete Algorthims and Methods for Mobile Computing and Communications(DIAL M'99), Seattle, Washington, USA, 1999.

[40] CHEN B, JAMIESON K, BALAKRISHNAN H, et al. Span: an energy-efficient coordination algorithm for topology maintenance in AdHoc wireless networks[J].ACM wireless networks journal, 2002(8): 85-97.

[41] 李征航，黄劲松. GPS 测量与数据处理[M]. 武汉：武汉大学出版社，2016.

[42] 王福豹，史龙，任丰原. 无线传感器网络中的自身定位系统和算法[J]. 软件学报，2005, 16(5): 857-868.

[43] MAO G, FIDAN B, ANDERSON B D O. Wireless sensor network localization techniques[J]. Computer networks, 2007, 51(10): 2529-2553.

[44] 陈佳俊，邢昌凤，王晓蓓，等. 基于移动代理的目标跟踪WSN体系结构设计[J]. 火力与指挥控制，2016, 41(5): 173-176.

[45] 潘仲明，张恒. 基于WSN的目标探测与分类算法[J]. 国防科技大学学报，2013, 35(5): 180-184.

[46] 江泽鑫. 一种无线传感器网络目标检测动态阈值算法[J]. 微型机与应用，2012, 31(12): 55-57.

[47] 邓雪峰，孙瑞志，聂娟，等. 一种多跳无线传感器网络时间同步方法[J]. 太原理工大学学报，2016, 47(2): 183-189.

[48] LIU L G, LUO G C. Routing optimization in networks based on traffic gravitational field model[J]. International journal of modern physics B, 2017:1750074.

[49] 杨杉，苏飞，程新洲，等. 面向运营商大数据的分布式ETL研究与设计[J]. 邮电设计技术，2016(8): 47-52.

[50] DEVENPORT T H, HARRIS J G. Competing on analytics: the new science of winning[M]. Massachusetts: Harvard Business School Press, 2007: 131-132.

[51] 沈琦,陈博. 基于大数据处理的ETL框架的研究与设计[J]. 电子设计工程，2016,24(2): 25-27.

[52] CHENG S, CAI Z, LI J, et al. Extracting kernel dataset from big sensory data in wireless sensor networks[J]. IEEE transactions on knowledge and data engineering, 2017,29(4):813-827.

[53] ESCHENAUER L, GLIGOR V D. A key management scheme for distributed sensor networks[C]//Proceedings of the 9th ACM Conference on Computer and Communications Security, Washington, USA. ACM, 2002: 41-47.

[54] YOUNIS M, GHUMMAN K, ELTOWEISSY M. Location-aware combinatorial key management scheme for clustered sensor networks[J]. IEEE transactions on parallel and distributed systems, 2006, 17(8): 865-882.

[55] ELTOWEISSY M, MOHARRUM M, MUKKAMALA R. Dynamic key management in sensor networks[J]. IEEE communications magazine, 2006, 44(4): 122-130.

[56] MAROTI M, KUSY B, SIMON G, et al. The flooding time synchronization protocol[C]//Proceedings of the 2nd International Conference on Embedded Networked Sensor Systems, 2004:39-49.

[57] MANJESHWAR A, AGARWAL D P. TEEN: a Routing protocol for enhanced efficiency in wireless sensor networks[C]//The 1st International Workshop on Parallel and Distributed Computing Issues in Wireless Networks and Mobile Computing, 2001: 2009-2015.

[58] GANESAN D, GOVINDAN R, SHENKER S, et al. Highly-resilient, energy-efficient multipath routing in wireless sensor networks[J]. ACM sigmobile mobile computing and communications review, 2001,5(4): 11-25.

[59] LIU D G, NING P, Multilevel µTESLA: broadcast authentication for distributed sensor networks[J]. ACM transactions on embedded computing systems (TECS), 2004,3(4): 800-836.

[60] ZHU S C, SETIA S, JAJODIA S S. LEAP: efficient security mechanisms for large-scale distributed sensor networks[C]//Proceedings of the 10th ACM Conference on Computer and Communications Security(CCS), Washington D. C., USA, 2003: 62-72.

[61] BOHGE M, TRAPPE W. An authenication framework for hierarchial AdHoc sensor networks[C]//Wise 2003.

[62] PRZYDATEK B, SONG D, PERRING A. SIA: secure information aggregation in sensor networks[C]//Proceedings of 1st Conference on Embedded Networked Sensor Systems, 2003:255-265.

[63] PERRIG A, SZEWCZYK R, WEN V, et al. SPINS: security protocols for sensor networks[J]. Wireless networks, 2002, 8(5): 521-534.

[64] 苏羽. 传感器网络中的无尺度路由问题[D]. 沈阳：东北大学，2005.

[65] 罗小娟. 基于复杂网络理论的无线传感器网络演化模型研究[D]. 上海：华东理工大学，2011.

# 第 2 章

# 无线传感器网络安全理论

本书主要集中研究无线传感器网络在安全认证、安全路由协议、位置隐私保护方面的算法、模型、方案的优化改进，涉及相关安全理论。本章主要对安全认证、安全路由协议、位置隐私保护方面的理论进行系统阐述。

## 2.1 无线传感器网络安全认证基本理论

### 2.1.1 认证基础知识

认证（Authentication）又称鉴别，是证实某事是否名副其实或是否有效的过程。认证主要解决两个问题[1]：一是验证节点的合法身份，鉴别出网络中的非法节点，保护网络的外部安全；二是验证接收消息的真实性，去除错误和非法消息，保护网络的内部安全。

认证是通过认证协议来实现的。在网络安全中，密码技术是重要的基础，但网络安全不能单纯依靠密码算法来实现。安全协议，也称密码协议[2]，是以密码学为基础的消息交换协议，其目的在于为网络提供各种安全服务，它对网络安全至关重要，是实现各种网络安全需求的基础。在网络系统中需要通过安全协议进行实体之间的认证、在实体之间安全地分配密钥、确认发送和接收的消息的不可否认性等。认证协议是其他各种网络安全业务的基础，也是对各种安全技术的综合运用。

为了使网络中通信双方能够确信对方正是他想要与之通信的人，需要通信双方进行身份认证；并且用户在通信过程中，也要对双方交互的消息进行认证，确保消息确实来自声称的发送方。因此，安全认证一般分为身份认证和消息认证两个方面，如图 2-1 所示。

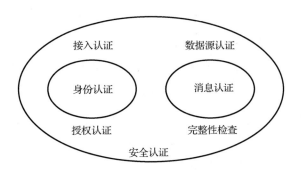

图 2-1 安全认证主要内容

### 1. 身份认证

身份认证又称实体认证，是网络接入控制的中心环节，它对开放环境下的网络安全具有重要的作用。身份认证是指网络中的一方根据某种协议规范确认另一方身份并允许其做与身份对应的相关操作的过程。它为网络提供了安全准入机制，可以说是网络安全的第一道屏障。

身份认证的目的在于防止伪装。由于恶意节点有可能伪装成合法节点，因此任何部署到工作区域的节点在加入网络之前，首先要与当前可信网络中的节点或基站进行有效的身份认证。外部节点通过网络的身份认证后才能够加入网络，成为网络中可信的节点成员，未能通过认证的节点则不允许加入网络，确保了网络的外部安全。

### 2. 消息认证

消息认证是指对消息进行合法性认证的过程。接收方通过对消息内容的完整性检查，验证数据源的合法身份，鉴别出接收到的消息是否遭受第三方有意或无意的篡改，以保证接收消息的安全。

消息认证要能够提供四种安全保护：防范伪装、防范对消息内容的变动、防范信息传送序列的更改、防范提交顺序的更改。在无线网络中，消息认证还需要注意安全能耗负载、无线信道中的报文丢失等情况。

### 2.1.2 认证相关技术

**1．基于口令的身份认证**

基于口令的身份认证方法是最简单也是被广泛使用的一种身份认证方法。用户的口令可由用户在注册阶段自己设定，也可由系统通过某种安全的渠道提供给用户，系统在其数据库中保存用户的信息列表（用户名 ID+口令 Password）。当用户登录认证时，将自己的用户名和口令上传给服务器，服务器通过查询用户信息数据库来验证用户上传的认证信息是否和数据库中保存的用户列表信息相匹配。如果匹配则认为用户是合法用户，否则拒绝服务，并将认证结果回传给客户端。基于口令的身份认证过程如图 2-2 所示。

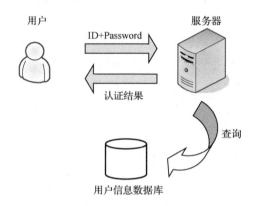

图 2-2　基于口令的身份认证过程

**2．基于加密体制的身份认证**

1）基于对称密码的身份认证

对称密码指的是密钥采用单钥体制，即加、解密都用同一组密钥进行运算，对称密码体制下的挑战/响应机制要求示证者和验证者共享对称密钥。根据是否存在可信的第三方参与到身份认证过程中，基于对称密码的身份认证可以分为无可信第三方认证和有可信第三方认证两种。通常无可信第三方的对称密码身份认证用于只有少量用户的封闭系统，而有可信第三方的对称密码身份认证则可用在规模较大的系统中。

2）基于公钥密码的身份认证

基于公钥密码的身份认证一般有两种思路来实现。一种是验证方 $A$ 发出一个明文挑战信息（一般为随机数）给被验证方 $B$；$B$ 在收到挑战信息后，用自己的私钥对明文信息进行加密，并发送给 $A$；$A$ 收到加密的信息后，利用 $B$ 的公钥对加密信息进行解密，如果解密得到的挑战信息与之前发送给 $B$ 的挑战信息相同，则可以确定 $B$ 身份的合法性。另一种是在认证开始时，$A$ 将挑战信息利用 $B$ 的公钥加密并发送给 $B$；$B$ 利用自己的私钥进行解密，获得挑战信息的内容，并将其返回给 $A$；$A$ 可以根据收到的挑战信息的正确与否来确定 $B$ 身份的合法性。

3．基于个人特征的身份认证

基于个人特征的身份认证是指通过自动化技术利用人体的生理特征或行为特征进行身份鉴定。生理特征是与生俱来、独一无二、随身携带的，如指纹、虹膜、视网膜、DNA 等；而行为特征则是指人类后天养成的习惯性行为特点，如笔迹、声纹、步态等。

### 2.1.3　可证明安全理论

1984 年，Goldwasser 与 Micali 等[3]提出了一种全新的思想——可证明安全理论，将概率引入密码学。可证明安全理论又称计算复杂度理论，该理论采用了归纳推理过程，其主要思想是把攻破协议的问题归约到求解某个困难问题上。具体来说就是把密码算法的安全性归约到一个公认的数学困难问题上，基本思路是先确定方案或协议的安全目标，然后根据敌手的能力构建一个形式化的安全模型，对某个基于"原始本原"（如公认的数学难题）的特定方案或协议，基于以上形式化的模型去分析它，"归约"论断是基本工具，最后得出攻破方案或协议的唯一方法就是解决"原始本原"。

自 Diffie-Hellman 首次提出公钥加密的概念以来，公钥加密体制安全性的研究，已经从单纯的对密码学困难问题的逆向研究，扩展到在不同风险的应用环境下，对整个加密系统的结构完善性的研究。其主要思想是在假设一些密码学公开困难问题的情况下，将具有特定能力的攻击者攻击密码体制的成功优势，转移到解决这些困难问题的可能性上来。

具体来说，假设方案是不安全的，即存在一个敌手可以攻破该密码方案，于是构造一个挑战者，令其利用敌手能攻破密码方案的能力，解决一个具体的数学上的困难问题。但由于困难问题实例的解决与困难问题假设相违背，从而产生矛盾，说明这样的敌手是不存在的，进而保证了方案的安全性。因此，安全目标定义、归约证明、安全所需的"原始本原"是可证明安全理论的重要组成部分，有些学者把它们称为可证明安全理论的三要素。

### 1．安全模型

安全模型是定义方案安全性的核心要素。在可证明安全框架下定义密码方案的安全性要考虑两个因素：敌手的攻击目的和攻击行为。

攻击目的定义了敌手攻击成功的条件。例如，在签名方案中，敌手的目的是能够伪造出一个消息的有效签名；在加密方案中，敌手的目的是能够区分挑战密文所对应的明文；在签密方案中，敌手的目的是能够伪造出一个消息的有效签密密文，或者区分挑战密文所对应的明文。

攻击行为描述了敌手为了达到攻击目的所采取的行动。例如，在签名方案中，敌手可以对他选择的某些消息通过质询获取签名；在加密方案中，可以对他选择的某些密文通过质询获得解密；在签密方案中，可以对他选择的某些消息通过质询获取有效签密密文，也可以对他选择的某些签密密文通过质询获得解签密。如果敌手在某种攻击行为下无法达到他的预期攻击目的，那么方案就被定义为该种攻击目的下的攻击安全性。以下列举几种常用的攻击安全性定义。

（1）不可区分性选择明文攻击安全性。

（2）非适应性选择密文攻击安全性。

（3）适应性选择密文攻击安全性。

### 2．困难问题假设

困难问题假设是指能成功解决一个数学困难问题的概率是可以忽略的。目前，使用较多的困难问题包括大整数分解问题、离散对数问题、基于双线性对问题及格上最小向量等。

### 3．归约证明

归约（又称"归约为矛盾"）是计算复杂度理论中的一个重要概念，它所体现的是把一个问题划归为另一个问题的过程。这个过程很自然：假如把解决问题 $B$ 的程序作为子程序能够设计出解决问题 $A$ 的程序，那么求解问题 $A$ 就归结为了求解问题 $B$。如果不考虑求解问题 $B$ 的子程序的运行时间，所设计的程序是多项式时间的，那么就称这个归约是多项式归约。可证明安全中的技巧体现在如何利用敌手的攻击能力去构造一个挑战者，来解决给定数学难题的一个实例。该挑战者的构造往往需要为敌手提供一个虚拟的环境，可以让敌手发挥其攻击能力，而挑战者却将问题暗中嵌入模拟过程中，令敌手"不知不觉"地替挑战者解决了这个问题。而事实上挑战者并不拥有真正的签名密钥或解密密钥，为了让签名过程或解密过程模拟得完美，挑战者需要其他的特权来弥补不知道私钥的损失。对于归约证明，所希望的是在具备归约有效性的基础上，能使得方案安全所需要的困难性假设越弱越好。例如，对于一个基于单向陷门函数的公钥加密方案，为了使该方案可证明安全，唯一的假设应该是该单向陷门函数的难解性。

目前，最主要的两种归约证明模型是随机预言机模型和标准模型。

1）随机预言机模型（Random Oracle Model，ROM）

1993 年，Bellare 和 Rogaway 从 Fiat 和 Shamir 的思想中受到启发而从 Hash 函数抽象出来一个计算模型——随机预言机模型[4]。它可以抵抗一些未知的攻击，并用来设计某些安全的理想系统。随机预言机模型下的可证明安全的基本思想是：在归约过程中，随机预言机的输出对敌手来说不可预测，因此只能借助另外的预言机访问随机预言机，当敌手想获取某一输入值的 Hash 值时，他首先得去查询一个针对不同输入产生不同随机输出的预言机。而在证明过程中，这些预言机的行为是由一个通过模拟手段试图解决某数学难题的挑战者来模拟的。具体来说，挑战者在其面临的困难问题实例中，将那些看上去随机的输入作为随机预言机的输出发送给敌手，通过对随机预言机的控制，达到利用敌手的输出来解决困难问题实例的目的。显然这个模型为证明提供了更强的灵活性。

## 2）标准模型（Standard Model）

虽然随机预言机模型在可证明安全方面具有很强的灵活性，但由于不具备可实现性而饱受密码学家争议。原因很明显：密码方案在随机预言机模型中的安全性和通过 Hash 函数实现的安全性之间无必然的因果关系，Hash 函数往往被看作是理想和安全的，而实际应用中的 Hash 函数不可能是真正的随机函数，因此有些方案在随机预言机模型下是可证明安全的，但是实际中却并不安全。

所谓标准模型，指的是安全性不需要 Hash 函数是理想的，只需要一些标准的数论假设，如离散对数的计算是困难的，因而在标准模型下的安全性更令人信服。目前，标准模型下的方案设计已成为公钥密码中的一个热点问题。当然，标准模型下的方案设计也遇到了一个很大的问题，那就是效率一般比随机预言机模型下的方案要低。

### 2.1.4 秘密共享

秘密共享是一种将秘密分割存储的密码技术，目的是防止秘密过于集中，以达到分散风险和容忍入侵的目的，是信息安全和数据保密中的重要手段。其基本思想是将秘密以适当的方式进行拆分，拆分后的每一份秘密由不同的参与者进行管理，单个参与者无法恢复出秘密信息，只有达到一定数量的参与者协作才能恢复秘密。秘密共享方案的优点是当其中任何一份秘密不慎丢失时，不影响完整秘密的恢复；另外，还可以方便地废除一份有效的秘密份额[5,6]。图 2-3 所示为秘密共享基本过程。

Shamir$(t,n)$门限共享方案是指这样一个使 $n$ 个参与者共享一个秘密 $k$ 的方法：任何 $t$ 个参与者都能计算出 $k$ 值，但任何 $t-1$ 个或更少的参与者都不能计算出秘密 $k$ 的值。具体方案如下。

（1）系统参数：假定 $n$ 是参与者的数量，$t$ 是门限值，$p$ 是一个大素数，秘密空间和份额空间均为 $GF(p)$。

（2）秘密分发：秘密分发者 $D$ 构造一个随机的 $GF(p)$ 上的 $t-1$ 次共享多项式 $h(x) = (a_{t-1}x^{t-1} + a_{t-2}x^{t-2} + \cdots + a_1x + a_0) \bmod p$，使得 $a_0 = f(0) = k$ 为参与者间共享的秘密，然后分发者 $D$ 在 $\mathbf{Z}_p$ 中选择 $n$ 个互不相同的非零元素 $x_1, x_2, \cdots, x_n$，计算 $y_i = f(x_i) \bmod p$，$i = 1, 2, \cdots, n$，将 $(x_i, y_i)$ 分配给 $n$ 个参与者 $P_i$，值 $x_i$ 是公开的，$y_i$ 作为参与者 $P_i$ 的秘密份额。

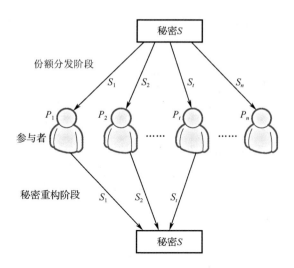

图 2-3 秘密共享基本过程

（3）秘密重构：当有 $s$ 个参与者需要对秘密进行重构时，记这 $s$ 个秘密为 $(x_1, y_1)$，$(x_2, y_2)$，…，$(x_s, y_s)$，当 $s \geq t$ 时，由 Lagrange 插值公式知

$$f(x) = \sum_{i=1}^{s} y_i \cdot \prod_{j=1, j \neq i}^{s} \frac{x - x_j}{x_i - x_j} \pmod{p} \tag{2.1}$$

则秘密 $k = f(0)$。当 $s < t$ 时，参与者无法恢复出秘密。

### 2.1.5 零知识证明

**1. 零知识证明的基本原理**

1985 年，S.Goldwasser、S.Micali 及 C.Rackoff 首次提出了零知识交互式证明（Zero-Knowledge Interactive Proof，ZKIP）系统的模型[7,8]：假设 $P$ 与 $V$ 是两台图灵机，$P$ 采用交互式证明向 $V$ 证明一个断言 $S$，而最终 $V$ 除相信 $S$ 外，得不到任何额外信息。

按照该模型，零知识交互式证明协议必须满足下面三个特性。

（1）完备性：如果 $P$ 证明 $S$ 为真，则 $V$ 拒绝接受 $S$ 的概率非常小。

（2）合理性：如果 $P$ 有欺骗行为，则 $V$ 接受 $S$ 的概率非常小。

（3）零知识性（Zero-Knowledge）：$V$ 除相信 $S$ 外不能获得额外信息。

J. J. Quisquater 与 T.Berson 等在 1989 年的国际密码学会上给出了一个典型的例子，即用关于洞穴的故事来解释零知识证明。如图 2-4 所示，洞穴里有一扇秘密通道门位于 C、D 之间，只有知道秘密咒语的人能打开这扇门。假设 P 知道这个咒语，他要向 V 证明自己知道这个咒语，但又不向 V 泄露这个咒语，那么 P 与 V 可通过下面的游戏规则来达到此目的。

（1）V 站在 A 位置。

（2）P 从 A 位置出发经 B 走进洞穴，到达 C 或 D 位置。

（3）当 P 消失在洞穴后，V 走到 B 位置。

（4）V 随机地命令 P 从左通道或从右通道返回到 B 位置。

（5）P 按 V 的命令从左通道或右通道返回到 B 位置，在必要时 P 使用咒语打开 C 与 D 位置之间的门。

（6）P 与 V 重复这个游戏若干次。

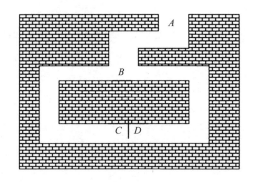

图 2-4　零知识证明洞穴

在上述游戏中，如果 P 不知道咒语，那么 P 每次只能按来时的原路线从 C 或 D 位置返回到 B 位置。这样，P 每次成功按 V 的命令从洞穴深处返回到 B 位置的概率是 $1/2$，所以 P 能 $n$ 次都成功按 V 的命令从洞穴深处返回的概率是 $1/2n$。当 $n$ 增大时，$n$ 次都成功的概率就非常小。因此，当这个游戏重复若干次时，P 均能每次按 V 的命令成功从洞穴深处返回到 B 位置，V 完全可相信 P 知道打开 C 与 D 位置之间那扇门的秘密咒语。显然，在这个游戏规则中，V 除确信 P 知道秘密咒语外，V 没有获得任何有关秘密咒语的信息。这是一个非常典型的零知识证明的例子。

### 2. 基本的零知识证明协议

前文使用洞穴的例子并不能够完整说明零知识证明,下面给出零知识证明协议的完整表述。假设 $P$ 知道关于某个难题的解法,基本的零知识证明协议由以下几轮组成。

(1) $P$ 利用自己所知道的信息和一个随机数将这个难题转为另一个难题,新难题和原来的难题同构,然后利用自己所掌握的信息和这个随机数来解决这个新难题。

(2) $P$ 提交这个新难题的解法。

(3) $P$ 将这个同构的新难题发送给 $V$。$V$ 不能够通过新难题得到关于原难题或其解法的任何信息。

(4) $V$ 要求 $P$ 给出以下两种证明中的一种。

① 向他证明新、旧难题是同构的。

② 公开 $P$ 在第(2)步提交的解法,并且证明该解法是新难题的解法。

(5) $P$ 同意 $V$ 的要求,并给出其证明。

(6) $P$ 和 $V$ 重复步骤(1)至(5) $m$ 次。

这类证明的数学背景很复杂。难题和随机变换一定要仔细挑选,使得 $P$ 无法欺骗 $V$。如果 $P$ 不知道该难题的解法,他能使 $V$ 相信他能解决难题的机会可以忽略不计。并且 $V$ 无法欺骗 $P$,就算在难题多次迭代运算之后,$V$ 也不能够得到关于原难题解法的任何信息。

目前,关于零知识证明协议的设计所基于的难题主要有两类:一类是基于数论中的二次剩余或离散对数问题,另一类是基于图论中的图同构或 Hamilton 回路问题和三色着色问题。

## 2.2 无线传感器网络安全路由协议基本理论

路由协议是无线传感器网络感知信息传输与会聚的基础,作为多跳网络,无线传感器网络有其自身的特点,特别是在路由的安全性方面,需要进行深入的研究。目前,国内外学者提出了多种无线传感器网络路由协议,这些路由协议最初的设计目标通常是以最小的通信、计算、存储开销完成节点间数据传输，但是这些路由协议大多没有考虑到安全问题。实际上由于无线传感器节点电量有限、计算能力有限、存储容量有限及野外部署等特点，使得它极易受到各类攻击。

在传统网络中，安全的路由协议通常仅需保证消息的有效性，而完整性、认证及保密性则可以在上层协议中得到验证。因此，传统网络在进行数据转发的过程中，并不会关心数据的内容，只是尽可能将其转发。但是，在无线传感器网络中设计安全路由协议比较困难，无线传感器网络在对数据进行转发时，为了减小能耗，会对转发的数据进行访问和处理，减少数据的冗余，从而达到数据传输量减少的结果。因此，包括 Ad hoc 网络在内的一些比较成熟的路由技术并不适用于无线传感器网络[9,10]。无线传感器网络有着与传统网络明显不同的路由技术要求，主要包括：

（1）减小能耗。由于无线传感器节点能量有限，所以路由技术必须将有效利用能量放在第一位，然后再考虑服务质量（Quality of Service, QoS）。

（2）遵循多对一通信方式。无线传感器网络是以数据为中心进行路由的，数据传输遵循多对一通信方式，不同于传统 Ad hoc 网络的点对点通信方式。

（3）减少冗余信息。无线传感器网络邻近节点间采集的数据具有相似性，存在冗余信息，需要经过数据融合处理后再进行数据传输。

（4）受限节点状态。在无线传感器网络中，节点的状态一般分为传输、接收、空闲和休眠四个状态，节点处于不同的状态时，所消耗的能量级别不同。路由技术必须考虑节点的当前状态。

（5）适应动态拓扑结构。无线传感器网络某节点可能会因能量耗尽或其他原因，退出网络运行，也可能有新节点被添加到网络中，会使网络的拓扑结构随时发生变化。路由技术应能支持网络拓扑结构的动态变化。

（6）安全强度高。无线传感器节点都是暴露的设备，缺少物理安全保护，并且通信方式还是无线传输，网络安全问题大大增加。路由技术必须加入安全机制以增强安全强度。

无线传感器网络中同一区域节点数量巨大，其产生的数据流也会暴露在无线网络中。无线传感器网络路由协议一般会遭受到以下攻击：虚假路由信息攻击、选择性转发攻击、虫洞攻击、女巫攻击、污水池攻击及劫持攻击等[11]。

值得注意的是，无线传感器网络可能遭受的攻击并不仅仅局限于上述几种，上述手段的结合也会产生更为严重的安全隐患。因此，对正被运用于多个领域的无线传感器网络技术来说，安全路由协议将是保证网络正常工作的重要基础，安全策略的引入则将为路由算法的安全性提供可靠的保障。下面对典型路由协议及安全性进行分析。

### 2.2.1 泛洪路由协议

泛洪（Flooding）路由协议是一种最为简单和经典的路由协议。该路由协议的思想为：节点产生或接收数据后向所有邻居节点广播，数据包直到过期或到达目标节点才停止传播。泛洪路由协议的拓扑图如图 2-5 所示。

对自组织的传感器网络而言，泛洪路由协议是一种较为直接的实现方法，不需要维护网络的拓扑结构和路由发现

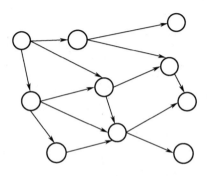

图 2-5　泛洪路由协议的拓扑图

算法，适合鲁棒性要求很高的场合。但广播带来的消息内爆（implosion）和重叠（overlap）是它的固有缺陷。消息内爆是指出现一个节点可能得到一个数据多个副本的现象。重叠是指处于同一观测环境的两个相邻同类传感器节点同时对一个事件做出反应。此外，泛洪路由协议不考虑各节点能量消耗情况，因此，网络中会出现个别节点过早消亡的现象，影响整个网络性能。

泛洪路由协议具有路径容错性好、传输延迟小的特点，对于污水池攻击、虫洞攻击、女巫攻击、选择性转发攻击等常见路由攻击方式都有较好的防范性能。泛洪路由协议不需要根据节点能量、信号强弱、节点位置等信息进行路由优化，所以污水池攻击、虫洞攻击等方式无法通过加强节点能量、信号或伪造身份影响泛洪路由路径。在无法影响路由路径的情况下，选择性转发攻击也难以获得目标数据，此外在泛洪路由协

议中,数据从源节点到达目标节点存在多跳路径,并有多个副本存在,使选择性转发攻击难以成功。

泛洪路由协议在传输过程中没有考虑可用的能量资源所带来的问题,盲目使用网络资源的特点使其易受到针对能量的拒绝服务攻击。由于泛洪路由协议本身存在内爆问题,攻击者在攻击数据包中设置较大的 TTL 值,同时广播大量攻击数据包,能引起无线传感器网络迅速出现内爆,消耗网络能量,快速缩短网络的生命周期。

针对泛洪路由协议的缺陷,闲聊(Gossiping)路由协议对泛洪路由协议进行改进。为了节约能量,节点随机选取一个邻居节点转发它收到的分组,而不是采用广播的形式。闲聊路由协议可以避免泛洪路由协议中消息内爆的问题,在传输数据时采用了随机选取节点的机制,从而大大减小了能量消耗,因此网络的生命周期要比泛洪路由协议长,同时路径具有好的容错性。但由于该协议采取随机选取下一跳节点的方式,因此很多时候建立的路径并非合理,再加上其仍然无法解决部分重叠现象和盲目使用资源问题,会产生较大端到端的时延。闲聊路由协议和泛洪路由协议相似,具有较好的路径容错性,因此能较好地防范污水池攻击、虫洞攻击、女巫攻击、选择性转发攻击等常见路由攻击。由于闲聊路由协议通过随机选取节点来缓解泛洪路由协议中的内爆问题,能有效提高对拒绝服务攻击的防范性。但由于没有彻底解决泛洪路由协议盲目使用资源的问题,且存在较大的网络延迟,攻击者可以通过发送攻击数据影响网络性能,增大网络延迟。

### 2.2.2 SPIN 路由协议

针对泛洪路由协议的缺点,Heinzelman 提出了 SPIN 路由协议。SPIN 路由协议是以数据为中心的自适应路由协议,通过数据协商在一定程度上克服了泛洪路由协议的缺点。在无线传感器网络中,节点感知的数据具有一定的相似性,通过节点协商(negotiation)方式可以有效减少网络中的数据传输量,从而减小能量消耗。

在 SPIN 路由协议中提出了元数据(meta-data,即描述传感器节点采集的数据属性的数据)的概念。元数据是对具体数据的抽象描述,其大小小于节点实际采集的数据,因此传输元数据消耗的能量相对较小。

在节点协商过程中，先对元数据进行协商，当有相应的数据请求时，才发送数据信息。在传输或接收数据之前，通过采用资源自适应机制，每个节点必须检查各自可用的能量状况，如果处于低能量水平，必须中断一些操作，如充当数据中转的角色、停止数据转发操作等。

SPIN 路由协议采用三次握手协议来实现数据的交互，定义了三种类型的消息：广播消息（ADV）、请求消息（REQ）和数据消息（DATA）。ADV 用于数据广播，当某一个节点有数据可以共享时，可用 ADV 数据包通知其邻居节点，该数据包包括元数据；REQ 用于请求发送数据，当某一个节点收到 ADV 并希望接收 DATA 时，发送 REQ 数据包；DATA 为原始感知数据包，里面装载原始感知数据，同时包含元数据的头部。SPIN 路由协议的路由过程如图 2-6 所示。

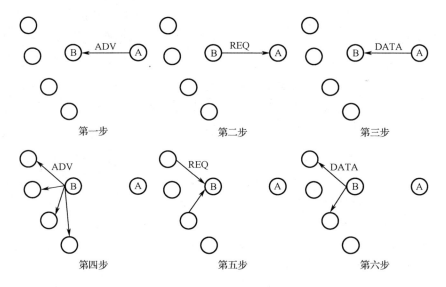

图 2-6　SPIN 路由协议的路由过程

在 SPIN 路由协议中使用 ADV 消息来告知周围节点有新数据需要传送，而 SPIN 路由协议没有限制每个节点发送 ADV 数据的数量和频率，所以攻击者可以不断发送不同的 ADV 数据包，误导周围节点认为有新的数据要传送，从而影响其他正常数据的传播。此外，攻击者在收到源数据节点发送的新数据时，可以对数据进行篡改或丢弃，进行选择性转发攻击。为提高协议的安全性，可以使用消息认证码等安全机制，以此来保证消息的正确性和完整性。

### 2.2.3 GPSR 协议

GPSR（Greedy Permeter Stateless Routing）协议是一种直接使用地理位置信息建立路由路径的方法，由哈佛大学的 Karp 和 Kung 提出。该协议仅需要单跳的网络拓扑信息：每个节点仅知道其邻居节点的位置。节点自身所描述的位置信息是基于位置信息的路由协议的关键。数据包目标节点及下一跳候选节点的位置信息，足以使当前节点做出正确的前向发送，而不需要网络其他的拓扑信息。GPSR 协议中使用了贪婪策略，根据使用的贪婪策略的不同，演化出不同的方法。由于使用贪婪算法会出现局部最优问题，根据不同的解决方法，也演化出很多不同的方法。

GPSR 协议有两种工作模式：贪婪转发和周边转发。正常情况下，节点采用贪婪分组转发的模式将分组传送至离目标区域最近的邻居节点。接到贪婪转发模式数据的节点，搜索它的邻居节点表，如果有邻居节点到网关节点的距离小于该节点到网关节点的距离，则当前的数据模式保持不变，并转发到贪婪策略所选择的邻居节点。贪婪转发模式的最大缺点就是会导致局部最优问题，即路由空洞问题。如图 2-7 所示，源节点为 $S$，目标节点为 $D$，在前一跳中采用贪婪算法，数据分组到达中间节点 $x$。由图 2-7 可以看出，虽然经过节点 $x$ 存在一条从 $S$ 到 $D$ 的路径，但由于在 $x$ 传输范围内的所有节点中，$x$ 离目标节点 $D$ 最近，根据贪婪算法，节点 $x$ 将选择自己作为数据分组的下一跳，这样数据分组将不能到达目标节点 $D$。针对这种情况，GPSR 协议提出了周边转发（perimeters forwarding）模式，该模式作为贪婪转发模式的一个补充。

周边转发模式的基本思想是：节点 $x$ 不使用 void 区域的节点作为下一跳，而是采用平面图的路由协议，以迂回的方式选择下一跳节点进行数据转发。所谓平面图，就是任何两条边不交叉的图。将无线传感器网络模型化图，图的顶点为节点，边为节点间数据链路。每个节点都可以按如下方法来构造平面子图：以节点的传输范围为半径画圆，两个节点的交叉区域的节点不包含进子图中，如图 2-8 所示，也就是 $\forall w \neq u, v, \ d(u,v) \leq \max[d(u,w), d(v,w)]$。

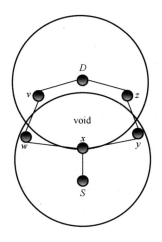
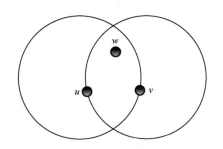

图 2-7 路由空洞　　　　图 2-8 平面图的构造

平面图遍历采用右手定则，如图 2-9 所示。右手定则是指 $x$ 转发 $y$ 的数据分组，在多边形的内侧，按照逆时针遍历到边 $(x,z)$；在多边形的外侧，按照顺时针进行遍历。使用右手定则遍历节点的平面子图，形成到目标节点的转发路由。

GPSR 协议将贪婪转发和周边转发相结合。如果没有邻居节点比当前节点离目标更近，节点就采用周边分组转发的模式使用平面图遍历算法进行分组转发，不管在多边形的外侧还是内侧，遍历都采用右手定则选择与其边交叉的边。一旦分组到达离目标更近的节点，则继续采用贪婪分组转发的模式，否则继续进行周边转发。图 2-10 所示为一个周边转发实例，前两个及最后一个遍历沿着多边形的内侧进行转发，第三个遍历沿着多边形的外侧进行转发。

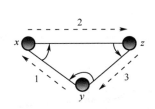
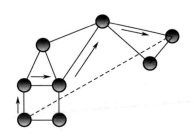

图 2-9 右手定则　　　　图 2-10 周边转发实例

GPSR 协议不依赖于整个网络的拓扑信息，仅需要了解邻居节点的位置信息，从而大大减小了维持网络拓扑信息的消耗，同时该协议具有较好的容错性和可扩展性。但是该协议没有在能效方面进行考虑，从而容易导致某些节点过度使用，缩短网络的生命周期。而且，当网络中存在局部最优问题时，尽管采用周边转发模式可以将数据发送到网关节点，但这样的路径并非高效路由，此外发往一个区域的分组全部通过一个特定的节点，造成网络能量消耗不均衡，影响使用寿命。

GPSR 协议依赖于节点的位置信息，位置信息可以被蓄意歪曲，不论攻击者的真实位置如何，他可以宣称自己的位置在某个经过信息流的路径上，攻击者通过伪造位置信息可以实现女巫攻击。在 GPSR 协议中，攻击者可以不参与消息分组转发，只需要广播伪造的位置信息，就可以形成路由循环，使信息永远到不了目标区域。

### 2.2.4 TEEN 协议

按照应用模式不同，无线传感器网络可以分为主动型和响应型两种。主动型无线传感器网络持续监测周围的物质现象，并以恒定的速率向会聚点发送监测数据；而响应型无线传感器网络只是在被监测对象变量发生突变时才发送数据，这样可以节省许多不必要的能量开支。TEEN（Threshold Sensitive Energy Efficient Sensor Network）协议是适应于响应型应用环境的网络路由协议。

在 TEEN 协议中定义了硬、软两个门限值以确定是否需要发送监测数据。每当簇头改变后，簇头除广播自己的相关属性外，还会将硬门限和软门限这两个参数广播给其他节点。硬门限是关于传感属性的一个绝对值，当监测数据超过设定的硬门限时，节点才开启收发信机进行数据传输。软门限是当传感属性的变化超过一定范围时，才触发收发信机开始传送数据。工作过程为：节点持续监测周围的物质现象，当收集到的数据的属性集参数第一次超过硬门限时，节点开始发送数据，并将它作为新的硬门限，并在紧接着的时隙内发送它；在接下来的过程中，如果监测数据的变化幅度大于软门限界定的范围，则节点发送最新采集的数据，并将它设为新的硬门限。通过调节软门限，可在监测精度和系统能耗之间取得平衡。TEEN 协议的体系结构如图 2-11 所示。

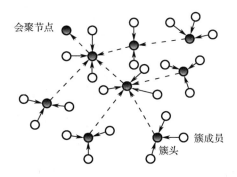

图 2-11 TEEN 协议的体系结构

TEEN 协议通过合理设置硬门限和软门限，仅传输用户感兴趣的信息，从而可以有效地减小系统的通信流量以减小系统的功耗。研究仿真标明，TEEN 协议比 LEACH 协议更有效。但 TEEN 协议也有自身的问题：如果某节点没有收到簇头广播的门限值，数据的属性值就一直达不到门限，该节点就不会发送数据，用户也无法收到该节点的数据；由于该协议引入了硬门限值，因此当收集数据小于认定的值时，节点就不会发送数据；由于该协议引入了软门限值，因此对变化幅度不大的感应数据不能及时做出响应，从而在一定程度上限制了该协议在实际应用中的广泛使用；该协议要求所有节点都能够与网关节点直接建立通信，因此只适用于小规模的无线传感器网络；而且由于需要配置门限函数等，也增大了开销和复杂度。故 TEEN 协议在抵御 Hello Flood 攻击、选择性转发攻击、女巫攻击等方面，还存在不足。

## 2.3 无线传感器网络位置隐私保护基本理论

受节点能量的限制，无线传感器网络中每个数据处理节点的计算、转发能力有限，也无法运行复杂的加密和解密算法，使得传感器节点极易受到攻击者的攻击。由此无线传感器网络涉及的隐私问题分为两类[13]：一类是数据隐私，一类是上下文隐私。

对于数据隐私[14]，攻击者主要通过在链路层进行监听，或者直接捕获传感器节点，从而可以监听到信息或对信息进行随意的更改。当前对于这一类隐私的保护问题，主要采用匿名及加密的方式进行。当然，考虑到能量问题，无法采用复杂的加密算法，因此，研究高效的节省能量的加密算法成为无线传感器网络的一个热门问题。

上下文隐私又分为位置隐私和时态隐私，这里着重介绍位置隐私问题。位置隐私又分为源节点的位置隐私和槽节点的位置隐私。源节点承担着无线传感器网络中感知节点的角色，是无线传感器网络的数据来源，在某些场景下，源节点的位置一旦暴露，会造成极大危害。例如，监测珍稀动物时，源节点的位置一旦暴露，会对需要保护的动物造成极大危害。槽节点作为无线传感器网络中最为关键的一个节点，是源节点产生数据的会聚节点，同时承担着该无线传感器网络与外界联系的桥梁，一旦槽节点的位置暴露，攻击者可以完全地破坏整个无线传感器网络，造成非常严重的危害。

### 2.3.1 基本模型

**1. 网络模型**

无线传感器网络位置隐私保护技术一般针对单层传感器网络，网络中不存在高资源节点，所有节点的初始能量、计算能力、存储能力、通信能力都是相似的。而攻击者在硬件设备上具有明显的优势，因此能量更充足，计算能力、存储能力、通信能力也更强；同时，局部攻击者具备一定的移动能力。根据无线传感器网络的特点，对无线传感器网络位置隐私保护中的网络模型做出以下假设。

（1）传感器节点足够多且在网络中平均散布，即在各个区域内节点密度相等。两个节点相邻表示它们之间能实现直接通信，非相邻节点间的通信可以通过中间节点转发，以多跳方式完成。

（2）网络中有且仅有一个基站且有多个簇头节点。源节点可以直接搜集信息、采集数据，而数据包从源节点发出经簇头节点最终到达基站。基站通常具有较强的计算、存储、通信能力。

（3）除基站外其余节点完全相同，即具有相同的有限功耗、初始能量、计算能力、存储能力、通信能力，且节点间可相互替代。

（4）基站与各个节点位置完全随机且在网络中位置可以变动，网络拓扑结构可以变化，新的节点可以随时加入，失效节点可以剔除，同一时刻可能存在多个源节点同时传输信息。

### 2．攻击模型

基于已有研究成果中对攻击者的定义，可以从攻击模式、攻击视角和攻击手段三个角度来对攻击模型进行界定[14]。

#### 1）攻击模式

根据攻击者是否对网络的正常性能施加影响，攻击模式分为普通攻击模式和复杂攻击模式。

（1）在普通攻击模式中，攻击者不对网络的性能产生影响，攻击者采用诚信但好奇模型，作为外部节点存在，采取被动攻击手段获取源节点和基站节点的位置信息。主要的攻击方式如下。

① 窃听。网络窃听是最常见与基本的被动攻击手段。因为无线传感器网络自身的开放性，环境中的电磁信号极易获取，对于未加密或加密安全性不够的消息，攻击者可以轻松获取消息内容，从而窃取位置隐私。

② 逐跳回溯追踪[15]。对于被动攻击者，其可以通过获取的电磁信号的强度和相位等基本属性分析信号的发送方位，基于此可能寻找到发送信号的无线传感器节点大致位置。攻击者从一个节点出发，通过这种方式逐跳追踪发送数据包的节点即可能回溯到源节点或基站节点，从而窃取节点的位置隐私。

③ 流量分析[16]。基于无线传感器网络自身网络拓扑结构特点，传感器节点采集的信息最终会聚到基站节点再发送回用户终端。因此，网络中的通信流量分布并不均匀，靠近基站的节点需要承担更多的数据包转发任务，流量也就越大。攻击者可以分析网络中各个区域的数据包流量密度分布以窃取基站等关键节点的位置隐私信息。

（2）在复杂攻击模式中，攻击者主动对网络的正常性能施加干扰，通常使用主动攻击手段进入网络内部，作为内部节点截获源节点和基站节点的位置信息；同时，可以对感知数据进行篡改、丢弃，甚至直接进行路由风暴攻击和耗尽攻击，导致整个网络瘫痪。主要的攻击方式如下。

① 节点捕获[17]。无线传感器网络中单个节点因自身特点导致其本身较为脆弱，攻击者可能通过攻击手段获取单个传感器节点的全部权

限,从而捕获经过该节点的全部消息内容并替代节点在网络中通信,从中可窃取其他节点的位置隐私信息。

② 数据篡改与伪造。攻击者通过对截取的数据包内容进行篡改或伪造数据包与网络中其他节点及基站通信,从而获取或分析其他节点的位置信息。如果无线传感器网络通信中缺少有效的认证和校验机制,则极易受到这种攻击。

③ 拒绝服务攻击[18]。攻击者通过向特定节点发送大量冗余消息阻塞其正常的消息接收和转发,从而造成节点的瘫痪,关键节点的瘫痪可使整个网络不能正常运行。基于网络中节点的瘫痪情况和对整个网络造成的影响进一步分析关键节点的位置信息,窃取网络位置隐私。

2)攻击视角

按照可以监听的网络范围,攻击者分为全局视角攻击者(简称全局攻击者)和局部视角攻击者(简称局部攻击者)。

全局攻击者具有良好的设备条件,一般会在整个无线网络区域内布置大量窃听节点与多种分析工具,可以对整个网络的流量、通信状况进行监听,具有强大的攻击能力;局部攻击者不具备全局攻击者的设备条件,通常只依靠自身携带的监听设备对自身周围一定半径范围内局部网络的通信状况进行监听。

全局攻击者倾向于使用窃听和流量分析、ID 分析、时间关联分析结合的攻击方式,局部攻击者倾向于使用窃听和逐跳回溯追踪结合的攻击方式。

3)攻击手段

攻击者常用的攻击手段包括以下七类。其中,监听、逐跳回溯追踪、流量分析、ID 分析和时间关联分析属于被动攻击手段,节点捕获、数据篡改与伪造属于主动攻击手段。

(1)监听。攻击者对节点间的通信进行监听,分析无线信号的特点。这是实现逐跳回溯追踪、流量分析、时间关联分析等攻击的基础。在监听的同时,攻击者也会尝试通过窃取和截获的方式得到数据包中的数据内容,通常把这种攻击手段称为数据窃听。

(2)逐跳回溯追踪。通过逐跳地反向追踪数据包的来源来确定源节点或基站节点的位置,是局部攻击者最常用的攻击手段。攻击者通常使用配备多个天线的无线电测向仪,通过相应的定位法确定信号发送节点的位置,当确定信号发送节点位置后,攻击者立刻移动到该节点,并继续对无线信号进行监听。重复以上过程,局部攻击者就可以通过逐跳回溯追踪的方式找到源节点或基站节点的位置。

（3）流量分析。流量分析包括网络热点分析和数据包分析两种方式。在监测型传感器网络中,敏感事物所在范围内的传感器节点的通信量会比其他节点大一些。因此,攻击者可以在对全网或局部区域网络监听的前提下,通过网络通信热点分析来确定源节点或基站节点的位置;攻击者也可以通过分析节点接收和发送数据包的大小、时间间隔等属性来确定数据流的起始节点和目标节点。

（4）ID 分析。攻击者通过获得先验消息或窃听数据包信息的方式来获得节点的 ID 信息,并通过监听分析得出节点 ID 与网络拓扑之间的对应关系。

（5）时间关联分析。攻击者通过观察节点与其邻居节点之间消息发送操作的时序相关性来推断消息数据的传输路径。

（6）节点捕获。攻击者通过捕获网络中的单个或多个节点参与到网络通信中,既可以获得加密密文、通信协议、拓扑结构等敏感消息,也可以对网络节点进行克隆。

（7）数据篡改与伪造。攻击者对数据包中的数据进行恶意修改、删除或虚假消息注入,影响网络的正常性能。

### 3．协议分类标准

已有的位置隐私保护协议可以从不同角度进行分类[14]：按照保护对象不同,位置隐私保护协议可以分为源节点位置隐私保护协议和基站位置隐私保护协议；按照所能抵御的攻击模式不同,位置隐私保护协议可以分为普通攻击保护协议和复杂攻击保护协议；按照所针对的攻击视角不同,位置隐私保护协议可以分为局部攻击保护协议和全局攻击保护协议。

按照所使用的位置隐私保护策略,将现有研究成果分为路径伪装策略、陷阱诱导策略、通信控制策略和网络匿名策略四大类。按照所使用的具体技术,进一步将路径伪装策略划分为随机游走机制和多路径机制两类，将陷阱诱导策略划分为环路陷阱机制和虚假源/基站机制两类，将通信控制策略划分为静默机制、跨层机制、网络编码、定向通信和数据中转机制五类。

**4．性能评价模型**

评价位置隐私保护技术的性能指标主要有四类[14]：抵御的攻击手段、位置隐私保护强度、网络通信质量和能耗控制。

1）抵御的攻击手段

位置隐私保护技术往往需要同时面对局部攻击者和全局攻击者的多种攻击方式，位置隐私保护协议抵御的攻击手段类型反映了协议的适用性。

2）位置隐私保护强度

位置隐私保护强度用来衡量位置隐私保护算法的安全强度。目前还没有统一的评价标准，已有研究成果往往选用自己提出的安全标准对位置隐私保护强度进行评价。较为常用的两个评价指标是安全周期和逃脱概率。安全周期是指敏感事物被攻击者捕获前，源节点可以执行的通信周期的个数，也可以认为是能够发出的消息数据包的个数。逃脱概率是指在一定的时限内，敏感事物不被攻击者捕获的概率。

3）网络通信质量

网络通信质量是指采用位置隐私保护协议后网络的通信时延、通信速率、端到端投递率等方面的性能。

4）能耗控制

能耗控制是位置隐私保护技术中的重要研究内容，位置隐私保护技术必须在提供高强度位置隐私保护的同时对网络整体能耗进行控制，尽量减小对网络生命周期的影响。网络能耗通常使用通信能耗与节点计算能耗之和来衡量。

### 2.3.2 位置隐私保护模型

在无线传感器网络位置隐私保护的相关研究中，通常采取熊猫-猎人博弈模型[15,16]。在此模型中，假定对熊猫进行观测研究其生活习性，科学家在某一熊猫活动区域内布置无线传感器网络，当传感器节点捕获到熊猫信息时,立即以一定周期将其侦测到的相关数据向会聚节点传送再到达基站,最终经基站分析处理后反馈给研究人员;同时在这一区域内存在捕杀熊猫的猎人,他可以移动寻找熊猫位置且在一定范围内可以进行无线监听获取节点间通信情况,通常猎人具有较强的计算、存储、通信能力,他可以逐跳回溯跟踪节点发送的数据包并最终找到源节点。而位置隐私保护即保证熊猫数据采集传输的同时防止猎人确定熊猫数据采集节点的位置[17,18]。

隐私保护中通常采用匿名的思想,即将个体隐藏于集合之中,使个体信息在目标集合中不可区分。无线传感器网络中的位置隐私保护基于发送者与接收者匿名的思想,即节点的位置信息与其他任何发送者和接收者都没有相关性,攻击者不能从网络中各个节点传输的信号信息中判断出特定的发送节点和接收节点,单个节点的信息隐藏于区域内所有发送节点和接收节点集合之中。

$k$ 匿名的思想就是使得一个节点的位置信息至少与 $k$ 个节点的位置信息相互之间是无法分辨的。也就是说,受保护节点的位置信息为$(x_0,y_0)$的概率至少与集合内 $k$ 个节点的位置信息为$(x_0,y_0)$的概率相同,该节点的位置信息隐藏于集合内 $k$ 个节点的整体位置信息之中,保护了单个节点具体的位置隐私。

位置隐私保护的最终目的是实现节点位置信息的不可观测性和统计分布上的不可区分。攻击者通过观察不能判断出特定节点的数据发送和接收事件,同时也不能通过对区域内电磁信号的统计特征判断特定节点的位置信息,即各个节点的统计信息概率分布相同,变量也相同,相互之间概率上不可区分。

## 2.4 本章小结

本章对无线传感器网络中安全认证、安全路由协议及位置隐私保护问题涉及的基本理论进行了简要概括,阐述了无线传感器网络安全认证基础知识、相关技术、可证明安全理论、秘密共享及零知识证明,系统描述了泛洪路由协议、SPIN 路由协议、GPSR 协议、TEEN 协议,叙述了无线传感器网络位置隐私保护中涵盖的基本模型和位置隐私保护模型。

## 参考文献

[1] 葛爱军，马传贵，程庆丰. 标准模型下CCA2安全且固定密文长度的模糊基于身份加密方案[J]. 电子学报. 2013,41(10):1948-1952.

[2] YUSSOFF Y M, HASHIM H, BABA M D. Analysis of trusted identity-based encryption protocol for wireless sensor networks [C]//Control and System Graduate Research Colloquium (ICSGRC), 2012:313-317.

[3] SCHAHEEN J, OSTRY D, SIVARAMAN V, et al. Confidential and secure broadcast in wireless sensor networks [C]//The 18th Annual IEEE International Symposium on Personal, Indoor and Mobile Radio Communications, Athens, Greece, 2007:1-5.

[4] BAUER K, LEE H. A distributed authentication scheme for a wireless sensing system[C]//Proceedings of the 2nd International Workshop on Networked Sensing Systems, San Diego, CA, USA, 2005: 210-215.

[5] ZHENG J, TAN Y, ZHANG X, et al. Multi-domain lightweight asymmetric group key agreement[J]. Chinese journal of electronics, 2018, 27(5): 1085-1091.

[6] 李雪莲，李伟，高军涛，等. 一个具有多个注册中心的双向认证与密钥协商协议[J]. 电子学报，2018,46(10):2418-2422.

[7] 刘金会，禹勇，杨波，等. 相关随机分析线性子空间的伪适应性零知识证明[J]. 密码学报，2018,5(2):101-110.

[8] 陈永志，范新灿，温晓军. 基于量子隐形传态的零知识证明协议[J]. 量子电子学报，2018,35(2):173-178.

[9] MARK L, PERRIG A, BRAM W. Seven cardinal properties of sensor network broadcast authentication [C]//SASN'06, Alexandria, VA, USA, 2006: 147-156.

[10] 杨庚，陈伟，曹晓梅. 无线传感器网络安全[M]. 北京：科学出版社，2010.

[11] 黄妙媛. 无线传感器网络安全路由协议研究[D]. 上海：东华大学，2017.

[12] KARP B, KUNG H T. GPSR: greedy premimeter stateless routing for wireless networks[C]//Proceedings of the 6th Annual International Conference on Mobile Computing and Networking, Boston, MA, USA, 2000:243-254.

[13] 万盛，李凤华，牛犇，等. 位置隐私保护技术研究进展[J]. 通信学报，2016,37(12):124-141.

[14] 彭辉，陈红，张晓莹，等. 无线传感器网络位置隐私保护技术[J]. 软件学报，2015, 26(3): 617-639.

[15] CHENG L，WANG Y，WU H，et al. Non-parametric location estimation in rough wireless environments for wireless sensor network [J]. Sensors and actuators A: physical, 2015, 224: 57-64.

[16] GROAT M, HE W, FORREST S. KIPDA: k-indistinguishable privacy-preserving data aggregation in wireless sensor networks [C]//INFOCOM, IEEE, 2011: 2024-2032.

[17] BABAR S, STANGO A, PRASAD N, et al. Proposed embedded security framework for Internet of Things (IoT) [C]//Proceedings of the Wireless Communication, Vehicular Technology, 2011: 1-5.

[18] WANG H, SHENG B, LI Q. Privacy-aware routing in sensor networks [J]. Computer networks, 2009, 53(9): 1512-1529.

# 第 3 章

# 加权复杂网络基础理论

实际网络系统中各元素之间的相互作用强度是不同的,而这种相互作用的差异性往往是系统出现某些特征的重要原因,如复杂系统中的非线性和自组织行为等统计特征。加权复杂网络能够更好地描述节点间的相互作用强度,从而更加真实和全面地反映网络系统的动力学特性。因此,加权复杂网络已经成为复杂网络的一个重要的研究方向。现实网络的结构与功能往往是通过拓扑结构、物理过程和权重的相互作用表现出来的,通过研究加权复杂网络可以加深对实际网络的理解,同时对优化网络的功能具有一定的指导意义。本章主要介绍加权复杂网络的特征参量、演化模型和赋权模型,为后续抗毁性工作的介绍奠定了理论基础。

## 3.1 加权复杂网络的特征参量

无权复杂网络的研究简化了很多实际问题,但是毫无疑问,实际网络除很重要的拓扑结构外,网络节点之间的关系和强度也表现出丰富的多样性[1]。例如,社交网络中个体间的强弱关系是不同的,科研合作网中研究者之间合作的论文数量是不同的,蛋白质相互作用网络中酶之间化学物质交换的能量是不同的,因特网中节点之间的通信量是不同的,航空运输网络中各航线运送旅客的流量是不同的。这些实际网络用加权复杂网络模型来描述更加适合。权重为刻画网络性质提供了一个新的维度,也为优化网络性质及功能提供了新的手段[2,3]。

加权复杂网络可以用图 $G=(V,E)$ 来表示,假设 $G$ 是一个无向连通图,有 $N$ 个节点和 $M$ 条带有权重的边,节点集 $V=\{v_1,v_2,\cdots,v_N\}$,边集

$E=\{e_1,e_2,\cdots,e_M\}$。一般用权重邻接矩阵 $W=(w_{ij})_{n\times n}$ 表示加权网络的连接权重，矩阵中的元素 $w_{ij}$ 表示节点 $i$ 与 $j$ 之间的边权，当网络中各条边的权重都相同时，加权网络即退化为无权网络。

另外，需要注意的是，一般在处理权重关系时，有相异权和相似权两种赋权方式。相异权与传统意义上的距离相对应，权重越大，表示节点之间的距离越大，关系越疏远；相似权则相反，权重越大，节点之间的距离越小，关系越紧密。例如，在机场之间的航班数越多，则其合作的关系越紧密。

### 3.1.1 点强及强度分布

节点的度是刻画节点特性的最简单同时也是最重要的参量，其用于描述节点的局部特性。在加权网络中，节点的度 $k_i$ 可以很自然地推广到节点的强度 $s_i$，称为点权、点强或点强度，其定义为

$$s_i = \sum_{j \in \Gamma_i} w_{ij} \tag{3.1}$$

式中，$\Gamma_i$ 表示节点 $i$ 的所有邻居节点的集合。在无权网络中，节点的强度与度是相同的。而在加权网络中，节点的强度等于连接到该节点的边的权重之和。两个度值相同的节点可能具有不同的强度。节点的强度整合了节点的度 $k_i$ 与相连边的权重 $w_{ij}$ 的所有信息，是节点局域信息的综合体现。当边权与网络的拓扑结构不相关时，度为 $k$ 的节点的平均强度 $s(k)$ 与度的函数关系为 $s(k) \approx \langle w \rangle k$，其中 $\langle w \rangle$ 表示网络的平均权重。当边权与网络的拓扑结构有相关性时，节点的平均强度与度的函数关系可表示为 $s(k) \approx Ak^\beta$，其中 $\beta = 1$ 且 $A \neq \langle w \rangle$，或者 $\beta \neq 1$。另外，通过 $\langle w_{ij} \rangle \sim (k_i k_j)^\theta$ 也可以判断边权与其端节点度之间的相关性，进而衡量边权与网络拓扑结构的相关性。如果边权与其端节点度的乘积是相互独立的，则参数 $\theta = 0$。

在点强的基础上，还可以引入单位权，对节点的连接和权重情况做更细致的刻画，单位权 $u_i$ 定义为[4]

$$u_i = \frac{s_i}{k_i} \tag{3.2}$$

单位权表示节点连接的平均权重，在节点具有相同的度值和强度的时候，单位权可能相同，也可能差别较大。例如，对某个度值为 $k_i$、强

度为 $s_i$ 的节点 $i$ 来说，可能是每条边上的权重都接近 $u_i$ 的数值，即权重 $w_{ij}$ 可能与 $u_i$ 同阶，也可能是少数几条边上的权重占优势。这种差异性可以通过 $Y_i$ 来度量，定义为[5]

$$Y_i = \sum_{j \in \Gamma_i} \left[ \frac{w_{ij}}{s_i} \right]^2 \qquad (3.3)$$

式中，$\Gamma_i$ 表示节点 $i$ 的所有邻居节点的集合。从上述定义可知，$Y_i$ 描述了与节点 $i$ 相连的边的权重分布的离散程度，且 $Y_i$ 间接依赖于节点的度 $k_i$。如果所有的边的权重相等，则 $Y_i$ 的度量值为 $1/k_i$；反之，如果某条边的权重起了主要作用，则 $Y_i \approx 1$，此时 $Y_i$ 独立于 $k_i$。

节点的强度分布 $P(s)$ 与度分布 $P(k)$ 的定义类似，主要考察节点具有强度 $s$ 的概率。强度分布与度分布一起，提供了加权网络的基本统计信息。近年来的研究表明，许多网络的度分布可以用幂律分布 $P(k) \sim k^{-\gamma}$（$\gamma \in [2,3]$）来更好地描述[6]。由于幂律分布具有标度不变性，因此把节点度分布符合幂律分布的网络称为无标度网络，并把节点的幂律分布称为网络的无标度特性。由于节点的强度与度的关系，在有缓慢衰减的 $P(k)$ 分布的加权网络中，有可能观察到重尾的 $P(s)$ 分布，且 $P(s)$ 分布也表现出缓慢的衰减。文献[7]给出了科学家合作网和国际航空网的度分布与点强度分布，如图 3-1 所示。

### 3.1.2 加权最短路径

加权最短路径是加权网络的一个重要的统计量。一方面，最短路径是衡量加权网络小世界特性的基础；另一方面，加权网络的其他全局统计量，如效率和介数等，都是在最短路径的基础上进行求解的。在无权网络中，最短路径长度相对而言是比较容易求解的。如果两个节点相连，那么节点之间的距离就为 1；如果两个节点不相连，且中间有一个中介节点，那么节点之间的距离就增加 1。

实证分析表明，大多数网络虽然节点数量众多，但都有较小的平均路径长度。例如，一个包含 269 504 个节点的万维网的平均路径长度为 11.3，而代谢网络的平均路径长度仅为 2.2。如果随着网络规模 $N$ 的增大，其平均路径长度 $L$ 的增大速度至多与网络节点数量 $N$ 的对数 $\ln N$ 成正比，则称该网络是具有小世界效应的[8]。

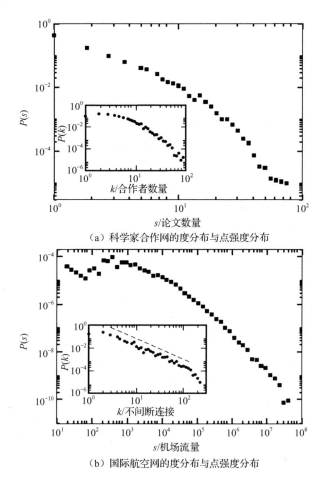

(a) 科学家合作网的度分布与点强度分布

(b) 国际航空网的度分布与点强度分布

图 3-1　科学家合作网和国际航空网的度分布与点强度分布

对加权网络而言，最短路径的求取需要考虑相异权和相似权两种情况。对于相异权，可以定义两个节点之间的距离为其权重，即 $l_{ij}=w_{ij}$；而对于相似权，则可以用权重的倒数表示节点间的距离，即 $l_{ij}=1/w_{ij}$。当然，也可以通过其他方式将权重转化为距离。对不直接相连的节点而言，最短路径长度可以通过权重转化的方法来求取。假设节点 $i$ 和节点 $j$ 经由节点 $k$ 通过两条边相连，权重分别为 $w_{ik}$ 和 $w_{kj}$。对于相异权，边的权重对应于节点间的距离，权重越大距离越大，因此可以直接取和，即 $l_{ij}=w_{ik}+w_{kj}$；对于相似权，权重越大距离越小，因此可以使用调和平均值的做法，先将权重转化为距离，即 $l_{ij}'=1/w_{ik}+1/w_{kj}$，然后再将距离转化为权重，即 $l_{ij}=1/l_{ij}'=w_{ik}w_{kj}/(w_{ik}+w_{kj})$。根据以上计算方法，即可得到任意两个节点间的最短路径长度及网络的平均路径长度。

另外,如何对不同范围的网络权重进行比较也是一个需要考虑的问题[9]。这里采用权重归一化的方法,将网络中每条边的权重与平均权重取比值,即 $w_{ij}/\langle w \rangle$,经过转换即可对不同类型网络权重进行比较。在此基础上,利用归一化的权重和求解最短路径的 Floyd 算法或 Dijstra 算法进行最短路径长度及网络平均最短路径长度求解。这样也可以方便地利用倒数关系实现两种权重之间的转换,并计算网络的基本统计性质。

### 3.1.3 加权聚类系数

聚类系数(clustering coefficient)又称为簇系数或集聚系数,用于刻画网络的集团化程度,即考察连接在一起的集团各自的近邻之中有多少是共同的近邻[10]。假设网络中节点 $i$ 有 $k_i$ 条边与其他节点相连,节点 $i$ 的聚类系数 $C_i$ 定义为节点 $i$ 的 $k_i$ 个近邻之间实际存在的边数 $e_i$ 与所有可能的边数之比。整个网络的聚类系数 $C$ 就是所有节点的聚类系数的平均值,且 $0 \leqslant C \leqslant 1$。

加权网络聚类系数的定义是在无权网络的基础上演变而来的。Barrat 等引入了一个结合网络拓扑信息与权重分布的参量[7]。首先给出加权聚类系数的定义为

$$C_i^w = \frac{1}{s_i(k_i-1)} \sum_{j,k} \frac{(w_{ij}+w_{ik})}{2} a_{ij} a_{ik} a_{jk} \qquad (3.4)$$

由式(3.4)可知,加权聚类系数度量了网络的局部黏聚度,在考虑节点间相互作用强度的基础上,考虑了网络聚合结构的重要性。实际上,$C_i^w$ 综合考虑了节点 $i$ 的近邻中的三元组及各条边的权重,这样就包含了节点近邻中的闭合三元组的数量,以及它们之间所有的相对权重。$s_i(k_i-1)$ 是归一化因子,其保证了 $0 \leqslant C_i^w \leqslant 1$。

在加权聚类系数的基础上,Barrat 等定义了节点 $i$ 的加权平均最近邻节点度,即

$$k_{nn,i}^w = \frac{1}{s_i} \sum_{j \in \Gamma_i} a_{ij} w_{ij} k_j \qquad (3.5)$$

式(3.5)表示由节点连边的归一化权 $w_{ij}/s_i$ 得到的最近邻节点度的局域加权平均。这一统计量可以用来刻画加权复杂网络的匹配模式。当

权重较大的边倾向于和度较大的节点相连时，则 $k_{nn,i}^W > k_{nn,i}$；反之，当权重较大的边倾向于和度较小的节点相连时，则有 $k_{nn,i}^W < k_{nn,i}$。因此，$k_{nn,i}^W$ 根据实际的相互作用的大小，度量了节点 $i$ 和度不同节点进行连接的有效吸引力。类似地，$k_{nn,i}^W(k)$ 定义了所有度为 $k$ 的节点的 $k_{nn,i}^W$ 均值，刻画了网络中各元素之间相互作用的加权同类匹配与非同类匹配。

Onnela 等考虑了权重的几何平均值，定义了相应的加权聚类系数为[11]

$$c_o^w = \frac{1}{k_i(k_i-1)} \sum_{j,k} (w_{ij} w_{jk} w_{ki})^{1/3} \quad (3.6)$$

式中，$w_{ij}$ 为经过网络中的最大权重 $\max w_{ij}$ 标准化后的数值。

通过对加权最短路径和加权聚类系数的分析可以发现，不同类型的权重的区分十分重要。使用相异权，距离可以直接求和，但聚类系数的计算必须首先转化为相似权；而使用相似权，虽然可以直接计算聚类系数，但距离必须使用调和平均的计算方法。

## 3.2 加权复杂网络的演化模型

随着对大量实际加权复杂网络（如科学家合作网、国际航空网）的深入研究，发现许多无权网络中没有的现象及与权重有关的丰富的统计性质。因此，如何构建合理的加权复杂网络模型来再现这些性质就成为加权复杂网络研究的重点问题。

加权复杂网络模型的研究主要是建立网络拓扑结构与权重分布的耦合演化机制。目前的研究成果主要集中在两个方面：边权固定模型和边权演化模型。边权固定模型大多是基于网络拓扑结构的演化模型，忽略了节点或边加入系统是边权演化的可能性，因此不是真正意义上的加权复杂网络演化模型。实际上，相互作用关系的演化是现实系统共同的特征。例如，在飞机航线网络中，两个机场间新航线的建立通常会影响到两个机场的客流量及与其相关的航线的客流量。边权演化模型主要有 Barrat、Barthelemy 和 Vespignani 提出的 BBV 模型[12]，Dorogovtsev 等提出的 DM 模型[13]，以及汪秉宏及其合作者提出的交通流驱动的加权网络模型[14]等。

### 3.2.1 边权固定模型

早期研究的加权复杂网络演化模型大多是边权固定模型。边权固定模型是指在边引入时就按照一定的规则为其赋权,且在之后网络的演化过程中边权不再改变。

Yook 等提出了一个简单的加权 BA 无标度网络演化模型[15]。在网络的演化过程中,网络拓扑结构的演化与 BA 网络相同,主要考虑了网络增长和择优吸附机制。当新节点 $i$ 加入网络后,给节点 $i$ 的每条边赋予权重 $w_{ij}$,即

$$w_{ij} = \frac{k_i}{\sum_{j \in \Psi_i} k_j} \tag{3.7}$$

式中,$\Psi_i$ 表示新节点 $i$ 加入后连接的节点的集合。因此,可以得到新节点的强度 $s_i=1$。Yook 等提出的加权复杂网络模型的拓扑结构与 BA 无标度网络完全相同,最终生成的网络度分布幂律指数 $\gamma = 3$,点强度分布 $P(s)$ 也符合幂律分布 $P(s) \sim s^{-\gamma_s}$,$\gamma_s$ 依赖于时间步 $m$。在时间步足够大的情况下,点强度分布逐渐逼近度分布。

Zheng D.F.等将 Yook 等提出的模型进行了扩展,赋予权重时引入了节点的适应度[16]。首先,为每个节点赋予适应度 $\eta_i$,服从[0,1]上的均匀分布。新节点加入后,权重为度和适应度的函数,即

$$w_{ij} = \lambda \frac{k_i}{\sum_{j \in \Psi_i} k_j} + (1-\lambda) \frac{\eta_i}{\sum_{j \in \Psi_i} \eta_j} \tag{3.8}$$

当 $\lambda=1$ 时,该模型退化为 Yook 等提出的模型;当 $\lambda=0$ 时,网络中边的权重完全由适应度决定,因此模型的准确性完全依靠给定的适应度 $\eta_i$ 及其分布。模型的点强度分布 $P(s)$ 也符合幂律特性,且 $\gamma_s$ 依赖于参数 $\lambda$。

另外,Antal 等也提出了一个加权网络的演化模型[17]。在网络的演化过程中考虑了边权对网络拓扑结构演化的影响。改进之处如下:在每个时间间隔内,新节点 $n$ 加入网络中,并选择与一个已有节点 $i$ 相连,连接概率正比于节点的强度,即

$$\prod_{n \to i} = \frac{s_i}{\sum_j s_j} \tag{3.9}$$

该模型中新节点择优偏好的属性值为节点的强度，着重强调了点强度对网络演化的驱动作用。在实际网络中，这是非常合理的演化机制。例如，在因特网中，新增加的页面总是倾向于和知名度高的站点合作；在科学家合作网中，知名度高的学者可能会获得更高的关注度。但这一演化机制仍然比较片面和简单，没有考虑连边权重与拓扑结构演化的耦合动力学，且缺乏对已存在的节点间连接与相互作用的考虑。

边权固定模型并不能揭示实际加权复杂网络的演化行为，因此学者们提出了网络拓扑结构与权重相互耦合的演化模型等。

### 3.2.2 边权演化模型

#### 1. BBV 模型

BBV 模型是基于点强度驱动和边权逐渐加强机制建立的网络演化模型[12]，可以模仿现实系统中相互作用强度的变化。BBV 模型构建算法如下。

（1）初始设定：给定 $N_0$ 个节点的全耦合网络，其中每条边都赋予权重 $w_0$。

（2）增长：每次新加入一个节点 $n$，连接到已存在的 $m$ 个节点上，连接节点的选择按照强度优先选择（strength driven attachment）的原则进行，强度越大的节点被选择的概率越大，即

$$\prod_{n \to i} = \frac{s_i}{\sum_j s_j} \tag{3.10}$$

（3）边权重的动态演化：每次新加入的边 $(n,i)$ 都被赋予权重 $w_0$。特别地，认为新加入的边 $(n,i)$ 只会局部地引发连接节点 $i$ 与其邻居节点 $j \in \Gamma(i)$ 的边权重的动态调整。调整按照如下规则进行。

$$w_{ij} \to w_{ij} + \Delta w_{ij} \tag{3.11}$$

$$\Delta w_{ij} = \delta \frac{w_{ij}}{s_i} \tag{3.12}$$

每新加入一条边 $(n,i)$，会给节点 $i$ 带来 $\delta$ 的流量负担，而与之相连的边会按照自身权重 $w_{ij}$ 的大小分担一定的流量，因此节点 $i$ 的强度调整为

$$s_i \rightarrow s_i + \delta + w_0 \qquad (3.13)$$

在 BBV 模型中，时间步的衡量考虑了加入网络中的节点数量，具体的数值 $t = N - N_0$，而模型动力学的自然时间尺度为网络规模 $N$。BBV 模型的演化可通过分析第 $i$ 个节点的点强度 $s_i(t)$ 和度 $k_i(t)$ 的平均值的时间演化，或者将度 $k$、点强度 $s$ 和时间 $t$ 作为连续变量，进而对其进行连续逼近来进行研究。BBV 模型的点强度分布 $P(s)$ 与边权分布 $P(w)$ 如图 3.2 所示。

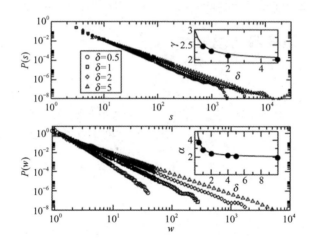

图 3-2  BBV 模型的点强度分布 $P(s)$ 与边权分布 $P(w)$

结果表明，由强度优先选择模型得到的网络是一个幂律指数 $\gamma \in [2,3]$ 的无标度网络，且幂律指数依赖于参数 $\delta$。当 $\delta = 0$ 时，$\gamma = 3$，BBV 模型的拓扑结构与 BA 模型完全相同；当 $\delta$ 较大时，仍可得到无标度网络，特别是当 $\delta \rightarrow \infty$ 时，$\gamma = 2$。由此得出，强度优先选择模型生成的无标度网络，其幂律指数与真实网络分析得到的幂律指数一致。值得注意的是，该幂律指数是非平凡的，依赖于控制网络权重演化的微观参数 $\delta$。

BBV 模型生成的加权复杂网络的度分布、点强度分布和边权分布均符合幂律分布[12]（如图 3-2 所示），且幂律指数依赖于参数 $\delta$ 和 $w_0$。在不失普遍性的情况下，令 $w_0 = 1$。当演化时间足够长时，即可得到稳定的边权分布 $P(w) \sim w^{-\gamma_w}$（$\gamma_w = 2 + 1/\delta$）、稳定的度分布 $P(k) \sim k^{-\gamma}$ 和点强

度分布 $P(s) \sim s^{-\gamma_s}$ [其中 $\gamma = \gamma_s = (4\delta+3)/(2\delta+1)$]。

这些结果说明，BBV 模型可生成幂律指数为[2,3]的无标度网络。当 $\delta = 0$ 时，$\gamma = 3$，BBV 模型的拓扑结构与 BA 模型完全相同；当 $\delta$ 较大时，仍可得到无标度网络，特别是当 $\delta \to \infty$ 时，$\gamma = 2$。此外，该模型中提出了权和度之间的相关性问题，点强度与度之间的函数关系为 $s(k) \approx Ak^\beta$，其中 $A \neq \langle w \rangle$ 且 $\beta = 1$。

BBV 模型的幂律指数在 2 与 3 之间，这一结果与绝大部分网络是相符的。但 BBV 模型并不能够展示真实网络的其他特性，如大的簇系数、相称混合问题和度权非线性等。在 BBV 模型的基础上，其后出现了一些改进模型，如广义 BBV 模型[18]（GBBV）、点权有限的加权网络演化模型[19]（LBBV）及基于局域世界演化的 BBV 模型[20]等。

**2．交通流驱动模型**

汪秉宏等研究提出了一个交通流驱动的加权网络模型[14]。该模型通过引入拓扑结构和网络中流的相互作用，成功地再现了度、点强和边权的幂律分布，以及可调的簇系数和负的相称度等诸多技术网络和生物网络所具有的统计特性。

在 BA 模型中，每个时间步都有一个新节点加入网络中，同时出现 $m$ 条新的边以某一择优原则与已有节点相连。交通流驱动模型不仅考虑了新节点加入的影响，同时考虑了老节点之间新边的生成，这种相互作用是被网络中逐渐增大的交通流驱动的，并且反过来对网络中的交通流也有影响。

交通流驱动模型以强度相乘作用机制来统一新节点的加入和已有节点的演化，其将 BA 模型中的度值择优原则转换为强度择优原则，也就是新节点总是偏好于与强度大的已有节点相连，即

$$\prod_{n \to i} = \frac{s_i}{\sum_j s_j} = \frac{s_n s_i}{\sum_j s_n s_j} \quad (3.14)$$

其演化规则如下。

（1）拓扑增长（新节点的加入及连边准则）：在每个时间间隔内，新增加一个节点，与网络中已有节点产生 $m$ 条连边，偏好概率如式（3.14）所示，即按照强度择优原则选择节点，且每一条新增边的权重 $w_0=1$。

（2）强度耦合动力学（老节点间的边权变动准则）：在每个时间间隔内，所有可能的连边均按照如下机制改变连边的权重。

$$w_{ij} \rightarrow \begin{cases} w_{ij}+1 & （以概率 p_{ij}） \\ w_{ij} & （以概率 1-p_{ij}） \end{cases} \quad (3.15)$$

式中

$$p_{ij} = \frac{s_i s_j}{\sum_{a<b} s_a s_b} \quad (3.16)$$

$p_{ij}$ 综合考虑了相互耦合的节点的强度，由其确定权重 $w_{ij}$ 的增量。如果节点 $i$ 和 $j$ 不相连，则 $w_{ij}=0$。边权的总增量由 $W = \langle \sum_{i<j} \Delta w_{ij} \rangle$ 控制，为简单起见设定其为常数。显然，$W$ 反映了整个网络的总交通负荷的增长速率。

交通流驱动模型生成网络的度分布、边权分布和点强度分布均符合幂律分布[8]（如图 3-3 所示）。其中点强度分布幂律指数 $\gamma_s = 2 + m/(m+2W)$，显然当 $W=0$ 时，该模型就等价于 BA 无标度网络。边权分布 $P(w) \sim w^\eta$，其中 $\eta = 2 + m/W$。点强度与度之间的函数关系为 $s(k) \sim k^\beta (\beta > 1)$。聚类系数 $C$ 也随着 $W$ 的增大而增大。

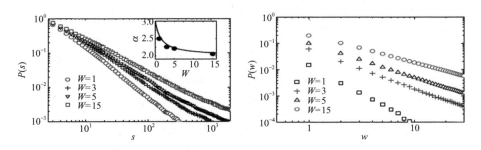

图 3-3　交通流驱动模型的点强度分布 $P(s)$ 与边权分布 $P(w)$

另外，Dorogovtsev 等提出了一个边权演化 DM 模型[13]，该模型与 BBV 模型的解析结果类似，所生成网络的度分布、点强度分布和边权分布均符合幂律分布。

## 3.3 加权复杂网络的赋权模型

### 3.3.1 典型赋权模型分析

把一个实际系统抽象为加权复杂网络的过程并不是那么简单的。因此，加权复杂网络研究需要考虑的第一个问题就是边权的赋予方式。在加权复杂网络建模中，网络元素的中心性是一个重要的测度指标，在研究加权复杂网络抗毁性的过程中起着重要作用。其中，节点度是刻画节点中心性和网络连通性的重要统计量，用于描述节点的局部特性。然而，现实网络中节点的中心性并不都能通过节点度机制来得到合理的解释，例如，网络中存在的一些节点，虽然度值很小，却对网络的连通性起着重要作用。因此，节点的介数被引入以表示节点对信息流动的影响力，其定义为所有节点对之间的最短路径经过该节点的数量比例，即

$$B_i = \sum_{p \neq i \neq q} \Psi_{pq}(i) / \Psi_{pq} \tag{3.17}$$

式中，$\Psi_{pq}$ 表示网络中所有节点对之间的最短路径数量；$\Psi_{pq}(i)$ 表示最短路径经过节点 $i$ 的数量。另外，边的介数已经被广泛用在交通流建模及边权的赋予中，其定义为所有节点对之间的最短路径经过该边的数量比例，即

$$B_{ij} = \sum_{p \neq q} \Psi_{pq}(ij) / \Psi_{pq} \tag{3.18}$$

式中，$\Psi_{pq}(ij)$ 表示最短路径经过由节点 $i$ 和 $j$ 连接的边 $ij$ 的数量。

在现实网络中，当某条边的端节点较为重要时，那么这条边的重要性是毋庸置疑的。因此，为了反映边的全局影响力，将该边的权重表示为端节点介数乘积的幂律形式是可行的。Mirzasoleiman 等提出了一个考虑端节点介数的赋权模型[21]，定义为

$$w_{ij} = (B_i B_j)^\theta \tag{3.19}$$

式中，$B_i$ 和 $B_j$ 分别表示边 $ij$ 的端节点 $i$ 和 $j$ 的介数；$\theta$ 是可调的权重系数。在该模型中，边的权重与其端节点介数的乘积形式之间呈幂律关系，这与现实网络中边权重并不完全依赖于其介数的情形是有一定关联的。

另外，Jezewski 等将节点 $i$ 和节点 $j$ 加入网络的间隔 $t_{ij}$ 作为边的赋

权参数[22]。Macdonald 等将无权网络的度转化为了边权,取边的两个端节点的度值作为决定权重的参数[23],如 $w_{ij} \propto \max(k_i,k_j)$ 等。Barrat 等针对科学家合作网的实际情况,将作者之间论文合作次数的均值作为不同作者之间相互作用的强度[7]。

在无权复杂网络的研究中,节点度被定义为其连接的边数。当采用加权复杂网络来表示实际网络系统时,边的权重通常与其端节点的度相关。例如,机场之间的航班数是随着各机场所拥有的航班数增长而增长的。

这里给出一个将无权网络的度转化为边权的赋权模型,边权与其两个端节点的度相关[24]。边权的赋予方式如下:假设网络中边 $ij$ 连接的两个节点 $i$ 与 $j$ 的度值分别为 $k_i$ 和 $k_j$,那么该边的权重为 $w_{ij}=w_{ji}=(k_i k_j)^\theta$,其中 $\theta$($\theta>0$)是一个可调的权重系数,这用于描述边权与端节点度之间的相互关系。这种边权赋予方式的合理性是有实证数据作为支撑的[12,25],在目前加权复杂网络的研究中得到了广泛的应用。权重系数 $\theta$ 决定了加权复杂网络边的非同质性。当 $\theta=0$ 时,对应的边权 $w=1$,表明边权与节点度之间没有关联,加权网络退化为无权网络;当 $\theta>0$ 时,加权网络的特性由权重系数来刻画,且 $\theta$ 越大则各边之间的差异越大。

在采用端节点度乘积形式的赋权模型下,加权无标度网络的点强度分布和边权分布近似符合幂律分布[26,27]。加权 BA 无标度网络节点数量 $N=5000$,初始节点数量 $m_0=5$,$m=2$,权重系数 $\theta=0.5$ 时,其点强度分布 $P(s)$ 与边权分布 $P(w)$ 如图 3-4 所示。

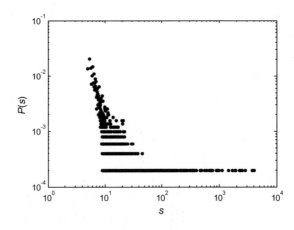

图 3-4 加权 BA 无标度网络的点强度分布 $P(s)$ 与边权分布 $P(w)$

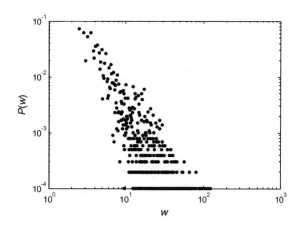

图 3-4 加权 BA 无标度网络的点强度分布 $P(s)$ 与边权分布 $P(w)$（续）

由图 3-4 可知，加权 BA 无标度网络的点强度分布符合幂律分布，边权分布近似符合幂律分布特性，其重尾现象正是由于 BA 无标度网络度分布的重尾现象导致的。

### 3.3.2 加权复杂网络强度分布熵分析

无标度网络对随机故障具有较强的鲁棒性，而对蓄意攻击又具有高度的脆弱性，这一特点源自其度分布的极端非均匀性（异质性）。熵是不确定性的度量。如果网络中各节点的重要度相等，则不确定性较大；反之，如果网络中存在少数核心节点和大量的非核心节点，则网络的不确定性较小。

Solé 等指出无标度网络度分布的异质性可以用熵来测度[28,29]，其利用剩余节点的熵和交互信息研究了具有不同异质性和随机性的复杂网络。

一般情况下，无标度网络的度分布 $P(k)$ 符合幂律分布，即 $P(k) \sim k^{-\gamma}$，其中 $\gamma(2 \leq \gamma \leq 3)$ 为幂律指数。因此，无标度网络的度分布熵可表示为

$$H = -\sum_{k=1}^{N-1} P(k) \lg P(k) \quad (3.20)$$

式中，$N$ 为网络节点总数（网络规模）。不难证明，当网络完全均匀时，即当 $P(k)=1/N$ 时，$H$ 取最大值 $H_{max}=\lg(N-1)$；而当网络极度不均匀时，如 $P(k)=\{0,0,\cdots,1,\cdots,0\}$，$H$ 取最小值 $H_{min}=0$。Wang B.等利用熵优化模型，把无标度网络对随机故障的抗毁性优化问题转化为熵优化问题[30]。对于

无标度网络，其度分布熵可采用连续逼近表示为

$$H = -\int_{m}^{M} P(k) \lg P(k) \mathrm{d}k \qquad (3.21)$$

式中，$m$ 和 $M$ 分别表示无标度网络的最小节点度和最大节点度。

对加权无标度网络而言，点强度作为节点重要性及中心性的重要测度指标，其分布具有极度不均匀的特性。因此，加权无标度网络对随机故障的鲁棒性也可以用节点强度的异质性来表示。点强度整合了节点的度 $k_i$ 与相连边的权重 $w_{ij}$ 的所有信息，是节点局域信息的综合体现。同样地，点强度的异质性也可以采用熵来刻画，当网络完全均匀时，点强度都一样大小，那么网络中各节点的重要程度是一样的，遭受攻击的不确定性越大；如果某几个节点的强度较大而其他节点的强度较小，则遭受攻击的不确定性越小。采用连续逼近方法，加权无标度网络的强度分布熵可表示为

$$H_s = -\int_{m_s}^{M_s} P(s) \lg P(s) \mathrm{d}s \qquad (3.22)$$

式中，$m_s$ 和 $M_s$ 分别表示无标度网络的最小点强度和最大点强度。加权无标度网络的点强度分布符合幂律分布，即 $P(s) = cs^{-\gamma_s}$，其中 $\gamma_s$ 为点强度分布幂律指数。

在无标度网络中，已知最小节点度的情况下，可得到其最大节点度 $M \approx mN^{\frac{1}{\gamma-1}}$，那么在前文端节点度乘积形式的赋权模型下，加权 BA 无标度网络的最小点强度和最大点强度可以表示为：$m_s = m^{2\theta+1}$，$M_s = m^{2\theta+1} N^{\frac{2\theta+1}{\gamma-1}}$。

$P(s)$ 中的 $c$ 可以通过如下方式求得。

$$\int_{m_s}^{\infty} P(s) \lg P(s) \mathrm{d}s = 1 \qquad (3.23)$$

由此可知，$c = (\beta-1) m^{(2\theta+1)(\gamma_s-1)}$。将 $c$ 和 $M_s$、$m_s$ 代入式（3.22），得

$$\begin{aligned} H_s &= -\int_{m_s}^{M_s} P(s) \lg P(s) \mathrm{d}s \\ &= -\int_{m_s}^{M_s} cs^{-\gamma_s} \lg(cs^{-\gamma_s}) \mathrm{d}s \\ &= -\frac{c \lg c}{1-\gamma_s} \cdot B + \frac{c\gamma_s}{1-\gamma_s} \cdot \left( \lg M_s \cdot M_s^{1-\gamma_s} - \lg m_s \cdot m_s^{1-\gamma_s} - \frac{1}{1-\gamma_s} \cdot B \right) \\ &= (A-1) \cdot \left( \lg \frac{\gamma_s-1}{m^{2\theta+1}} - \frac{\gamma_s}{\gamma_s-1} \right) - A\gamma_s \frac{2\theta+1}{\gamma-1} \cdot \lg N \end{aligned} \qquad (3.24)$$

式中，$A = N^{\frac{(2\theta+1)(1-\gamma_s)}{\gamma-1}}$，$B = (M_s^{1-\gamma_s} - m_s^{1-\gamma_s})$。

由式（3.24）可以看出，加权 BA 无标度网络的强度分布熵 $H_s$ 是与最小节点度 $m$、点强度分布幂律指数 $\gamma_s$、度分布幂律指数 $\gamma$、网络规模 $N$ 及权重系数 $\theta$ 相关的。由文献[7]可知，当权重与网络拓扑结构相关时，加权复杂网络的点强度与节点度的关系为 $s \sim k^\beta$，因此加权无标度网络点强度分布幂律指数 $\gamma_s$ 与度分布幂律指数 $\gamma$ 是相关的，即 $\gamma_s = c'\gamma$。在加权无标度网络度分布幂律指数 $\gamma$ 及权重系数 $\theta$ 确定的情况下，强度分布熵与网络规模 $N$ 及最小节点度 $m$ 的关系如图 3-5 所示。

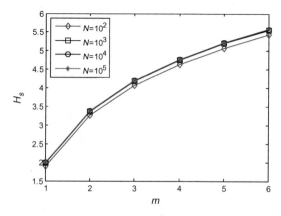

图 3-5 当 $\gamma=3$、$\theta=0.5$ 时强度分布熵与网络规模 $N$ 及最小节点度 $m$ 的关系

由图 3-5 可知，加权无标度网络的强度分布熵随着最小节点度 $m$ 的增大而增大；在 $m$ 确定的情况下，随着网络规模的增大，强度分布熵略微增大，但当网络规模达到一定范围时，强度分布熵不再变化。加权无标度网络的平均度 $\langle k \rangle = 2m$，由此可知网络对随机节点故障的抗毁性随着网络平均度的增大而增强。

## 3.4 本章小结

本章主要介绍了加权复杂网络基础理论，包括加权复杂网络的特征参量、演化模型和赋权模型，对赋权模型为端节点度乘积形式的加权复杂网络的统计特性进行了重点分析。本章研究了加权无标度网络强度分布熵，通过解析分析得出了强度分布熵与网络最小节点度 $m$、点强度分布幂律指数 $\gamma_s$、度分布幂律指数 $\gamma$、网络规模 $N$ 及权重系数 $\theta$ 的关系，结果表明加权无标度网络的强度分布熵随着网络最小节点度的增大而增大，即说明加权无标度网络对随机节点故障的抗毁性随着网络平均度的增大而增强。本章的研究内容为后续章节的研究奠定了基础。

# 参考文献

[1] 崔文岩, 孟相如, 康巧燕, 等. 基于复合边权重的加权复杂网络级联抗毁性优化[J]. 系统工程与电子技术, 2017, 39(2): 355-361.

[2] 王哲, 李建华, 康东, 等. 复杂网络鲁棒性增强策略研究综述[J]. 复杂系统与复杂性科学, 2020, 17(3): 1-27.

[3] 袁榕, 宋玉蓉, 孟繁荣. 一种基于加权网络拓扑权重的链路预测方法[J]. 计算机科学, 2020, 47(5): 265-270.

[4] FAN Y, LI M H, CHEN J W, et al. Network of econophysicists: a weighted network to investigate the development of econophysics [J]. International journal of modern physics B, 2004, 18(17): 2505-2512.

[5] BARTHELEMY M, GONDRAN B, GUICHARD E. Spatial structure of the Internet traffic[J]. Physica A: statistical mechanics and its applications, 2003, 319(1): 633-642.

[6] 吕天阳, 谢文艳, 郑纬民, 等. 加权复杂网络社团的评价指标及其发现算法分析[J]. 物理学报, 2012, 61(21): 145-154.

[7] BARRAT A, BARTHÉLEMY M, PASTOR-SATORRAS R, et al. The architecture of complex weighted networks[J]. Proceedings of the national academy of sciences of the United States of America, 2004, 101(11): 3747-3752.

[8] 王青尧. 基于演化博弈的加权复杂网络模型构建方法[D]. 吉林: 吉林大学, 2013.

[9] 张莉, 安新磊, 刘畅. 一种新的多重权重复杂网络模型[J]. 河北师范大学学报（自然科学版）, 2018, 42(1): 24-30.

[10] CALDARELLI G. Scale-free networks: complex webs in nature

and technology [M]. New York: Oxford University Press, 2007.

[11] ONNELA J-P, SARAMÄKI J, KERTÉSZ J, et al. Intensity and coherence of motifs in weighed complex networks[J]. Physical review E, 2005, 71(6): 065103.

[12] BARRAT A, BARTHÉLEMY M, VESPIGNANI A. Weighted evolving networks: coupling topology and weight dynamics[J]. Physical review letters, 2004, 92(22): 228701.

[13] DOROGOVTSEV S N, FERREIRA A L, GOLTSEV A V, et al. Zero Pearson coefficient for strongly correlated growing trees[J]. Physical review E, 2010, 81(3): 031135.

[14] WANG W X, WANG B H, ZHOU T, et al. Traffic driven model for weighted networks[J]. Dynamics of continuous, discrete and impulsive systems series B: applications & algorithms, 2006, 13: 481-488.

[15] LEE S, YOOK S H, KIM Y. Centrality measure of complex networks using biased random walks[J]. European physical journal B, 2009, 68(2): 277-281.

[16] ZHENG D F, TRIMPER S, ZHENG B, et al. Weighted scale-free networks with stochastic weight assignments[J]. Physical review E, 2003, 67: 040102.

[17] GAO Z K, FANG P C, DING M S, et al. Multivariate weighted complex network analysis for characterizing nonlinear dynamic behavior in two-phase flow[J]. Experimental thermal and fluid science, 2015, 60(60): 115-126.

[18] 潘灶烽, 汪小帆. 一种可大范围调节聚类系数的加权无标度网络模型[J]. 物理学报, 2006, 55(8): 4058-4064.

[19] 刘珊, 晏先浩, 王仲君. 点权有限的加权网络演化模型[J]. 复杂系统与复杂性科学, 2007, 4(3): 59-65.

[20] 周健, 管玉梅, 王桂英. 基于点权有限的有向加权网络模型[J]. 计算机工程与应用, 2011, 47(26): 89-92.

[21] MIRZASOLEIMAN B, BABAEI M, JALILI M, et al. Cascaded failures in weighted networks[J]. Physical review E, 2011, 84(4): 046114.

[22] JEZEWSKI W. Scaling in weighted networks and complex systems[J]. Physica A: statistical mechanics and its applications, 2004, 337(1): 336-356.

[23] MACDONALD P J, ALMAAS E, BARABASI A L. Minimum spanning trees of weighted scale-free networks[J]. Europhysics letters, 2005, 72(2): 00308.

[24] ZHANG Y C, ZHOU S, ZHANG Z Z, et al. Traffic fluctuation on weighted networks[J]. IEEE circuits and systems, 2012, 12(1): 33-44.

[25] WANG W X, WANG B H, HU B, et al. General dynamics of topology and traffic on weighted technological networks[J]. Physical review letters, 2005, 94(18): 188702.

[26] GON K I, KAHNG B, KIM D. Universal behavior of load distribution in scale-free networks[J]. Physical review letters, 2001, 87(27): 278710.

[27] 覃森，戴冠中，王林，等. 不同权重定义下的静态和动态加权网络的比较分析[J]. 西北工业大学学报，2007, 25(5): 672-676.

[28] CANCHO R F i, SOLÉ R V. Statistical mechanics of complex networks[M]. Berlin: Springer Berlin Heidelberg, 2003, 625: 114-126.

[29] SOLÉ R V, VALVERDE S. Complex networks[M]. Berlin: Springer Berlin Heidelberg, 2004, 650: 189-207.

[30] WANG B, TANG H W, GUO C H, et al. Entropy optimization of scale-free networks' robustness to random failures[J]. Physica A: statistical mechanics and its applications, 2005, 363(2): 591-596.

# 第2部分 无线传感器网络安全

# 第4章
# 无线传感器网络安全认证方案

无线传感器网络具有分布性、动态性和开放性的特点,传统的安全机制难以应对其安全需求,而认证技术是无线传感器网络安全的第一道屏障。本章首先对无线传感器网络安全认证研究现状进行总结,在此基础上,深入研究探讨基于无双线性对的身份加密方案、基于分层管理的安全认证方案和基于零知识证明的安全认证方案。

## 4.1 概述

近年来,通过设计高效、小能耗的安全认证方案来保证无线传感器网络的通信安全已经成为无线传感器网络安全研究领域的热点。但是,传统的大多数认证方法不能很好地直接应用于无线传感器网络。因此,结合无线传感器网络特性,国内外学者提出了很多用于无线传感器网络的安全认证方案。现将目前的安全认证方案分成以下五类。

### 4.1.1 基于对称密码体制的安全认证方案

在无线传感器网络安全认证方面,由于传感器节点受限的计算能力、存储能力和通信能力,对称密码体制是最适合无线传感器网络特性的。因此,在无线传感器网络安全认证方面涌现出大量基于对称密码体制的安全认证方案。

2002 年,Eschenauer 和 Gligor 提出了一种无线传感器网络密钥预分配方案,被称为 E-G 方案[1]。E-G 方案以概率论和随机性图论为理论基础，在密钥预分配阶段，系统为整个传感器网络构造一个密钥池，网络中的传感器节点从密钥池中随机地抽取一部分密钥集合作为密钥子集。如果两个在通信范围内的邻近节点的密钥子集有重合的部分，则它们可以直接使用这个重合的密钥作为会话密钥；否则，它们之间只能采用间接的方式建立会话。E-G 方案是无线传感器网络中的一种基础方案，它的实现原理和步骤都很简单，并且具有小的计算复杂度和存储负担，但是该方案的安全性不足。2003 年，Chan 等在 E-G 方案的基础上提出了该方案的一种典型改进方案，即 q-composite 随机密钥预分配方案[2]。该方案的原理和大致步骤与 E-G 方案相同，只是对两个能够直接进行会话的邻近节点之间密钥子集重合部分的要求增加到了 q。也就是说，只有这两个邻近节点同时拥有 q 个相同的共享密钥，才能用一定算法生成会话密钥。这个措施有效减小了无线传感器网络中可能出现的重复会话密钥的概率，令网络的鲁棒性有所增强。

1984 年，Blom 提出了矩阵密钥预分配方案[3]，该方案的理论基础在于对称矩阵的相对于斜对角线的对应元素相等。一对用户能够使用该协议计算出一对相同的会话密钥，这个 Blom 协议是在普通无线网络上提出来的。2003 年，Du 和 Deng 等在 Blom 协议的基础上，引入对无线传感器网络自身特性的考虑，同时结合 Blom 矩阵方案和随机图论原理，提出了多层密钥空间的 MSKM 密钥预分配方案[4]。因为多层密钥空间技术的使用，MSKM 方案的节点抗捕获攻击能力较 Blom 方案有很大程度的增强。

Blundo 首次提出了基于多项式的密钥预分配协议[5]。Blundo 协议基于有限域上对称二元多项式的对称性质（$f(x,y)=f(y,x)$），使无线传感器网络中任意两个节点在知道通信目标节点的前提下，能够分别生成一对相等的共享密钥。Blundo 协议具有较高的计算复杂性，考虑到传感器节点资源受限的特性，Blundo 协议的实用性并不强。后来，在 2003 年，Liu 和 Ning[6]在 Blundo 协议的基础上对原协议进行了改进，通过减小有限域上对称二元多项式的次幂的手段，令节点的计算开销有了明显减小。

2003 年，Zhu 等提出了多层次密钥建立方案，这种方案也被称为 LEAP 方案[7]。LEAP 协议使为不同安全级别的数据信息提供多层次密钥安全机制变成了可能。协议将传感器节点动态地或静态地分成多个组或簇，并在组或簇节点划分的基础上多层次管理密钥。LEAP 协议是基于分簇方式的经典密钥管理协议。LEAP 方案考虑了多种类型传感器节点和不同安全需要数据的存在，更具有实际应用意义。

近年来，在无线传感器网络安全认证方面采用对称密码方式的探索依然没有停止。2010 年，Qiu 等[8]提出了一种有效的可扩展认证协议，协议保证两个节点之间至少有一个共享密钥的概率为 1，并根据动态变化的无线传感器网络及时更新认证密钥，此方案存储开销和能量消耗小，也没有造成大的通信开销，适合资源受限的无线传感器网络。Siddique[9]将 Kerberos 协议用在无线传感器网络中，保证基站的安全性，延长了网络的生命周期等。

### 4.1.2 基于非对称密码体制的安全认证方案

一直以来，人们普遍认为传统的公钥认证模式不适用于能量有限的无线传感器网络，然而随着无线传感器网络的进一步研究和发展，近年来，已经逐步将非对称密码技术引入无线传感器网络的安全认证过程中。虽然对称密码体制在身份认证上有其计算上的优势，但是其在安全性方面没有非对称密码体制强，因此大量研究人员致力于对公钥算法进行优化，使其能适用于无线传感器网络。

2004 年，Watro 等提出了基于 RSA 算法的 TinyPK 实体认证方案[10]。TinyPK 认证协议采用的是质询-应答机制。可以对外部组织进行认证，并将会话密钥安全地从无线传感器网络传输到第三方。该方案采用小指数的 RSA 算法，一定程度上减小了计算量和存储开销。同时，为了使方案能适应资源有限的传感器设备，TinyPK 实体认证方案设计了一套协议使得一般节点只需执行速度快、能量消耗小的数据加密和签名验证工作，而能量消耗较大的解密与签名工作则由能量相对充足的基站或外部组织进行。

2005 年，Benenson 等[11]提出的强用户认证协议对 TinyPK 方案进行了改进，公钥算法采用密钥长度更短却具有同等安全强度的椭圆曲线加密算法（ECC），这样传感器节点在一定条件下不但可以执行加密和验证签名操作，还可以执行解密和签名操作，这非常有利于建立基于无线传感器网络的公钥基础设施；在认证方式上，不是采用传统的单一认证，而是采用 n 认证，这在一定程度上提高了安全性，但是通信开销较大。

从 2006 年 Piotrowski K 等[12]通过实验证明在满足一定条件下公钥体制可以应用于无线传感器网络之后，大量的能够运用于无线传感器网络的公钥认证方案被提出。2008 年，Liu 等[13]提出了 TinyECC 认证方案，并指出该方案适用于无线传感器网络；Li 等[14]提出了基于组合公钥（CPK）的双向认证协议。2009 年，Das 提出了一种双因素认证方案[15]，采用口令和智能卡的方式实现认证。2010 年，Zhang 提出了一种无证书的基于身份的密钥协商方案[16]。2011 年，Yeh 等[17]提出了一种基于 ECC 加密的安全用户认证协议。2012 年，Peng[18]提出了基于身份的多重认证方案，Hong 等[19]提出了一种轻量级的交互式认证方案。2013 年，Shi 和 Gong[20]克服了 Yeh 等的不足，提出了一种新的基于 ECC 加密的认证协议等。

### 4.1.3 基于身份加密的安全认证方案

1984 年，Shamir 提出了一种公钥可以为任意字符串的公钥加密体制，称为基于身份的加密（Identity-Based Encryption，IBE）算法。然而很长一段时间没有找到合适的实现方法，直到 2001 年，可实用的 IBE 算法由 Boneh 等[21]提出，算法利用椭圆曲线双线性映射来实现。近年来，IBE 算法也在无线传感器网络中得到了应用[22-25]。该算法的主要思想是加密的公钥不需要从公钥证书中获得，而是直接使用标识用户身份的字符串，避免了无线传感器网络中获取公钥的困难。同时，该算法将加密和认证结合起来，以小的代价同时完成加密和认证。这也是 IBE 算法可进一步应用于无线传感器网络的优势。IBE 算法的实现是将非对称密码体制运用到无线传感器网络中的一大突破。

在 Boneh 等之后，大量基于身份的加密方案被提出。2005 年，Waters[26]提出了对 Boneh 等的方案的一个有效的改进版本，其安全性可以归约到判定型双线性 Diffie-Hellman 假设，但其缺点是公钥参数太长。与此同时，具有不同特征的 IBE 方案不断出现。Sahai 等[27]提出了一种模糊的 IBE 方案，允许将生物特征作为公钥，用户的身份与用于加密的公钥身份之间可以有一定的误差。同年，Boneh 等[28]提出了一个分层的

IBE 系统。2006 年，Abdalla 等[29]介绍了一种带有通配符的 IBE 方案（WIBE），允许加密消息满足一定类型的用户，这个类型通过一个固定的字符串序列和通配符来定义。同年，Boyen 等[30]实现了一种匿名的 IBE 方案，同时提出了匿名分层的 IBE 概念，并给出一种具体的实现方案。2007 年，Birkett 等[31]将混合加密机制引入带通配符的 IBE 方案中，Burnett 等[32]提出了基于生物特征的签名方案。2008 年，Sarier[33]构造出了第一种基于生物特征的加密方案。2009 年，Wang 等[34]提出了基于属性的认证密钥协商的概念。2010 年，Yoneyama[35]设计了第一种真正意义上的基于属性的认证密钥交换协议。

### 4.1.4 广播认证方案

广播认证是一种特殊的消息认证，在无线传感器网络中具有非常重要的地位。如果没有广播认证，接收者无法确定这些消息的真实性，攻击者就很容易注入数据包，消耗系统资源。在点对点的双方通信模式中，只需使用对称密钥就可以实现消息认证，但是在广播认证中，任何知道该对称密钥的节点都可以假冒他人发送虚假广播消息。因此，在广播认证中，通常使用非对称密码体制来完成认证。但是，非对称密码体制计算量大，在无线传感器网络中应用困难。

目前，关于无线传感器网络广播认证的研究主要集中在使用对称密码体制构建非对称的认证环境，可以概括为六种类型，即基于一次签名的广播认证、基于 μTESLA 的广播认证、基于 Merkle 签名树的广播认证、基于密钥环的广播认证、基于密钥链的广播认证和结合部署知识的广播认证等。这些广播认证算法以减小开销为目的，所采用的技术是单向散列链、密钥环、密钥链和 Merkle 签名树等。

### 4.1.5 其他安全认证方案

2005 年，Bauer 提出了一种分布式认证方案[36]，采用的是秘密共享和组群同意的密码学概念。其认证方案的主要思想是：某一个目标节点 $t$ 想要在无线传感器网络中通过认证获得合法身份的话，首先它和它所在范围的基站共享一个秘密 $S$，这个秘密是其他节点所不知道的，然后基站将这个秘密按照秘密分割的方法分成 $n-1$ 份共享秘密分发给除节

点 $t$ 之外的 $n-1$ 个节点（$n$ 为该基站所属子群的节点数量）。网络假设每一个节点均有一个 ID，节点按照 ID 形成节点链，每一个节点都有一个前向节点的后续节点，收到共享秘密的节点 $u$ 选取其后续节点 $v$ 作为验证节点，然后所有共享了节点 $t$ 秘密的节点都向节点 $v$ 发送其共享秘密，同时 $t$ 也向其发送原秘密 $S$，$v$ 收到所有共享秘密后恢复出原秘密 $S'$，并与 $S$ 进行比较，相同则广播确认判定包，否则广播拒绝判定包；每一个收到共享秘密的节点都进行这一过程，任意一个节点在收到 $n-1$ 个这样的判定包后，检查判定包所占的比例，若超过一半的包为确认判定包，则该节点就通过了对节点 $t$ 的认证。

2007 年，Keith 等[37]提出将零知识证明用于无线传感器网络的认证中，方案的主要思想是网络中的每个节点都可以认证新的节点，在每一轮零知识证明协议过程中，一个新的节点充当验证者，一旦一定数量的节点通过了验证，新节点就可以通过验证加入网络。这个方案需要的存储空间较小，通信开销也不大，适合无线传感器网络环境。

2012 年，Ramannavar 等[37]提出了一种采用虚拟认证中心的思想，为无线传感器网络中认证提供了新的思路。

## 4.2 基于无双线性对的身份加密方案

1976 年，Diffie 和 Hellman 发表的开创性论文《密码学新方向》，提出了公钥密码体制（也称非对称密码体制）的思想，这是密码学发展的一个重要里程碑，标志着密码学的发展进入了新的时期。与传统的对称密码体制中通信双方拥有相同的传输密钥不同，在公钥密码体制中，每个通信方均拥有一个密钥对，即公开密钥（简称公钥）和私有密钥（简称私钥），在加密方案中分别用于加密和解密消息，在签名方案中分别用于验证和产生签名。公钥密码体制可以为网络信息安全提供机密性、认证性、不可否认性和数据完整性等安全服务，是当前密码学最热门的研究课题之一。

基于身份的密码体制是一种特殊的公钥密码体制，它的设计思想最早由 RSA 密码算法的合作发明者 Adi Shamir 在 1984 年提出，其设计目标是在无须第三方提供认证服务的情况下，实现公钥与身份的绑定。在传统的公钥密码体制中，公、私钥对的产生是符合特定规则的，其形式一般为看似随机的数字，并非任何形式的信息都可以作为公钥。为了保证公钥的合法性，需要借助公钥基础设施（如 PKI 体系）。在公钥基础设施中，存在一个称为证书颁发机构（Certificate Authority，CA）的可信方，负责认证用户的公钥并颁发相应的公钥证书（其本质是 CA 对用户的公钥进行签名）。公钥证书可以将用户的身份与其公钥进行绑定，只有当公钥证书上 CA 对该绑定信息的签名合法时，对应的公钥才会被认定为一个用户的合法公钥。在这种体制下，CA 是一个重要部门，负责用户公钥证书生命周期的每一个环节，即生成、签发、存储、维护、更新、撤销等，这需要耗费大量的计算及存储资源。

Shamir 提出基于身份的密码体制的最初动机就是为了简化传统的公钥基础设施中 CA 对用户公钥证书的管理，其基本思想是将用户的身份与其公钥以最自然的方式绑定：用户的身份信息即为用户的公钥。

在基于身份的密码体制中，存在一个称为私钥生成中心（Private Key Generator，PKG）的可信方，负责为系统中的用户生成身份信息对应的私钥。当新用户第一次加入系统时，PKG 负责核实该用户的身份信息，在确认该身份信息的确属于对应用户后，为用户生成对应的私钥，并将私钥秘密地传送给该用户。当需要使用系统中某用户的公钥时，只需知道该用户的身份信息，而无须获取和验证该用户的公钥证书。

在提出基于身份的密码体制概念的同时，Shamir 提出了一个采用 RSA 算法的基于身份的签名（Identity-Based Signture，IBS）方案，并将设计基于身份的加密（Identity-Based Encryption，IBE）方案作为一个公开问题提出。随后，有一些 IBE 方案相继被提出，然而，这些方案都不能完全满足实际使用的要求，其中一些不能抵抗用户的合谋攻击，一些需要 PKG 花费很大的代价去生成用户私钥，还有一些需要使用特殊的硬件支持。直到 2000 年，三位日本密码学家 Sakai、Ohgishi 和 Kasahara[9]提出了使用椭圆曲线上的对来设计基于身份的加密方案的思路。2001 年，Boneh 和 Franklin，Sakai、Ohgishi 和 Kasahara，以及 Cocks 分别独立地提出了三个基于身份的加密方案。前两个都是采用椭圆曲线上的 Weil 对实现的。而 Cocks 的方案是基于二次剩余问题构造的，尽管该方案有着较高的计算效率，但存在严重的消息扩展，即密文长度远大于明文长度。由于 Boneh 和 Franklin 提出的 IBE 方案的效率较高，并且给出了选择密文攻击下严格的安全性证明，因此引起了学术界极大的反响。从此，基于身份的密码学成为当今密码学研究的一个热门话题。

### 4.2.1 相关定义

#### 1．IBE 算法的形式化定义

IBE 算法通常由以下四个算法组成。

（1）系统建立（Setup）：输入安全参数 $k$，生成系统参数 params 和系统主密钥 msk。公开系统参数 params，主密钥 msk 保密。

（2）私钥生成（Extract）：输入用户的身份 ID，系统主密钥 msk 和系统参数 params 生成用户的私钥。

（3）加密（Encryption）：使用系统参数和接收者身份，对明文消息进行加密，生成消息对应的密文。

（4）解密（Decryption）：使用系统参数和用户的私钥对密文进行解密，得到消息明文。

#### 2．困难问题假设

**定义 4.1** 计算 Diffie-Hellman（Computational Diffie-Hellman，CDH）问题：设 $G$ 为椭圆曲线上 $q$ 阶循环群，$P$ 为群 $G$ 中的一个生成元，给定 $aP,bP \in G$（$a,b \in \mathbf{Z}_q^*$），求解 $abP$。

设在时间 $t$ 内，敌手 $A$ 解决 CDH 问题的优势定义为：$\mathrm{Adv}_{\mathrm{CDH}}(A) = \Pr[A(aP,bP) = abP | a,b \in \mathbf{Z}_q^*]$。

如果对任意多项式时间算法的敌手 $A$，$\mathrm{Adv}_{\mathrm{CDH}}(A) \leq \varepsilon$，$\varepsilon$ 可忽略不计，则称 CDH 问题是 $(t,\varepsilon)$ 困难的。

**定义 4.2** 离散对数问题（Discrete Logarithm Problem，DLP）：设 $G$ 为椭圆曲线上 $q$ 阶循环群，$P$ 为群 $G$ 中的一个生成元，给定元素 $\beta \in G$，求整数 $\alpha \in \mathbf{Z}_q^*$，使得 $\beta = \alpha P$ 成立。

#### 3．安全模型

安全模型可以由一个两方参与的游戏来说明。一方为敌手，用 $A$ 来表示；另一方为挑战者，用 $C$ 来表示。在游戏中，敌手 $A$ 可以在授权范围内对挑战者 $C$ 进行各种询问，结束询问后对挑战明文进行猜测，如果能以一定优势赢得游戏，则说明密码方案存在相应的漏洞，反之则说明密码方案是安全的。

**定义 4.3** 如果不存在多项式时间内的敌手能以不可忽略的优势赢得以下游戏，则称基于身份的加密算法是适应性选择密文下不可区分的（IND-CCA2）。

定义游戏过程如下。

（1）系统建立阶段：挑战者 $C$ 运行系统建立算法 Setup，得到系统参数 params 和系统主密钥 msk，然后挑战者 $C$ 将系统参数 params 发送给敌手 $A$，并秘密保存主密钥 msk。

（2）询问阶段 1：敌手可以适应性地进行如下询问。

① 部分公钥、私钥生成询问：敌手 $A$ 选取身份 $ID_x$，挑战者 $C$ 计算部分公钥、私钥 Partial-Key-Extract(params, $ID_x$)=($PP_x$, $PS_x$)，并发送 ($PP_x$, $PS_x$) 给敌手 $A$。

② 私钥生成询问：敌手 $A$ 选取身份 $ID_x$，挑战者 $C$ 计算部分公钥、私钥 Partial-Key-Extract(params, $ID_x$) = ($PP_x$, $PS_x$)，秘密值 Set-Secret-Value(params, $ID_x$)=$s_x$，最后计算私钥 Private-Key-Value (params, $ID_x$, $PS_x$, $s_x$)=$SK_u$，将私钥 $SK_u$ 发送给敌手 $A$。

③ 公钥生成询问：敌手 $A$ 选取身份 $ID_x$，挑战者 $C$ 计算部分公钥、私钥 Partial-Key-Extract(params, $ID_x$) = ($PP_x$, $PS_x$)，秘密值 Set-Secret-Value(params, $ID_x$)=$s_x$，最后生成公钥 Public-Key-Value (params, $ID_x$, $PP_x$, $s_x$)=$PK_u$，将公钥 $PK_u$ 发送给敌手 $A$。

④ 加密询问：敌手 $A$ 选取任意身份 $ID_u$ 和任意明文 $m$，挑战者 $C$ 对 $ID_u$ 进行公钥生成询问，计算 Encryption(params, $m$, $ID_u$, $PK_u$)=$c$，并将密文 $c$ 发送给 $A$。

⑤ 解密询问：敌手 $A$ 选取任意身份 $ID_u$ 和任意密文 $c$，挑战者 $C$ 对 $ID_u$ 进行私钥生成询问，计算 Decryption(params, $c$, $ID_u$, $SK_u$)=$m$。

（3）挑战阶段：当敌手 $A$ 结束询问阶段 1 的询问后，敌手 $A$ 选择两个长度相同的明文 $m_0$、$m_1$ 和要挑战的身份 $ID_x$，其中 $ID_x$ 没有进行过私钥生成询问。$C$ 随机选择 $j \in \{0,1\}$ 对明文 $m_j$ 进行加密得到挑战密文 $c$，

并将挑战密文 $c$ 交给敌手 $A$。

（4）询问阶段 2：在进行猜测阶段前，敌手 $A$ 可以继续进行如询问阶段 1 的询问，但不能对挑战身份 $ID_x$ 进行私钥生成询问，也不能对挑战密文 $c$ 进行解密询问。

（5）猜测阶段：最后敌手 $A$ 输出对 $j$ 的猜测 $j'$，如果 $j'=j$，则敌手 $A$ 赢得游戏。敌手 $A$ 的优势定义为：$\text{Adv}_{\text{CDH}}(A)=|\Pr(j'=j)-1/2|$。

### 4.2.2 基于无双线性对的身份加密方案描述

基于 Boneh-Franklin 加密算法的思想[38]，本节在充分考虑无线传感器网络资源受限特性的基础上，提出一种基于无双线性对的身份加密方案。同时，考虑到节点私钥完全由私钥生成中心（PKG）生成的现状，如果由于 PKG 不可信或被捕获，整个网络将变得不安全，所以借鉴无证书的思想，让 PKG 和节点共同生成节点的私钥来解决这一问题。

整个算法由如下几个部分组成。

（1）系统建立（Setup）：给定安全参数 $k$，PKG 选取有限域 $F_p$ 上一条安全的椭圆曲线 $E/F_p$，$E(F_p)$ 为椭圆曲线 $E/F_p$ 上的点和无穷远处的点构成的群，$P \in E(F_p)$，阶为 $q$，且 $q|p-1$，$G$ 是由 $P$ 生成的循环群，选择安全的 Hash 函数：$H_1:\{0,1\}^* \times G \rightarrow Z_q^*$，$H_2:G \times G \rightarrow \{0,1\}^n$，其中 $n$ 为明文比特长度。PKG 随机选择系统主密钥 $x$，计算 $y=xP$，公开系统参数 $\text{params}=\{p,q,P,y,H_1,H_2\}$，保密 $x$。

（2）用户部分密钥生成：输入用户身份标识 $ID_u$，PKG 随机选择 $r \in Z_q^*$，计算 $R_u=rP$，$h_1=H_1(ID_u,R_u)$，计算用户部分私钥 $t_u=r+xh_1$。

（3）用户私钥生成（Private-Key-Extract）：用户随机选择秘密值 $z_u \in Z_q^*$，生成用户完整私钥对 $SK_u=(t_u,z_u)$。

（4）用户公钥生成（Public-Key-Extract）：用户计算 $u_u=z_uP$，生成用户公钥对 $PK_u=(R_u,u_u)$。

（5）加密（Encryption）：设无线传感器节点中的发送节点为 $S$，接收节点为 $B$，明文为 $m$。应用系统参数对明文进行加密，节点 $S$ 随机选择 $r_1,r_2 \in Z_q^*$，计算 $C_1=r_1P$，$C_2=r_2P$，$C_3=m \oplus H_2(R_br_1+h_1yr_1,u_br_2)$，发送消息 $c=(C_1,C_2,C_3)$ 给节点 $B$。

（6）解密（Decryption）：接收节点 $B$ 收到密文 $c$ 后，节点 $B$ 用自己

的私钥 $SK_b=(t_b, z_b)$，计算 $m' = C_3 \oplus H_2(t_bC_1, z_bC_2)$，恢复出明文。

### 4.2.3 方案分析

**1．正确性分析**

正确性证明如下。

**证明：**
$$\begin{aligned}
m' &= C_3 \oplus H_2(t_bC_1, z_bC_2) \\
&= m \oplus H_2(R_br_1 + h_1yr_1, u_br_2) \oplus H_2(t_bC_1, z_bC_2)
\end{aligned}$$

由于 $C_1=r_1P$，$C_2=r_2P$，$y=xP$，所以
$$m' = m \oplus H_2[(r+h_1x)r_1P, u_br_2] \oplus H_2(t_br_1P, z_br_2P)$$

又 $u_b = z_bP$，$t_b = r + xh_1$，所以
$$\begin{aligned}
m' &= m \oplus H_2(t_br_1P, z_br_2P) \oplus H_2(t_br_1P, z_br_2P) \\
&= m
\end{aligned}$$

**2．安全性分析**

**定理 4.1** 假设敌手 $A$ 在多项式时间内以 $\varepsilon$ 的概率攻破了本节提出的方案，记敌手 $A$ 在定义 4.3 的游戏中最多进行 $q_i$ 次 $H_i$ 询问（$i=1,2$），则存在一个算法 $C$，能在多项式时间内以 $\varepsilon/q_1^2q_2$ 的优势解决 CDH 问题。

**证明：** 设 $P$ 为群 $G$ 中的一个生成元，给定一个随机的 CDH 问题实例 $(p, q, P, aP, bP)$，然后挑战者 $C$ 与敌手 $A$ 进行定义 4.3 中的游戏交互，$C$ 的目标是利用敌手 $A$ 的能力解决 CDH 问题。下面来描述挑战者 $C$ 如何利用敌手 $A$ 来解决 CDH 问题。

游戏一开始，挑战者 $C$ 发送系统参数 $\{p,q,P,y,H_1,H_2\}$ 给敌手 $A$，并定义 $L_1$、$L_2$、$L_{PP}$、$L_{SS}$、$L_{pub}$、$L_E$、$L_D$ 分别跟踪记录敌手 $A$ 对预言机 $H_1$ 和 $H_2$ 的询问、部分密钥生成询问、私钥生成询问、公钥生成询问、加密询问和解密询问。

（1）$H_1$ 询问：$C$ 维护一个 $<ID, R, (h_1)>$ 的列表 $L_1$，列表初始为空。当 $A$ 对 $<ID, R, (h_1)>$ 进行询问时，若表 $L_1$ 中存在相应的记录，则返回相应的值；否则，$C$ 随机选择 $\beta \in \{0,1\}$，其中 $\Pr(\beta=1) = \delta$。当 $\beta=0$ 时，$C$ 随机选择 $h_1 \in \mathbf{Z}_q^*$，把 $<ID, R, (h_1), \beta>$ 加入表 $L_1$ 中，并返回 $h_1$；当 $\beta=1$ 时，

令 $h_1 = e$，返回 $e$。

（2）$H_2$ 询问：$C$ 维护一个 $<m, n, (h_2)>$ 的列表 $L_2$，列表初始为空。当 $A$ 对 $<m, n, (h_2)>$ 进行询问时，若表 $L_2$ 中存在相应的记录，则返回相应的值；否则，$C$ 随机选择 $h_2 \in \mathbf{Z}_q^*$，把 $<m, n, (h_2)>$ 加入表 $L_2$ 中，并返回 $h_2$。

（3）部分密钥生成询问：$C$ 维护一个 $<\mathrm{ID}, (t, R)>$ 的列表 $L_{PP}$，列表初始为空。当 $A$ 对 $<\mathrm{ID}, (t, R)>$ 进行询问时，若表 $L_{PP}$ 中存在相应的记录，则返回相应的值；否则，$C$ 随机选择 $r \in \mathbf{Z}_q^*$，计算 $R = rP$，$h_1 = H_1(\mathrm{ID}, R)$，然后计算 $t = r + xh_1$，把 $<\mathrm{ID}, (t, R)>$ 加入表 $L_{PP}$ 中，并返回 $(t, R)$。

（4）私钥生成询问：$C$ 维护一个 $<\mathrm{ID}, (t, z)>$ 的列表 $L_{SS}$，列表初始为空。当 $A$ 对身份 ID 进行私钥生成询问时，若表 $L_{SS}$ 中存在相应的记录，则返回相应的值；否则，$C$ 查询表 $L_{PP}$ 得到 $t$，随机选择 $z \in \mathbf{Z}_q^*$，把 $<\mathrm{ID}, (t, z)>$ 加入表 $L_{SS}$ 中，并返回 $(t, z)$。

（5）公钥生成询问：$C$ 维护一个 $<\mathrm{ID}, (R, u)>$ 的列表 $L_{pub}$，列表初始为空。当 $A$ 对身份 ID 进行公钥生成询问时，若表 $L_{pub}$ 中存在相应的记录，则返回相应的值；否则，$C$ 首先查询表 $L_{PP}$ 和 $L_{SS}$，计算 $u = zP$，把 $<\mathrm{ID}, (R, u)>$ 加入表 $L_{pub}$ 中，并返回 $(R, u)$；若表 $L_{PP}$ 和 $L_{SS}$ 中不存在相应的记录，则查询表 $L_1$。若 $\beta = 1$，则 $C$ 随机选择 $r, z \in \mathbf{Z}_q^*$，计算 $R = rP$，$u = zP$，把 $<\mathrm{ID}, (R, u)>$ 加入表 $L_{pub}$ 中，并返回 $(R, u)$；若 $\beta = 0$，则运行部分密钥生成询问获得 $(t, R)$，随机选择 $z \in \mathbf{Z}_q^*$，把 $<\mathrm{ID}, (t, z)>$ 加入表 $L_{SS}$ 中，把 $<\mathrm{ID}, (R, u), \beta>$ 加入表 $L_{pub}$ 中，并返回 $(R, u)$。

（6）加密询问：$C$ 维护一个 $<\mathrm{ID}, m, (c)>$ 的列表 $L_E$，列表初始为空。当 $A$ 对 $<\mathrm{ID}, m, (c)>$ 进行询问时，$C$ 首先在表 $L_{pub}$ 中查询 $<\mathrm{ID}, (R, u), \beta>$，若 $\beta = 1$，则放弃；否则，随机选择 $r_1, r_2 \in \mathbf{Z}_q^*$，计算 $C_1 = r_1 P$，$C_2 = r_2 P$，$C_3 = m \oplus H_2(Rr_1 + h_1 y r_1, ur_2)$，返回 $c = (C_1, C_2, C_3)$。

（7）解密询问：$C$ 维护一个 $<\mathrm{ID}, c, (m)>$ 的列表 $L_D$，列表初始为空。当 $A$ 对 $<\mathrm{ID}, c, (m)>$ 进行询问时，$C$ 首先在表 $L_{pub}$ 中查询 $<\mathrm{ID}, (R, u), \beta>$，若 $\beta = 1$，则终止模拟；否则，查询表 $L_{SS}$ 得私钥 $(t, z)$，计算 $m = C_3 \oplus H_2(tC_1, zC_2)$。

经过多项式有界次询问后，$A$ 输出两个消息 $\{m_0, m_1\}$ 和身份 $\mathrm{ID}^*$ 进行挑战。若 $\beta = 0$，则终止该模拟；否则，随机选择 $r_1, r_2 \in \mathbf{Z}_q^*$，$j \in \{0, 1\}$，

计算 $C_1 = r_1P$，$C_2 = r_2P$，$C_3 = m_j \oplus H_2(Rr_1 + h_1yr_1, ur_2)$，然后将挑战密文 $c^* = (C_1, C_2, C_3)$ 给 $A$。

$A$ 继续进行多项式有界次询问，在模拟结束后，输出 $j'$ 作为对 $j$ 的猜测，若 $j' = j$，则 $C$ 可得到 $ur_2 = zr_2P$ 和 $Rr_1 + h_1yr_1 = tr_1P$ 作为对 CDH 问题的回答。

下面分析游戏中 $C$ 解决 CDH 问题的优势：如果游戏中 $A$ 对 $ID^*$ 执行过部分密钥生成询问或私钥生成询问，或者对 $c^*$ 执行过解密询问，则游戏结束。因此，$A$ 不对 $ID^*$ 执行上述情况询问的概率至少为 $1/q_1^2q_2$，所以 $C$ 解决 CDH 问题的优势至少为 $\varepsilon/q_1^2q_2$。

以上证明了在随机预言机模型下攻破本节提出方案的难度与解决 CDH 问题的难度等价，但是随机预言机模型忽略了在不解决 CDH 问题的情况下对提出方案的攻击，下面来分析在不解决 CDH 问题的情况下，有无其他方式攻破提出的方案。

在定义 4.3 所述的安全模型下，敌手 $A$ 为猜测 $j$，可做如下分析。在 $C_3 = m_j \oplus H_2(Rr_1 + h_1yr_1, u_br_2)$ 中，$y$ 为已知的系统参数，$PK_b = (R, u_b)$ 为节点 $B$ 的公钥，由于 $C_1 = r_1P$，$C_2 = r_2P$，基于椭圆曲线上离散对数问题，敌手 $A$ 无法从 $C_1$ 和 $C_2$ 中得到 $r_1$ 和 $r_2$，但是只要分析出 $r_1$ 和 $r_2$ 就可以分辨出明文。下面来分析在不知道 $r_1$ 和 $r_2$ 的情况下能否区分明文信息。

由于 $u_b = z_bP$，$t_b = r + xh_1$，$R = rP$，而游戏规则是敌手 $A$ 不能对 $ID_b$ 进行部分密钥生成询问或私钥生成询问，所以节点 $B$ 的私钥 $SK_b = (t_b, z_b)$ 对 $A$ 来说是未知的，而 $r_1$ 和 $r_2$ 是挑战者 $C$ 随机生成的，不能通过其他方式计算得到；而 $Rr_1 + h_1yr_1 = (r + xh_1)r_1P = t_bC_1$，对 $A$ 来说也是未知的；$u_br_2 = z_br_2P$，通过 $C_2 = r_2P$ 和 $u_b = z_bP$ 求 $z_br_2P$ 是 CDH 困难问题。因此，敌手在不解决 CDH 问题的前提下无法区分明文，解决提出方案的难度可归约到解决椭圆曲线上离散对数问题和 CDH 问题。进而就说明了提出的基于无双线性对的身份加密方案是安全可靠的，满足适应性选择密文下的不可区分性。

3. 性能分析

这里主要通过计算开销和存储开销两个方面来综合分析提出方案

的性能，并给出提出的方案与已有的基于身份的加密方案的性能对比。其中，计算开销主要由加密复杂度和解密复杂度来衡量，存储开销由私钥长度与密文长度组成。具体对比如表 4-1 所示。

表 4-1 基于身份的加密方案的性能对比

| 方案 | 加密复杂度 | 解密复杂度 | 密文长度 | 私钥长度 |
| --- | --- | --- | --- | --- |
| 文献[38]中方案 | 2H+1E+1P+1S | 1A+1H+1P | $n+\|G_1\|$ | $\|G_1\|$ |
| 文献[39]中方案 | 3E+1P+(n+1)S | 2P+2S | $2\|G_1\|+\|G_2\|$ | $2\|G_1\|$ |
| 文献[40]中方案 | 4E+2P+3S | 1P+2S | $\|G_1\|+2\|G_2\|$ | $\|G_1\|$ |
| 本节提出的方案 | 2A+1H+6S | 1A+1H+2S | $n+2\|G\|$ | $2\|G\|$ |

在表 4-1 中，1P 表示一个对运算可以预计算；P 表示双线性对运算；E 表示指数运算；H 表示散列；A 表示异或运算；S 表示椭圆曲线上的点乘运算；$n$ 表示明文信息比特串长度；$|G|$ 表示群 G 中元素的长度，$|G_1|$ 和 $|G_2|$ 类似。

考虑到无线传感器网络的资源受限特性，本节提出的方案在加密算法设计上没有采用计算复杂的双线性对运算和指数运算，而仅使用了椭圆曲线上的点乘运算及散列和异或运算。由表 4-1 可以看出，提出的方案与 Boneh-Franklin 的 IBE 算法和 Waters 的算法相比，计算开销上得到了很大改进，但是在存储开销上却不占优势。

在无线传感器网络实际应用中，为完成某项特定的任务，通常需要节点能工作尽可能长的时间。由于节点携带能量有限，因此在保证节点安全的前提下，减小节点能耗、延长网络的生命周期是实际的应用需求。本节提出的方案尽管在存储开销上不占优势，但是在计算开销上改进了很多，有效减小了节点能耗，这一点符合传感器节点的实际应用需求，因此适用于资源受限的无线传感器网络。

## 4.3 基于分层管理的安全认证方案

无线传感器节点部署完毕后需要节点间自行组网,为确保网络中节点的合法性,防止恶意节点对网络安全造成威胁,需要对接入网络的节点进行身份认证。就目前研究的情况来看,无线传感器网络认证方式可分为以下四种。

(1)直接基站请求认证。直接向基站发送认证请求是最快速直接的方式,基站通过认证后,将节点加入信任列表中,并告知其他合法节点。这种方式通常要求用户节点具有较强的通信能力,对节点的能耗也较大,适用范围不大。

(2)路由基站请求认证。在某些大型传感器网络中,由于节点通信能力有限,认证请求可能无法到达基站,这种情况就可以通过其他合法节点转发认证请求,通过多级路由将该节点的认证信息转发到基站节点,由基站节点进行认证。该方式并不要求用户节点具有较强的通信能力,但是认证过程开销大,尤其是当基站节点较远时,会造成很大认证开销。

(3)分布式本地请求认证。分布式本地请求认证是由节点附近的多个传感器节点协作进行认证的,当认证通过后,这些传感器节点将通知基站该用户节点是合法的,由基站告知其他节点用户节点的合法性。

(4)分布式远程请求认证。用户的请求只能由网络中几个指定节点进行认证,这些指定节点可能分布在网络中的确定位置,因此用户的请求就需要通过其他节点路由到指定节点进行认证,当认证通过后,这些指定节点会通知网络中其他节点该用户节点是合法的。

### 4.3.1 部分分布式认证模型

鉴于上述四种认证方式在应用上的局限性,考虑到无线传感器网络的实际应用需求,在大规模无线传感器网络中,单纯使用一种认证方式,难以达到安全与效率的最优化。本小节综合上述四种方式,提出一个部分分布式认证模型。

## 1. 网络模型

在网络模型的选择上,由于无线传感器节点通常较多,所有节点将收到的信息直接传回基站或经过多跳转发到达基站势必会造成很大的通信开销,这对资源受限的无线传感器网络来说负担较大,节点的生命周期势必很短。层簇式网络将网络进行分层,普通节点只需将收集的数据交给簇首,由簇首将数据传回基站,这样就大大减小了普通节点的通信开销。如果网络规模很大,则可以分成多个层次。这种层簇式网络有利于对节点的管理,也大大减小了普通节点的通信开销,整体上也可以延长网络的生命周期。这种层簇式网络的最大弊端就是簇首节点的负担较大,能耗较大,往往会因为簇首节点能量的耗尽而影响整体网络的正常运行。这个问题通常通过定期更换簇首来解决。图 4-1 所示为层簇式网络模型图。

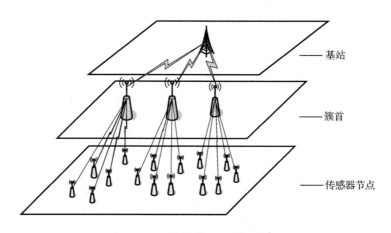

图 4-1 层簇式网络模型图

## 2. 认证模型

通常情况下,认证模型有集中式和分布式两种模式。

(1)集中式认证模式有一个安全的认证中心,并且网络中所有节点都需要和认证中心保持通信。但是,传感器网络的监测任务通常要在大范围内随机投放节点,随着节点与认证中心距离的增大,节点的通信负担加大,通过多跳路由传递信息也会带来很大开销。因此,集中式认证模式不适合大规模传感器网络。

（2）分布式认证的思想是通过对秘密进行分割，由持有秘密份额的节点共同来对节点进行认证。这种模式尽管可以在一定程度上解决集中式认证的问题，但是因为多个节点持有系统私钥分量，容易受到女巫攻击，使系统安全性降低。

鉴于单纯地使用这两种认证模式使无线传感器网络的系统开销较大，这里将这两种方式结合使用，采用层簇式网络结构，基站与簇首之间采用集中式认证模式，普通节点与簇首之间采用分布式认证模式，簇首节点协作完成对普通节点的认证。

### 4.3.2 基于分层管理的安全认证方案描述

#### 1. 认证初始化

在无线传感器网络节点部署前，为完成节点的认证，方便节点的管理，要对网络进行一定的初始化。具体认证初始化过程如下。

（1）基站为每个节点设置唯一的身份 ID，并预置系统参数。系统参数设置如下：令 $p$ 为一个大素数，$F_p = \{0,1,2,\cdots,p-1\}$ 是模 $p$ 的有限域，$E$ 是定义在有限域 $F_p$ 上的椭圆曲线，$P_0$ 是 $E(F_p)$ 上的基点，阶为 $q$，则系统参数为 $p$、$E$、$q$、$P_0$。

（2）节点部署前，基站根据节点的身份 ID 为所有传感器节点预置密钥，具体生成过程如下：设某节点 $C$ 的身份标识符为 $ID_C$，则基站给节点 $C$ 的预置密钥 $K_C = \text{Hash}(ID_C \| K)$，其中 $K$ 为基站的主密钥。

（3）传感器节点根据 TEEN 协议选举出能量较大的节点作为簇首，簇首节点广播消息，普通节点根据广播信号的强度选择簇首，并发送加入请求。

（4）被选举出的簇首将自己的身份 ID 和申请加入该簇的节点 ID 发送给基站，基站根据节点所在簇为节点生成认证证书。例如，节点 $C$ 的身份为 $ID_C$，其所在簇的簇首身份为 $ID_{B_i}$，则簇首为节点 $C$ 生成的证书为 $\text{CERT}(C) = (ID_C, (K_C)_{K_{B_i}}, T)$。

（5）基站建立一个信任列表，列表初始为空。当基站对簇首认证通过后，将该簇首加入信任列表中。

## 2. 基站与簇首的认证

在网络初始化时，由于基站为每个节点都预置了密钥，因此基站与簇首的认证就可以通过预置节点密钥来完成。采用最简单的两轮交互，过程如下。

Step1： $BS \rightarrow H : \{ID_C, R\}_{K_C}$。

Step2： $H \rightarrow BS : \{R-1\}_{K_C}$。

基站选择随机数 $R$，用基站与簇首共享的预置密钥加密随机数 $R$，发送给相应簇首节点；节点收到消息后，用预置密钥解密后，对消息根据协议规则进行相应的函数变换，加密后将结果返回给基站。基站根据节点的返回消息就可以判定簇首节点的合法性。

## 3. 簇首间的认证

对整个网络来说，簇首节点的数量相对较少，相当于基站和簇首之间可以组成一个小规模的网络，那么集中式认证模式就可以应用于簇首间的认证。这里设计一种在基站协助下完成的簇首间认证协议，协议分为两个阶段：在线密钥分发阶段和双向认证阶段。簇首间认证协议执行过程如图 4-2 所示。

1）在线密钥分发阶段

在线密钥分发阶段是在基站的参与下完成的，具体过程如下。

Step1： $A \rightarrow AS : request(ID_A, ID_B)$。

Step2： $AS \rightarrow A : \{ID_A, pk_B, (sk_A)_{K_A}\}$。

Step3： $AS \rightarrow B : \{ID_B, pk_A, (sk_B)_{K_B}\}$。

簇首节点 $A$ 向基站发起对簇首节点 $B$ 的认证请求，基站在线为簇首分发公、私钥对，用于簇首间的认证。

2）双向认证阶段

双向认证阶段则是簇首利用基站分发的密钥完成相互之间的身份确认，具体过程如下。

Step4：节点 $A$ 选择随机数 $N_A$，计算 $R_A = N_A P$，将节点 $A$ 的身份 $ID_A$ 和 $R_A$ 发送给节点 $B$。

Step5：节点 $B$ 收到消息后，随机选择 $N_B$，计算 $R_B = N_B P$，$K_{AB} = N_B R_A$，

然后发送消息 $B \rightarrow A: \text{ID}_B, R_B, \{R_B, \{R_A, \text{ID}_A\}_{\text{sk}_B}\}_{K_{AB}}$。

Step6：节点 $A$ 收到消息后，首先计算 $K_{AB} = N_A R_B$，用 $K_{AB}$ 解密消息，若能正确解密，则验证明、密文的 $R_B$ 是否一致，然后用基站分发的节点 $B$ 的公钥解密签名，验证 $R_A$ 是否正确，若正确则节点 $A$ 通过对节点 $B$ 的认证，发送消息 $A \rightarrow B: \{\{R_B, \text{ID}_B\}_{\text{sk}_A}\}_{K_{AB}}$。

Step7：节点 $B$ 收到消息后，用 $K_{AB}$ 解密，然后再用节点 $A$ 的公钥解密，验证签名的正确性，若验证通过，则节点 $B$ 通过对节点 $A$ 的认证。

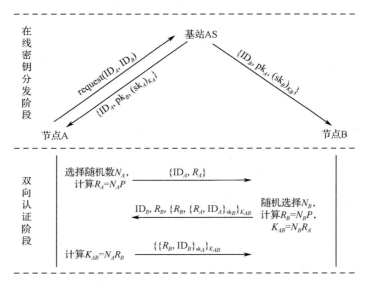

图 4-2　簇首间认证协议执行过程

### 4. 普通节点与簇首的认证

通常情况下传感器节点部署在开放的环境中，由于节点能量耗尽或受到攻击等原因，部分节点会退出网络。为完成数据采集等任务，有时也会补充新的节点，为了保证节点数据的可靠，必须对节点进行身份认证。由于采用层簇式网络结构，普通节点的认证通过节点所在簇的簇首节点来完成。为了避免单个簇首节点被捕获而威胁整个网络安全的情况，采用秘密共享的方式，将秘密进行分割管理，簇首节点均只拥有部分秘密，当某簇首节点需要对其簇内节点进行认证时，该簇首节点向其他至少 $t-1$ 个簇首节点发送认证请求，当收到足够的秘密份额后，用恢复出来的秘密对该簇内节点进行认证。普通节点与簇首的认证过程如图 4-3 所示。

Step1：普通节点 $C$ 向其所在簇的簇首节点 $B_i$ 发送认证请求。

Step2：簇首节点向其周围至少 $t-1$ 个簇首节点发送认证请求，其他簇首节点返回它们的部分秘密。

Step3：簇首节点用这 $s$ 个部分秘密恢复出节点 $C$ 的证书，与节点 $C$ 提交的证书进行比较，若证书相同则认证通过。

当簇首认证普通节点通过后，簇首节点广播该节点认证通过的消息，并将该节点加入信任列表中。

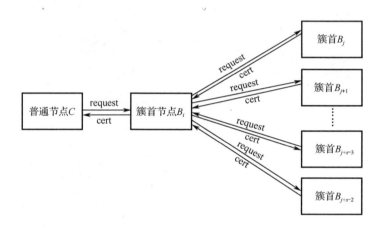

图 4-3　普通节点与簇首的认证过程

### 4.3.3　方案分析

**1．安全性分析**

（1）基站与簇首的认证是运用节点与基站的预置密钥完成的，而预置密钥是根据节点的身份和基站的主密钥来生成的，非法节点可以冒充合法节点的身份 ID，但是不能获得基站的主密钥，而且认证过程采用随机数，因此基站与簇首的认证过程可以确信簇首节点的合法性，达到认证的目的。

（2）簇首间的认证利用双重密码来保护：在在线密钥分发阶段，私钥的分发都是通过预置密钥加密过的，敌手无法获得分发的私钥；在认证阶段，簇首节点先利用生成的随机数来协商出一个对称会话密钥，尽管协商过程采用 Diffie-Hellman 密钥协商协议来完成，可能会遭受中间人攻击，但是消息还包含节点用私钥的签名，这一点敌手无法伪造。同时，协商密钥用到的随机数可以有效防止重放攻击，当节点收到消息延迟超过一定时间时就终止认证协议。因此，簇首间认证协议是安全的。

（3）普通节点与簇首的认证采用分布式认证模式，由节点所在簇的簇首节点来完成。分布式认证模式能够有效解决单点失效问题，单个簇首节点被捕获不会危害到整个网络的安全，而且每个簇首节点只掌握了部分秘密，没有其他至少 $t-1$ 个簇首参与节点无法合成一个完整的有效证书，也就不能伪造其他节点的身份。

（4）传感器网络中常见的女巫攻击主要通过两种方式来进行：一是通过伪造 ID 来实现多个身份冒充节点；二是通过窃听链路中消息，分析数据包，将合法节点的身份字段复制下来填到自己的相应位置上。在所采用的重构证书中身份 ID 已经在簇首节点处保存，通过伪造 ID 的方式是行不通的。另外，即使恶意节点截获了节点间发送的信息，但是由于其没有节点密钥，所以仍然无法解密获得有用信息。

### 2．性能分析

（1）结合集中式认证与分布式认证的特性、对称密码体制与公钥密码体制的优缺点，充分考虑无线传感器网络的资源受限特性，将网络进行分层管理，根据网络的规模和节点能量情况选择合适的认证模式，在很大程度上提高了认证效率，节约了系统资源，延长了网络的生命周期。

（2）与平面结构相比，层簇式结构相当于将整个网络分成一块一块的小型网络，节点发送的数据只需经过很少的跳数到达簇首节点，然后由簇首节点转发给基站，这在很大程度上减小了通信过程中的资源消耗。

（3）在证书设计上，仅保留认证需要的关键信息，既节约了存储空间，又在分布式认证过程中减小了计算量和通信消耗。

## 4.4 基于零知识证明的安全认证方案

4.3 节根据无线传感器网络实际应用需求提出了一种基于分层管理

的安全认证方案,在认证模式上也均采用传统的挑战-应答机制,有第三方参与的集中式认证和基于秘密共享的分布式认证。这些传统的认证模式均存在一定的安全威胁:第三方参与的集中式认证交互消息用到了私钥加密,攻击者截获消息可以进行重放;基于秘密共享的分布式认证的秘密恢复可能被恶意节点利用。这些传统认证模式不安全的根本原因是交互过程中有秘密参与运算。零知识证明可以在证明自己知道某秘密的情况下使验证者无法从认证中获得关于秘密的任何信息,零知识证明协议中自身的秘密没有参与认证的传输过程,不会给非法节点以可乘之机。因此,为解决上述认证过程中存在的问题,将研究基于零知识证明的安全认证方案。

### 4.4.1 典型的零知识证明协议

#### 1. Fiat-Shamir 零知识证明身份识别协议

Fiat 与 Shamir 在 1986 年的美洲密码年会(Crypto'86)上提出了一种基于二次剩余的零知识证明身份识别协议。设 $p$ 与 $q$ 是由某个 CA 选择的两个不同的大素数,CA 计算 $n=pq$ 并公开 $n$。设证明者秘密选择一个整数 $a<n$,并计算 $b=a^2 \bmod n$。显然,任何一个第三者在不知道 $p$ 与 $q$ 的情况下想通过解方程 $x^2=b \bmod n$ 求出 $b$,与分解 $n$ 的困难性是等价的。下面是 Fiat-Shamir 零知识证明身份识别协议的具体过程。

设 $P$ 与 $V$ 分别是证明者和验证者。

(1) $P$ 随机选择 $k \in \mathbf{Z}_n$,计算 $x=k^2 \bmod n$,将 $x$ 发送给 $V$。

(2) $V$ 选择随机比特 $i \in \{0,1\}$,并将 $i$ 发送给 $P$。

(3) $P$ 计算 $y=k \cdot a^i \bmod n$,将 $y$ 作为对 $V$ 提问的回答发送给 $V$。

(4) $V$ 验证等式 $y^2 = x \cdot b^i \bmod n$ 是否成立。

$P$ 与 $V$ 重复上述步骤 $m$ 次,若不成立,则 $V$ 拒绝并终止协议;若成立,则 $V$ 接受"$P$ 知道同余方程 $x^2=b \bmod n$ 的平方根"。

该协议的完备性概率 $\varepsilon=1$,合理性出错概率 $\delta=1/2$,或者说,$P$ 每轮能成功欺骗 $V$ 的概率为 $1/2$,而 $m$ 次均能成功欺骗 $V$ 的概率为 $1/2^m$。当 $m$ 取值充分大时,此概率趋于 0。

## 2. Guillo-Quisquater 身份认证协议

Guillo 和 Quisquater 给出了一种身份认证协议，这个协议需要三方参与、三次传送，利用公钥体制实现。可信赖仲裁方 TA 先选定 RSA 算法的秘密参数 $p$ 和 $q$，生成大整数模 $n=pq$。指数有 $e \geqslant 3$，其中 $\gcd(\phi,e)=1$，$\phi=(p-1)(q-1)$。计算出秘密指数 $d=e^{-1} \bmod \phi$，公开 $(e,n)$，各用户选定自己的参数。

$P$ 的唯一性身份为 $\mathrm{ID}_P$，通过散列函数 $H$ 变换得出相应散列值 $J_P = H(\mathrm{ID}_P)$，$1 \leqslant J_P \leqslant n$，$\gcd(J_P,\phi)=1$，TA 向 $P$ 分配密钥函数 $S_P = J_P^{-d} \bmod n$。

具体协议描述如下。

（1）$P$ 选择随机数 $r$，$1 \leqslant r \leqslant n-1$，计算 $x = r^e \bmod n$，$P$ 将 $(\mathrm{ID}_P, x)$ 发送给 $V$。

（2）$V$ 选择随机数 $u$，$1 \leqslant u \leqslant e$，将 $u$ 发送给 $P$。

（3）$P$ 计算 $y = r \cdot S_P^u \bmod n$，并将 $y$ 发送给 $V$。

（4）$V$ 收到 $y$ 后，由 $\mathrm{ID}_P$ 计算 $J_P = H(\mathrm{ID}_P)$，并计算 $J_P^u \cdot y^e \bmod n$。

若结果恒不为 0 且等于 $x$，则可确认 $P$ 的身份，否则拒绝 $P$。

## 3. Schnorr 身份识别协议

Schnorr 在 1989 年的美洲密码年会（Crypto'89）上提出了一种适合应用于智能卡的身份识别协议，称为 Schnorr 身份识别协议。该协议其实是子群成员交互证明协议的一种特例：$f(x)$ 是有限域 $\mathbf{Z}_p$ 上的指数函数 $g^{-x} \bmod p$，其中 $g$ 是 $\mathbf{Z}_p$ 中阶为素数 $q$（$q \mid p-1$）的元。依据离散对数问题的困难性假设，当 $p$ 与 $q$ 是足够大的素数时，$g^{-x} \bmod p$ 就是一个单向函数。在身份识别协议中，一般需要一个证书机构（CA）或一个可信机构（TA）参与。

$P$ 向 $V$ 证明自己知道秘密 $x$，具体协议描述如下。

（1）$P$ 选定随机数 $k$，$0 \leqslant k \leqslant q-1$，计算 $r = g^k \bmod p$，将 $r$ 发送给 $V$。

（2）$V$ 选定随机数 $e$，$1 \leqslant e \leqslant 2^t$（$t \leqslant |q|$），将 $e$ 发送给 $P$。

（3）$P$ 计算 $s = (k + xe) \bmod q$，并将 $s$ 发送给 $V$。

（4）$V$ 验证 $r \equiv g^s y^e \bmod q$ 是否成立，如果不成立，则 $V$ 拒绝相信 $P$

并终止协议。

重复上述步骤 $m$ 次。

### 4.4.2 基于零知识证明的安全认证方案描述

**1. 零知识证明方案**

目前，关于零知识证明协议主要是基于数论中的二次剩余或离散对数问题来实现的，另外还有基于图论中的三色着色问题和 Hamilton 回路问题来设计零知识证明方案。本节将使用韩德设计的基于椭圆曲线上离散对数问题实现的零知识证明方案。

设 $F_q$ 为一个有限域，椭圆曲线为 $E$，$Q$ 为椭圆曲线 $E$ 上的一个点，且 $Q = nP_0$，$n$ 为秘密。公开点 $P_0$、$Q$ 和椭圆曲线 $E$。具体方案如下[13]。

设 $P$ 与 $V$ 分别是证明者和验证者。$P$ 想向 $V$ 证明自己知道秘密 $n$，但又不想暴露它，可以按下列步骤来进行。

Step1：$P$ 随机选择一个整数 $r$，$r < q$，计算 $P_1 = rP_0$，$P_2 = (n-r)P_0$，并将 $P_1$ 和 $P_2$ 发送给 $V$。

Step2：$V$ 随机要求 $P$ 发送 $r_i$，$i = 1, 2$，其中 $r_1 = r$，$r_2 = n - r$。

Step3：$V$ 收到 $r_i$ 后，验证 $P_i = r_i P_0$ 和 $P_1 + P_2 = Q$ 是否成立。

重复以上三步 $m$ 次，直到 $V$ 相信 $P$ 知道秘密 $n$。

可以证明 $P$ 每轮能成功欺骗 $V$ 的概率为 $1/2$，因为若 $P$ 不知道秘密 $n$，$P$ 要想成功欺骗 $V$，$P$ 可以进行如下过程。

$P$ 选择一个整数 $r$，并记 $P_1 = rP_0$，$P_2 = Q - P_1$，然后按上述步骤发送给 $V$。假设 $V$ 要求 $P$ 发送 $r_1 = r$，$P$ 恰好可以提供 $r$，这时 $P$ 成功欺骗了 $V$。假设 $V$ 要求 $P$ 发送与 $P_2$ 对应的数 $r_2$，因为 $P$ 不知道秘密 $n$，而通过 $P_2$ 得到对应的数 $r_2$ 是一个基于椭圆曲线上的离散对数问题，所以 $P$ 无论如何也得不到 $r_2$。因此，$P$ 每轮能成功欺骗 $V$ 的概率为 $1/2$，经过 $m$ 轮后，$P$ 能成功欺骗 $V$ 的概率为 $1/2^m$。所以经过充分大的次数后，如果 $P$ 每次均能正确回答，则 $V$ 相信 $P$ 知道秘密 $n$。

经过上述过程，$P$ 向 $V$ 证明了自己知道秘密 $n$ 而没有向 $V$ 透露关于 $n$ 的任何信息。

## 2．方案实施

传统的安全认证方案通常在证明自己身份的同时，交互过程中的信息可能被攻击者利用进行重放、冒充。零知识证明可以在证明自己知道某秘密的情况下而不暴露自己的秘密，同时验证者不能从认证过程中得到关于秘密的任何信息。鉴于这一特性，本节提出一种基于零知识证明的安全认证方案。具体的认证过程如下。

1）认证初始化

基站为每个节点设置唯一的身份 ID，并预置系统参数。系统参数设置如下：令 $p$ 为一个大素数，$F_p = \{0,1,2,\cdots,p-1\}$ 是模 $p$ 的有限域，$E$ 是定义在有限域 $F_p$ 上的椭圆曲线，$P_0$ 是 $E(F_p)$ 上的基点，阶为 $q$，则系统参数为 $p$、$E$、$q$、$P_0$。

节点部署前，基站根据节点的身份 ID 为所有传感器节点生成秘密，具体生成过程如下：设某节点 $C$ 的身份标识符为 $\text{ID}_C$，则节点 $C$ 的秘密 $N_C = \text{Hash}(\text{ID}_C \| K)$，其中 $K$ 为基站的主密钥，该秘密作为节点加入网络进行认证的凭证。

2）认证过程

（1）当节点 $P$ 请求加入网络时，$P$ 向基站提交的自己的身份 $\text{ID}_P$，基站生成 $P$ 的公开秘密 $Q = sP_0$ 其中 $s = \text{Hash}(\text{ID}_P \| K)$，将 $Q$ 进行广播。

（2）节点 $P$ 按照上述零知识证明方案生成随机数 $r$，计算 $P_1 = rP_0$，$P_2 = (s-r)P_0$，并将 $P_1$ 和 $P_2$ 进行广播。

（3）假设与节点 $P$ 邻近的 $t$ 个节点 $V_1, V_2, \cdots, V_m$ 收到了 $P$ 的广播，$V_1, V_2, \cdots, V_m$ 首先验证 $P_1 + P_2 = Q$ 是否成立。若有一个节点验证不成立，则向其簇首或基站发送验证失败消息，认证失败，拒绝 $P$ 加入网络。否则，$V_1, V_2, \cdots, V_m$ 各自随机选择 $i=1$ 或 2 发送给节点 $P$。

（4）节点 $P$ 按收到消息的顺序依次回复 $r_i$（$i=1$ 或 2 为收到 $V_1, V_2, \cdots, V_m$ 的问询）。

（5）$V_1, V_2, \cdots, V_m$ 收到应答后，验证 $P_i = r_iP_0$ 是否成立。若有一个节点验证失败，则拒绝 $P$ 加入网络，$P$ 认证失败。

每一个节点的认证过程如图 4-4 所示。

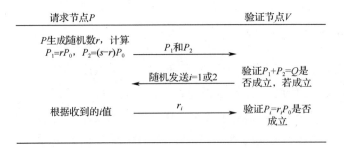

图 4-4 每一个节点的认证过程

### 4.4.3 方案分析

**1. 安全性分析**

（1）本节采用的零知识证明方案是基于椭圆曲线上离散对数问题来设计实现的，经过 $m$ 次协议交互后证明者 $P$ 能成功欺骗验证者 $V$ 的概率为 $1/2^m$，要通过 16 个节点认证的概率为 $1/65\,536$，所以通过零知识证明协议能够认证节点 $P$ 的身份，同时整个认证过程中，验证节点或恶意节点无法从认证中获取任何有关节点 $P$ 的秘密信息。因此，本节的认证方案是安全的。

（2）部署前基站根据节点的身份为每个节点预置了秘密信息，即使某个节点被捕获也不会威胁到整个网络的安全，节点之间的安全性是相互独立的，认证过程中的消息交互也没有传输关于秘密的任何信息或信息的变体，节点的秘密参与的计算始终在本地进行。因此，本节的认证方案可以抵抗重放、冒充和中间人攻击。

（3）采用多个节点对请求者执行零知识证明协议，可以有效避免恶意节点为扩大势力进行的合谋攻击，多个节点中只要有一个节点没有通过认证，请求者就无法加入网络。因此，本节的认证方案是抗合谋攻击的。

**2. 性能分析**

在计算开销方面，由于在每轮零知识证明协议中，请求者和验证者均只需要进行两次椭圆曲线上的加法运算，每次认证需要进行 $m$ 轮零知识证明协议，因此完成一次认证需要进行 $4m$ 次椭圆曲线上的加法运算，没有复杂的点乘运算和幂指数运算，计算开销较小。

在存储开销方面，每个节点只需要存储系统参数和自身的秘密信息，没有复杂的公钥和证书，存储开销较小。

在通信开销方面，每轮完整的零知识证明协议交互，验证节点只需要进行一次发送和两次接收消息，通信开销不大；对于请求节点，由于需要进行 $m$ 轮零知识证明协议，通信开销是验证节点的 $m$ 倍。因此，整体来讲，一次认证对网络的能耗不大。

## 4.5 本章小结

针对传统公钥密码体制在无线传感器网络中应用受限的现状，设计了一种基于无双线性对的身份加密方案。基于身份的加密由于公钥是身份标识，不需要公钥证书，适用于资源受限的无线传感器网络。方案没有采用计算复杂的双线性对运算，在计算开销上进行了改进，并在随机预言机模型下证明了方案是适应性选择密文安全的。同时，借鉴无证书的思想，节点的私钥由节点和私钥生成中心（PKG）共同生成，避免了由 PKG 的不可信而导致网络不安全的情况。

针对无线传感器网络的安全认证问题展开研究，提出了一种基于分层管理的安全认证方案，采用层簇式网络模型，在认证模型上采取分布式认证和集中式认证相结合，基站与簇首之间组成的小型网络采用集中式认证模式，簇首间认证通过基站协作完成，普通节点与簇首之间采用分布式认证模式。这种部分分布式方式在很大程度上提高了认证效率，为无线传感器网络的接入安全提供了有力的安全保障。

针对传统认证方案可能遭受的重放、中间人攻击等安全问题，将零知识证明应用到无线传感器网络的安全认证上。零知识证明在协议交互过程中不会泄露节点的秘密信息，恶意节点从认证过程中无法获得关于认证节点的秘密信息，通过零知识证明协议，节点可以对基站进行认证，实现了双向认证。最后通过分析可知，基于零知识证明的安全认证方案可以抵抗传统认证过程中的重放、中间人攻击，也可以抵抗节点间的合谋攻击，并且在计算复杂度上较小，没有复杂的加、解密运算，主要开销来自多轮零知识证明协议交互，能耗在合理范围内。

# 参考文献

[1] DU W, DENG J, HAN Y S, et al. A pairwise key pre-distribution scheme for wireless sensor networks [J]. ACM transaction on information and system security, 2005, 8(2):228-258.

[2] BLUNDO C, SANTIS A D, HERZBERG A, et al. Perfectly secure key distribution for dynamic conferences [J]. Information and computation, 1998, 146(1):1-23.

[3] LIU D G, NING P, LI R F. Establishing pairwise keys in distributed sensor networks[C]//Proceedings of the 10th ACM Conference on Computer and Communications Security, Washington D. C., USA, 2003:52-61.

[4] QIU Y, ZHOU J Y, BAEK J, et al. Authentication and key establishment in dynamic wireless sensor networks [J]. Sensors, 2010: 3718-3731.

[5] SIDDIQUE Q. Kerberos authentication wireless sensor networks [J]. Computer science series, 2010: 67-80.

[6] WATRO R, KONG D, CUTI S F, et al. TinyPK: securing sensor networks with public key technology[C]//Proceedings of the 2nd ACM Workshop on Security of ad hoc and Sensor Networks, Washington D. C., USA, 2004:59-64.

[7] BENENAON Z, GEDICKE N, RAIVIO O. Realizing robust user authentication in sensor networks[C]//Proceedings of Workshop on Real-World Wireless Sensor Networks, Stockholm, Sweden, 2005:135-142.

[8] BONEH D, FRANKLIN M. Identity-based encryption from the Weil pairing [J]. Lecture notes in computer science, 2001, 2139:213-229.

[9] 杨庚, 王江涛, 程宏兵, 等. 基于身份加密的无线传感器网络密钥分配方法[J]. 电子学报, 2007, 35(1):180-185.

[10] 黄晓, 程宏兵, 杨庚. 基于身份的无线传感器网络定位认证方案[J]. 通信学报, 2010, 31(3):115-122.

[11] 贾晨军,廖永建,陈抗生. 无线传感器网络中高效的基于身份的加密算法[J]. 浙江大学学报(工学版), 2009,43(8):1396-1400.

[12] WATERS B R. Efficient identity-based encryption without random oracles[C]//Advances in Cryptology-EURO CRYPT 2005, 24th Annual International Conference on the Theory and Applications of Cryptographic Techniques, Aarhus, Denmark, May 2005, Proceedings. Berlin: Springer, 2005:114-127.

[13] SAHAI A, WATERS B. Fuzzy identity-based encryption[C]//Advances in Cryptology-EURO CRYPT 2005, 24th Annual International Conference on the Theory and Applications of Cryptographic Techniques, Aarhus, Denmark, May 2005, Proceedings. Berlin: Springer, 2005:457-473.

[14] BONEH D, BOYEN X, GOH E J. Hierarchical identity based encryption with constant size ciphertext[C]// Advances in Cryptology-EURO CRYPT 2005, 24th Annual International Conference on the Theory and Applications of Cryptographic Techniques, Aarhus, Denmark, May 2005, Proceedings. Berlin: Springer, 2005: 440-456.

[15] ABDALLA M, CATALANO D, DENT A, et al. Identity-based encryption gone wild [C]//Automata, Languages and Programming, 33rd International Colloquium, ICALP 2006, Venice, Italy, July 2006, Proceedings, Part Ⅱ. Berlin: Springer, 2006: 300-311.

[16] BOYEN X, WATERS B. Anonymous hierarchical identity-based encryption (without random oracle) [C]//Advances in Cryptology-CRYPTO 2006, 26th Annual International Cryptology Conference, Santa Barbara, California, USA, August 2006, Proceedings. Berlin: Springer, 2006: 290-307.

[17] BRIKETT J, DENT A W, NEVEN G, et al. Efficient chosen-ciphertext secure identity-based encryption with wildcards[C]//Proceedings of the 12th Australasian Conference on Information Security and Privacy. Berlin: Springer, 2007: 274-292.

[18] BURNETT A, BYRNE F, DOWLING T, et al. A biometric

identity based signature scheme[J].International journal of network security, 2007: 317-326.

[19] SARIER N D. A new biometric identity based encryption scheme[C]//ICYCS'08, 2008: 2061-2066.

[20] WANG H, XU Q L, BAN T. A provably secure two-party attribute-based key agreement protocol[C]//IIH-MSP, 2009: 1042-1045.

[21] YONEYAMA K. Strongly secure two-pass attribute-based authenticated key exchange[C]//Pairing-Based Cryptography — Pairing 2010—4th International Conference, Yamanaka Hot Spring, Japan, December 2010, Proceedings: 147-166.

[22] JANG K W, LEE S H, JUN M S. Design of secure dynamic clustering algorithm using SNEP and μTESLA in sensor network[C]//Proceedings of the 2006 International Conference on Hybrid Information Technology, Jeju Island, South Korea, 2006:97-102.

[23] MARK L, PERRIG A, BRAM W. Seven cardinal properties of sensor network broadcast authentication [C]//SASN'06. Alexandria, VA, USA, 2006: 147-156.

[24] PERRIG A, SZEWEZYK R, WEN V, et al. SPINS:security protocols for sensor networks[J]. Wireless networks, 2002, 8(5): 521-534.

[25] 蒋毅，史浩山，赵洪刚. 基于分级 Merkle 树的无线传感器网络广播认证策略[J]. 系统仿真学报，2007,19(24): 5700-5704.

[26] WU T J, CUI Y, BRANO K, et al. A fast and efficient source authentication solution for broadcasting in wireless sensor networks [C]//New Technologies, Mobility and Security, Proceedings of NTMS'2007 Conference. Berlin: Springer, 2007:53-63.

[27] SCHAHEEN J，OSTRY D, SIVARAMAN V, et al. Confidential and secure broadcast in wireless sensor networks [C]//The 18th Annual IEEE International Symposium on Personal, Indoor and Mobile Radio Communications, Athens, Greece, 2007:1-5.

[28] PIOTROWSKI K, LANGENDOERFER P, PETER S. How public key cryptography influences wireless sensor node lifetime [C]//Proceedings

of the 4th ACM Workshop on Security of ad hoc and Sensor Networks, Alexandria, VA, USA, 2006:169-176.

[29] LIU A, NING P. TinyECC: a configurable library for elliptic curve cryptography in wireless sensor networks[C]// Proceedings of the 2008 International Conference on Information Processing in Sensor Networks, Saint Louis, Mo, USA, 2008:109-120.

[30] LI J J, TAN L, LONG D Y. A new key management and authentication method for WSN based on CPK [C]//CCCM, 2008:486-490.

[31] DAS M L. Two-factor user authentication in wireless sensor networks[J]. IEEE trans actions on wireless communications, 2009, 8(3): 1086-1090.

[32] ZHANG L P, WANG Y. An ID-based authenticated key agreement protocol for wireless sensor networks[J]. Journal of communications, 2010, 5(8):620-626.

[33] YEH H L, CHAN T H, LIU P C, et al. A secured authentication protocol for wireless sensor networks using elliptic curves cryptography[J]. Sensors, 2011,11:4767-4779.

[34] PENG S W. An ID based multiple authentication schemes against attacks in wireless sensor networks[C]//Proceedings of IEEE CCIS, 2012:1436-1439.

[35] HONG Y H, ZENG Y H, HUANG Y J. Mutual message authentication protocol in wireless sensor networks[C]//International Conference on Intelligent Information and Networks, 2012:121-126.

[36] BAUER K, LEE H. A distributed authentication scheme for a wireless sensing system[C]//Proceedings of the 2nd International Workshop on Networked Sensing Systems, San Diego, CA, USA, 2005: 210-215.

[37] Liu D G, Ning P. Multilevel μTESLA: broadcast authentication for distributed sensor networks[J]. ACM transactions on embedded computing systems, 2004, 3(4):800-836.

[38] 杨力. 无线网络可信认证技术研究[D]. 西安：西安电子科技大学，2010.

[39] 杨庚，陈伟，曹晓梅. 无线传感器网络安全[M]. 北京：科学出版社，2010.

[40] 唐静. 无线传感器网络安全问题研究——密钥管理方案研究[D]. 南京：南京邮电大学，2011.

# 第 5 章

# 无线传感器网络安全路由协议

在无线传感器网络的通信中,路由协议起到关键作用。与传统的无线网络相比,无线传感器网络具有网络规模较大、节点可靠性较差、以数据为中心、多对一传输、与应用相关等特点。这些特点使得无线传感器网络不能直接使用研究比较成熟的无线路由协议。本章在总结现有安全路由协议的基础上,主要介绍基于动态密钥管理的 LEACH 安全路由协议、基于信任评估的安全路由协议,并进行仿真与分析。

## 5.1 概述

### 5.1.1 典型路由协议的分类

对无线传感器网络而言,路由协议的首要目标是提高网络的效率、减小不必要的能耗。其中,典型路由协议分为四类:以数据为中心的路由协议、层簇式路由协议、基于地理位置的路由协议和基于服务质量(Quality of Service, QoS)的路由协议[1]。

#### 1. 以数据为中心的路由协议

在一般的路由协议中,终端都具有固定的地址信息,路径的选择也要用到这一信息。但是,数量太多且分布没有规律性使得为无线传感器网络中每个节点设置一个全局唯一的 ID 并不现实。所以,为了解决这个问题,方便网络的管理和运行,用所获取的数据作为标志的路由协议被提了出来。典型的以数据为中心的路由协议[2]有 Flooding 协议、

Gossiping 协议、Directed Diffusion 协议和 SPIN 协议等。

### 2．层簇式路由协议

以数据为中心的协议和平面结构协议会致使整个网络功耗分布不均，分层结构的提出可以有效解决这个问题。分层结构将所有节点进行分簇，每个簇选举得到一个簇头节点，通过簇头节点来控制该簇消息及簇间消息的交互。传感器节点构成簇，簇头收集和融合数据以达到节能的目的，并且具有很好的扩展性。目前，提出的运用较多的层簇式路由协议有 LEACH 协议[3]、PEGASIS 协议[4]等。

### 3．基于地理位置的路由协议

在无线传感器网络的许多应用中，地理位置信息十分重要，这就需要把传感器监测值与无线传感器节点的位置联系起来。基于地理位置的路由协议可以利用每个节点的具体位置来设计出高效、可扩展的路由协议，这为最优路径的选择提供了很大的帮助。典型的基于地理位置的路由协议有 GEAR( Geographical and Energy Aware Routing )协议[5]、GPSR( Greedy Perimeter Stateless Routing )协议[6]等。

### 4．基于 QoS 的路由协议

对所有协议的设计出发点来说，能耗永远是摆在首位的。但是，对某些应用来说，其他指标如数据吞吐量、时延等比能耗更重要。因此，在无线传感器网络中，除能耗以外，服务质量也必须得到充分考虑。基于 QoS 的路由协议运用图论算法将时延、跳数或代价函数作为参数，计算最小路径或使用智能算法选择优化的路径。典型的基于 QoS 的路由协议有 SAR（Specific Absorption Rate）协议[7]、SPEED 协议[8]等。

## 5.1.2 典型路由协议可能遭受的攻击

针对无线传感器网络的不同应用需求，上述这些较为典型的路由协议被提了出来，并且在效率和节能两个方面呈现出逐渐完善的趋势。随着无线传感器网络技术在越来越多方面的运用，其在安全方面考虑不足的问题就逐渐暴露出来。Perrig 等[9]于 2002 年提出了无线传感器网络的安全路由问题,指出无线传感器网络路由协议在设计算法时主要考虑了减小能耗和延长生命周期,而忽视了路由过程中网络中数据的安全问题,以及整个网络遭受来自各方面攻击的考量。针对这些典型路由协议,由于缺乏对网络中存在攻击的考量,存在一些安全隐患,现对它们进行总结,如表5-1所示。

表 5-1　典型路由协议及其可能遭受的攻击

| 典型路由协议 | 可能遭受的攻击 |
| --- | --- |
| Flooding 协议、SPIN 协议、Directed Diffusion 协议 | 虚假路由信息攻击、选择性转发攻击、女巫攻击、污水池攻击、虫洞攻击、Hello Flood 攻击、劫持攻击 |
| LEACH 协议、PEGASIS 协议 | 选择性转发攻击、女巫攻击、污水池攻击、虫洞攻击、劫持攻击 |
| GEAR 协议、GPSR 协议 | 选择性转发攻击、女巫攻击、劫持攻击 |
| SAR 协议、SPEED 协议 | 虚假路由信息攻击、选择性转发攻击、女巫攻击、污水池攻击、虫洞攻击、Hello Flood 攻击、劫持攻击 |

无线传感器网络中的路由安全一经提出就引起人们足够的重视。在满足能量消耗尽可能小、运行成本尽可能低的前提下,如何设计出能够保证网络安全运行的路由协议成为算法设计的一个重要目标。当前,国外对网络中路由协议的安全问题的研究还不够深入,而国内正处于开始的阶段。下面介绍国内外针对无线传感器网络路由层可能遭受的攻击所提出来的一些安全路由协议。

### 5.1.3　国内外所提出的安全路由协议

#### 1. 针对虚假路由信息攻击的安全路由协议

虚假路由信息攻击通过参加无线网络,在网络中发送一些错误的信息对数据传输的路由选择进行干扰和破坏。对于此类攻击,通过在链路层引入加密及认证的安全机制可以对它们进行有效的防范。

赵建平等[10]提出了一种基于节点位置信息的安全组播路由协议。该协议采用随机密钥分布模型对节点的密钥进行预置,利用节点的位置信息建立虚拟 Steiner 树,进而建立安全组播路由协议。由于协议中任意两个相互通信的节点都建立了共享会话密钥，因此可以彼此认证身份，检测出恶意节点。

陈玉娇[11]在改进后的 EADC 路由协议的基础上，提出了一种基于均匀分簇的安全路由协议。该协议对网络中消息的安全性、及时性，以及网络在容忍入侵方面的性能做出了改善，通过对节点间数据的加密及消息验证机制的引入，增强了整个网络的安全性，并在一定程度上对节点的可信性进行了确认。但由于验证码增加了节点之间的通信次数，对节省能量来说，并不十分合理。

庞飞等[12]提出的算法是在 LEACH 协议的基础上完成的，该算法利用门限算法和散列算法保证了网络中数据的安全。门限算法的引入，使得就算单个节点被截获，网络中的密钥仍不会被泄露；而散列算法对数据的流向及路径都有较好的记录作用，并防止了非法节点对数据的获取。

上面的三种协议都是引入加密、认证机制的典型安全路由协议，它们通过密钥进行节点之间的会话，安全性较之前的路由协议大大提高，达到各自网络安全的目的。

## 2．针对女巫攻击的安全路由协议

这种攻击的首要目标是进入网络中，并让周围的节点相信它是正常节点，进而可以作为网络中的一个中继节点进行消息传输。同时，该节点可能拥有较多的身份，从而可以吸引更多的节点通过该节点传输数据。针对女巫攻击的防范措施一般是通过建立节点之间的共享密钥，基站检测网络中拥有过多共享密钥的节点，该节点很有可能是女巫节点。

蒋毅等[13]提出了一种利用节点地理位置的安全路由方法。它防范女巫攻击的方法是利用地理位置信息不同，节点获得的子密钥选取范围也不同，因此可以根据节点的密钥来判断节点的身份。此方法最大的不足之处在于随着节点数据的增加，密钥的管理及验证将花费更多资源。

Deng 等[14]通过在动态源路由（DSR）中加入一些安全机制，提出了一种容忍入侵的安全路由协议——INTRSN（Intrusion-Tolerant Routing in Wireless Sensor Networks）。该协议能够针对某些恶意节点制定多路径传输的方式,得出恶意节点的位置,在接下来的数据传输中绕开它们,但其在恶意节点占据关键位置时效果不明显,同一数据的多次传输会过多消耗资源。

基于分层形式的无线传感器网络安全路由协议是一类研究比较透彻、运用也较多的路由协议。Zhang 等[15]以 LEACH 协议为基础,提出了一种基于随机密钥对的安全路由协议——RLEACH 协议。该协议用单向 Hash 函数代替了原先的随机密钥,单向散列函数的不可逆保证密钥不可预测,有效弥补了原来 LEACH 协议中存在的安全空白问题;然而,单单依靠密钥的方式对女巫攻击进行防范效果并不十分明显。

### 3. 针对污水池攻击和虫洞攻击的安全路由协议

这两种攻击最难防范,污水池攻击中的恶意节点一旦向周围散播具有节能的"捷径"这个虚假消息,大量节点会改变路由路径的选择,因为一个普通节点是很难分辨恶意节点发出消息的真伪的。虫洞攻击因为是两个节点之间使用私有频率进行通信,所以很难检测出来。

EL-Bendary 等[16]于 2011 年在典型路由协议 Directed Diffusion 的基础上增加了 μTESLA 机制,认证从会聚节点发送给源节点的确认消息,增强了协议的安全性,有效抵抗了虫洞攻击;但随着认证机制的加入,增大了节点能量的消耗及数据传输过程的时延。

高建斌等[17]分析了污水池攻击的侦测特征,设计了一种基于模糊逻辑分类的侦测方案。该方案从包序列号是否连续或重复、路由增加比率及会聚度三个方面对网络节点进行检测,作为模糊侦测系统的可靠性保障。

AC 协议[18]在 LEACH 协议的基础上增加了两层路由,一共由三层路由组成,它们分别用来选择簇头、进行身份认证和保密、数据路由。该协议的每个节点都有唯一的 ID,簇头的形成及集群由 LEACH 协议完成。该协议并不适用于节点数量较多的网络。

这三种协议的优缺点对比如表 5-2 所示。

表 5-2　三种协议的优缺点对比

| 路由协议 | 路由机制 | 优点 | 缺点 |
| --- | --- | --- | --- |
| 基于定向安全扩散的无线传感器网络安全路由协议（EL-Bendary等提出） | 在经典路由协议Directed Diffusion的基础上增加了μTESLA机制 | 由于认证机制的加入，使得整个系统的安全性增强 | 数据传输过程随着认证的加入而增大了时延 |
| 基于可信度的无线传感器网络安全路由协议（高建斌等提出） | 对比相邻节点之间可用带宽和能耗率这些指标来判断节点安全情况，为路由路径的选择提供依据 | 针对恶意节点判断方法和原理简单，便于实施，可以在一定程度上达到安全目标 | 相邻节点的选取可能由于数量有限对节点安全性的判断出现偏差 |
| AC协议 | 在LEACH协议的基础上增加了身份认证，每个节点都有唯一的ID | 三层路由的协同作用将数据传输和安全管理分开进行 | 每个节点拥有唯一的ID在节点数量过多时很难实现 |

**4．针对劫持攻击的安全路由协议**

内部攻击是一种利用被捕获的节点进行非法操作的方式。基于密码学的安全手段能够有效抵御外部节点的虚假路由信息攻击或选择性转发攻击，但是并不能防范网络内部具有合法身份的路由节点或被劫持节点发起的非法操作。针对这种攻击，目前解决的方法一般是引入信任管理机制。

蒋华等[19]提出的 EESR 方案将节点的可信度引入优化后的最小生成树算法中，作为各节点之间边的权值，同样对减小恶意节点的丢包率起到较大预防作用，但该算法仅仅针对平面路由协议有效。

Crosby 等[20]将信任引入簇头节点的选取中，采取冗余策略及挑战应答手段防止恶意节点成为簇头节点，保证了消息经过可信节点组成的路径到达目标节点。其优点是选择簇头节点的策略和方法较为可靠；不足之处是一般节点检测手段缺失，不能有效防止普通节点的攻击。

于艳莉等[21]提出了一种能量有效的分布式信任管理结构。该算法利用 Rasch 模型对网络中的节点能力进行判断，并与完成传输数据的难度进行对比分析，创新提出节点"执行度"这一概念，可以对网络中存在的恶意节点具有较好的识别能力，并提高节点使用效率。

刘涛等[22]针对无限传感器无人值守的自治特点，提出了一个具有激励机制的信任管理模型。该模型采用贝叶斯估计方法，将对节点的直接信任与来自邻居节点的推荐信息结合，计算出节点的综合信任值。协议因为信任模型的加入可以起到更好的安全效果，并且对劫持攻击效果尤为突出。同时，这种协议可扩展性强，可以根据需要对它进行进一步有针对性的改进。但由于信任时隙的传输，使得算法的开销较原先有所增大，对节点有限的能量提出一定的挑战。

## 5.2 基于动态密钥管理的 LEACH 安全路由协议

延长网络的生命周期是无线传感器网络的路由协议在设计时考虑的首要目标。层簇式路由协议在能耗效率方面充分考虑了能量消耗的分担，延长了整个网络的运行时间。LEACH 路由协议是最早提出的层簇式路由协议，其典型的分层结构使它与一般路由协议相比能够将传感器网络的能耗分配到不同节点，延长整个网络的生命周期，具有广泛的应用前景。然而，协议缺少对网络中存在的安全问题的考量，使网络容易被非法窃听或主动入侵，造成数据的泄露和网络整体的破坏。本节将对 LEACH 协议进行分析介绍，并对在该协议基础上的安全路由协议进行研究，为弥补现有算法的不足，设计一种安全路由协议。

### 5.2.1 LEACH 协议

LEACH 协议是最早提出的层簇式路由协议，其典型的分层结构延长了整个网络的工作时间，所以这种结构的运用也最为广泛。

LEACH 协议的基本思想是：把整个网络分成多个簇状的结构，其中每个簇包含一个作为簇头的节点，称作簇头节点；其余节点，即簇内节点，将获取的消息发送给该簇的簇头节点；最后由簇头节点对接收到的信息进行去冗余等操作后发送到基站。

LEACH 协议是以"轮"（round）为周期进行工作的，每个周期分为两个阶段：成簇阶段和数据传输阶段。在成簇阶段，进行簇头节点的选举和分簇。各节点在 0~1 之间选择一个随机数，若该随机数小于该轮选举中的一个门限值，则该节点成为簇头节点。节点的门限值计算如式（5.1）所示。

$$T(n) = \begin{cases} \dfrac{P}{1-P \times [r \bmod (1/P)]}, & n \in G \\ 0 \end{cases} \quad （5.1）$$

式中，$P$ 为网络中簇头节点数量的比例；$r$ 为轮数；$G$ 为最近 $1/P$ 轮未成为簇头节点的集合。

这种簇头节点选举方法使得在开始阶段每个节点成为簇头节点的概率都是一样的，均为 $P$。而一旦在某轮中当选了簇头节点，接下来的 $1/P$ 轮该节点将不会再次成为簇头节点。这种方法保证了 $1/P$ 轮后，每个节点都当选过一次簇头节点。

当选的簇头节点向周围节点以广播方式发布自己成为簇头节点这一消息，非簇头节点根据接收到消息信号的强弱判断簇头节点与自己的距离，并选择距离最近的簇头节点，向其发送加入该簇的请求，完成簇的建立。

在簇建立之后，进入数据传输阶段。数据传输阶段包括簇内节点将采集的数据发送到簇头节点、簇头节点将处理后的信息传递到会聚节点或用户这两个过程。在簇内节点通信中，簇头节点在接受普通节点入簇请求后，簇头节点会生成一个时分多址（Time Division Multiple Access，TDMA）时隙表，并广播通知各成员节点。各节点在获取时间段信息后，在属于自己的时刻传输数据，其余时间处于休眠状态。该机制较为合理地分配了各个节点与簇头节点的通信时间，有利于节点的能量保存，并尽可能地延长节点的生命周期。

LEACH 协议作为最早提出的层簇式路由协议，在均衡整个网络中节点能耗方面具有较为明显的优势。算法还运用了数据融合技术，有效减小通信量和能量消耗。然而，由于协议中缺少节点的认证和数据的加密等安全措施，使得网络中传递的信息容易遭受到非法窃密或破坏，对整个网络的运行造成重大影响。其中，有几种攻击的影响最为突出，它们分别是虚假路由信息攻击、女巫攻击、选择性转发攻击和劫持攻击。这几种攻击会对网络中数据的传递路径及数据的正常发送进行影响，以达到窃取网络中的信息或破坏无线传感器网络工作的目的。

针对这种情况，多位学者在 LEACH 协议的基础上提出了多种安全路由协议。缪成蓓等[23]提出了一种基于散列链的动态密钥管理多跳安全路由协议，该协议通过散列链产生链密钥，簇内节点应用哈希（Hash）函数得到簇内通信密钥。邓亚平等[24]提出的动态分簇的异构传感器网络安全路由协议引进多种安全机制在 LEACH 路由协议上面，提高了节点和数据的安全性。白恩健等[25]提出了分簇无线传感器网络安全多路径路由协议，将多路径路由和节点可信度评价进行结合，节点的行为作为直接信任指标，邻居节点的评价作为间接信任指标，完成可信多路径路由的建立。郑顾平等[26]提出了一种带有监控机制的 LEACH 协议，通过引入监测节点来实现入侵检测，保证了网络安全。黄廷辉等[27]提出了基于 LEACH 协议的无线传感器网络密钥管理路由方案，该方案中密钥的管理由专门的节点完成，同时，利用哈希函数和三元多项式函数来完成密钥的加密和成对密钥的建立，实现了无线传感器网络的安全性。周绪宝等[28]提出了基于分级的无线传感器层次安全路由协议，将节点分级别成簇，信息流以从低级别向高级别的方式逐级传送，同时引入传感器网络的基于分布式安全策略（DSPS）密钥管理方案，保证了网络安全。

上述的研究成果均直接以 LEACH 协议为基础，通过密钥的引入完成节点的认证和数据的加密传输，对来自外部的攻击起到了一定的预防和处理作用；对于内部被劫持的节点，一般利用动态密钥机制来实现被劫持节点的恢复，劫持者无法实时获得更新密钥，从而摆脱劫持者的控制，为用户提供一个安全的网络通信环境。然而，动态更新密钥会造成密钥管理的负担加大，即实时更新会增大网络中节点之间的通信量，这对能量有限的无线传感器网络来说是不利的。因此，针对 LEACH 协议自身存在的缺陷和对能耗方面的严格要求，对该协议进行一定的改进，引入基于对称密码体制的密钥预分配管理方案，从而实现协议的高效性和安全性。

## 5.2.2 基于动态密钥管理的 LEACH 安全路由协议描述

**1. 能耗模型**

这里采用文献[3]中的无线通信能耗模型，发送端节点和接收端节点的能耗模型分别如图 5-1 和图 5-2 所示。

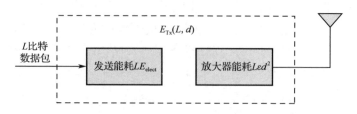

图 5-1　发送端节点的能耗模型

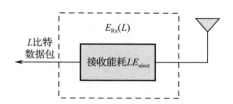

图 5-2　接收端节点的能耗模型

当 $L$ 比特的数据由两个相距 $d$ 的节点进行发送和接收时，发送端节点的能耗为

$$E_{Tx}(L,d) = \begin{cases} LE_{elect} + L\varepsilon_{fs}d^2, & d < d_0 \\ LE_{elect} + L\varepsilon_{mp}d^4, & d \geq d_0 \end{cases} \quad (5.2)$$

式中，$E_{elect}$ 表示传输单位比特数据的能耗；$d_0$ 是用来判断发送端节点放大器工作模式的值；$\varepsilon_{fs}$ 和 $\varepsilon_{mp}$ 分别代表放大器不同工作模式的能耗系数。

同时，接收端节点的能耗为

$$E_{Rx}(L) = LE_{elect} \quad (5.3)$$

数据融合的能耗为

$$E_{Gx}(L) = LE_{DF} \quad (5.4)$$

式中，$E_{DF}$ 表示单位比特数据融合时的能耗。

## 2. 基于能耗均衡的改进 LEACH 协议

LEACH 协议中提出的随机簇头选举机制因其实现简单、能耗负载均衡、具有良好扩展性等优点运用于许多层簇式路由协议中。然而，这种随机选举的方式也容易造成网络中簇头节点分布不均匀，节点能耗不均衡，而且被选为簇头的节点很有可能存在能量并不是最优的问题；与此同时，远离基站的簇头节点传输数据能量过大，造成节点过早死亡，严重影响了整个网络的正常工作。因此，本节首先采用能耗均衡改进方法对簇头的选举算法进行改良，使剩余能量更大的节点更可能成为簇头节点。

与 LEACH 协议中的簇头选举方法相同，但在阈值（门限值）的计算中利用节点剩余能量这个因子。$T(n)$ 的计算方法为

$$T(n) = \begin{cases} \dfrac{P}{1-P\times[r \bmod(1/P)]} \times \dfrac{E_{rest}(r-1)-E_{used}(r-1)}{E_{average}(r-1)-E_{used}(r-1)}, & n \in G \\ 0 \end{cases} \quad （5.5）$$

式中，$E_{rest}$、$E_{used}$、$E_{average}$ 分别表示节点剩余能量、节点使用能量及节点所在簇的平均剩余能量。由式（5.5）可以得出，在第 $r$-1 轮，如果一个节点的剩余能量小于簇中节点的平均剩余能量，则阈值减小，该节点成为簇头节点的概率也会相应减小；反之则更有可能成为簇头节点。

在一个节点成为簇头节点后，该节点会以一定的半径向周围节点广播这一消息，完成簇的建立。在簇头节点向基站发送消息时，若采用单跳的方式直接发送，则势必造成大量的能量消耗，由如式（5.2）所示的能耗模型可以看出，数据传输距离过大，节点发送消耗的能量将成指数增长。因此，需要为基站与簇头节点之间的距离设定一个阈值 $d_0$，若簇头节点与基站之间的距离小于这个阈值，则簇头节点将直接发送数据给基站；否则，簇头节点之间采用多跳的方式传输数据至基站。由能耗模型可以得到这个阈值为

$$d_0 = \sqrt{\dfrac{\varepsilon_{fs}}{\varepsilon_{mp}}} \quad （5.6）$$

在路由协议开始之前，每个簇头节点向整个网络广播一条消息，各个簇头节点可以根据接收到消息信号的强弱计算与其距离。在远离基站的簇头节点，即与基站距离大于 $d_0$ 的簇头节点需要发送消息到基站时，会选择距离自己较近的簇头作为中继节点，以多跳的方式向基站传递消息。

**3．基于动态密钥管理的改进 LEACH 协议**

为保证能量有限的无线传感器网络的通信安全，引入动态密钥管理

方案进行密钥预分配[29]。假设密钥池由长度为 $L$ 的 $N$ 个密钥链组成，即每个密钥链包含 $L$ 个链密钥。这 $N$ 个密钥链具有相同的种子 $s$，每个密钥链有自己的生长因子 $G$，则密钥链中的链密钥可以由散列函数得到，即

$$L_i(n) = \text{Hash}^n(s, G_i) \quad (5.7)$$

式中，$L_i(n)$ 表示第 $i$ 个密钥链的第 $n$ 个链密钥；Hash() 为递归哈希函数。

密钥池生成后，由基站广播分发给网络中的各个节点。每一轮网络中的各个节点在簇建立后都会从基站收到一个密钥链和相应的生长因子，并在一轮结束后、开始新一轮簇头节点选举前对密钥链进行删除，防止他人在劫持多个节点后获得链密钥的信息。同时，无线传感器网络中的每个节点都具有唯一的 ID。

在簇内节点 $A$ 向簇头节点 $B$ 进行数据传输时，通过链密钥完成身份的确认及消息的加密，即 $A \rightarrow B: \{\text{ID}_A \| \text{data} \| \text{ID}_B\}_{K_{AB}} \| \text{ID}_A$。其中，$K_{AB} = \text{Hash}(s, G)$ 为节点 $A$、节点 $B$ 之间的会话密钥；data 表示传输的数据内容。

在簇头节点 $B$ 收到来自节点 $A$ 的消息后，根据消息中的身份信息，计算 $K_{AB} = \text{Hash}(s, G)$，在得到会话密钥后，解密消息，完成节点 $A$ 的身份认证和消息的获取。

在簇头节点之间进行消息的多跳传输时，同样利用密钥链进行会话密钥的协商。假设簇头节点 $B$ 在获取簇内节点的信息后，由于距离基站位置较远，需要以多跳的方式将信息传输至基站。假设中继节点为簇头节点 $C$，它们之间的传输过程为

$$B \rightarrow C: \{\text{ID}_A \| \text{ID}_B \| \text{data} \| \text{ID}_C\}_{K_{BC}} \| \text{ID}_A \| \text{ID}_B$$

节点 $C$ 接收到来自节点 $B$ 的消息后，由消息中的路由信息可以计算得到与簇头节点 $B$ 之间的会话密钥，即

$$K_{BC} = \text{Hash}^2(s, G) = \text{Hash}[\text{Hash}(s, G), G] \quad (5.8)$$

并对消息进行解密。

通过以上分析可以发现，这种动态加密的方法减小了节点之间的通信量，对能量受限的无线传感器网络来说十分有利。在节点接收到来自上一个节点的消息后，获取消息中的路由信息，利用散列函数计算得到两个节点之间的会话密钥，并对消息进行解密。同时，利用散列函数具

有单向性的特点，可以防止节点被截获后通过函数获取密钥，保证消息的机密性和可靠性。每一轮结束后，网络中的节点销毁密钥，新的密钥将在新一轮簇建立后重新分发，以此防止节点因被劫持导致的密钥泄露，并且完成密钥的更新，为整个网络提供更严格的安全保障。

### 5.2.3 算法仿真与分析

采用 MATLAB7.1 仿真平台对提出的基于动态密钥管理的 LEACH 安全路由算法进行仿真，以验证其能耗和安全性。

**1．仿真参数与方法**

假设在 200m×200m 的区域内随机分布 100 个传感器节点，每个节点的初始能量为 1J。设置一个基站，基站布置在安全的位置，不会遭受到破坏并且能量充足。仿真参数设置如表 5-3 所示。在此环境下对提出的算法进行 200 轮的模拟仿真。

表 5-3　仿真参数设置

| 仿 真 参 数 | 参 数 值 |
| --- | --- |
| 区域大小 | 200m×200m |
| 节点数量 | 100 个 |
| 基站位置 | (0,0) |
| 节点初始能量 | 1J |
| 数据包长度 | 4000b |
| $E_{Tx}$ | $5×10^{-8}$J |
| $E_{Rx}$ | $5×10^{-8}$J |
| $d_0$ | 50m |

**2．仿真结果及分析**

1）节点存活数量对比

图 5-3 所示为在此环境下 LEACH 算法与提出的算法的无线传感器网络在 200 轮内节点存活数量对比。由图 5-3 可以看出，在前 100 轮，

两种算法的能耗差距并不明显；而在 100 轮之后，LEACH 算法部分节点开始无法工作，致使网络中存活的节点负担更多的通信任务，从而造成节点加速"死亡"，而提出的算法在 LEACH 算法的网络已经无法工作时，大部分节点仍正常工作。由此表明，提出的算法较 LEACH 算法更为高效、节能。

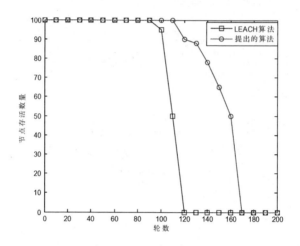

图 5-3　节点存活数量对比

2）数据传输成功率对比

假设网络中存在五个恶意节点对网络中传输的消息进行窃听，这些恶意节点布置在网络环境中，其坐标分别为(50,50)、(50,150)、(100,100)、(150,50)、(150,150)，它们从第 100 轮开始伪装成簇头节点，对截获的信息不进行转发。对比 LEACH 算法与提出的算法在面对攻击时消息成功传输至基站的数据传输成功率，即基站成功接收的数据包数量占发送总数的百分比，结果如图 5-4 所示。由图 5-4 可以看出，在网络中存在恶意节点时，LEACH 算法会出现较为明显的数据包丢失现象，在第 100 轮至第 130 轮之间，数据包成功发送的比例迅速跌至 20%；相比之下，提出的算法虽然也会受到影响，但最后数据包成功发送至基站的比例维持在 70%左右。由此表明，提出的算法具有更高的安全性。

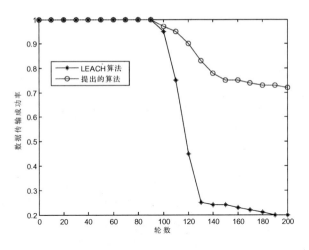

图 5-4　数据传输成功率对比

## 5.3　基于信任管理机制的安全路由协议

信任管理机制是针对网络中不断出现的安全问题的一种新的预防方法[30]。信任管理机制一般通过两种方式来实现。

第一种方式是以信任证书的形式进行信任管理。系统向具有合法身份的对象颁发证书，以此来证明其权限的合法性及确定其拥有的权限范围，因为证书的合法性标志着被授权者的合法性。这种方式具有一定的强制性，可以对非授权对象及非法对象起到一个很好的预防和抵制作用。然而，一旦存在大量的对象需要进行信任证书的分发时，其工作量也将大量增长；同时，必须时刻保持系统中存在一个管理证书的中心对信任证书进行验证或制作，来满足对系统权限的验证和不断变化的对象数量，对于在同一区域内分布大量传感器节点的无线传感器网络，若采用这一信任管理方式，其成本将是巨大的。

另一种方式是利用数学模型对被评估对象的一些参数进行计算，并得到一个信任值，通过该信任值的大小对被评估对象进行判断，以此来确定其是否可信。在将信任管理机制运用于无线传感器网络中时，参数的选择通常是节点的历史行为记录和来自其他节点的评价，通过数学模型的统计和分析来判断被评估节点下一次实施各种行为可能性的大小，从概率上得出一个节点的可信程度，将节点的可信程度进行量化，作为其可信程度的评价结果。这种信任管理机制对劫持节点、自私节点具有较好的预防作用,并且具有较强的可扩展性,为整个无线网络提供一个安全可靠的环境。

### 5.3.1 基于动态信任度的信任评估方法

#### 1. 信任评估方法相关定义

下面将无线传感器网络中的节点行为进行分类。假设网络中的一个传感器节点在接收到上一跳节点的消息后,将做出以下三种行为中的一种。

(1)将消息准确按照正确路由转发。

(2)节点并不做出任何反应。

(3)将接收到的消息进行篡改后发送或不按照指定路由发送。

这三种行为都将由发送节点进行监听,并分别记录为可信通信、不确定通信和不可信通信。

**定义 5.1** 定义识别框架 $\Omega$ 为 $\{\{T\}, \{-T\}\}$, $\{T\}$ 和 $\{-T\}$ 代表节点可信和不可信两种信任状态。$2^{\Omega}$ 是 $\Omega$ 的幂集,且 $2^{\Omega} = \{\{T\}, \{-T\}, \{T,-T\}, f\}$ 表示可信、不可信、信任不确定和不可能事件四种状态。

**定义 5.2** 假设评估节点 $i$ 对被评估节点 $j$ 之间的通信记录为:可信通信次数 $a_{ij}$,不可信通信次数 $b_{ij}$,不确定通信次数 $c_{ij}$。利用证据理论中的基本置信度函数定义节点 $i$ 对节点 $j$ 的可信程度、不可信程度及不确定程度分别为

$$\begin{cases} m_{ij}(\{T\}) = \dfrac{a_{ij}}{a_{ij}+b_{ij}+c_{ij}} \\ m_{ij}(\{-T\}) = \dfrac{b_{ij}}{a_{ij}+b_{ij}+c_{ij}} \\ m_{ij}(\{T,-T\}) = \dfrac{c_{ij}}{a_{ij}+b_{ij}+c_{ij}} \end{cases} \quad (5.9)$$

节点每隔一段时间会对信任度进行更新。假设在 $\Delta t$ 时间后评估节点 $i$ 与被评估节点 $j$ 之间的通信记录变化为 $\Delta a_{ij}$、$\Delta b_{ij}$、$\Delta c_{ij}$,则

$$\begin{cases} a'_{ij} = a_{ij} + \mu \cdot \Delta a_{ij} \\ b'_{ij} = b_{ij} + \nu \cdot \Delta b_{ij} \\ c'_{ij} = c_{ij} + \theta \cdot \Delta c_{ij} \end{cases} \quad (5.10)$$

式中，$\mu$ 为限制因子，取值较小，防止恶意节点通过伪装快速提升自己的信任度；$\nu$ 为惩罚因子，取值较大，体现对节点恶意行为的严厉惩罚；$\theta$ 为平衡因子，对整个通信行为变化起到平衡作用，它的取值介于 $\mu$ 和 $\nu$ 之间。

**定义 5.3** 在节点 $i$ 需要对节点 $j$ 进行评估时，这里将评估情况进行量化，定义节点 $i$ 对节点 $j$ 评估的信任度为

$$T_{ij} = \frac{m_{ij}(\{T\}) - m_{ij}(\{\neg T\})}{m_{ij}(\{T, \neg T\})} \qquad (5.11)$$

式中，$T_{ij}$ 的大小反映节点 $i$ 对节点 $j$ 的信任程度。可以发现，评估节点对被评估节点的可信程度越大，不确定程度越小，其最后的信任度 $T_{ij}$ 的取值也就越大。这与信任的定义也相吻合。

为了更准确地评估一个节点是否可信，邻居节点的信任度也应该作为一个参考依据。假设节点 $i$ 对节点 $j$ 进行评估，如图 5-5 所示，节点 1、节点 2、节点 3 等作为它们共同的邻居节点，会向节点 $i$ 推荐自身对节点 $j$ 的信任度。

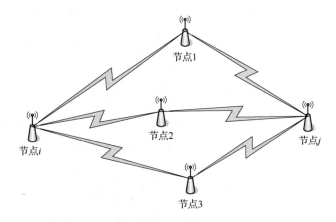

图 5-5 邻居节点的分布

由于邻居节点中可能存在恶意节点，为减小恶意节点的推荐证据带来的影响，需对推荐证据进行处理。这里采取的方法是利用证据支持度方法对推荐信任度进行加权处理。

**定义 5.4** 在某一时刻，节点 $i$ 获得同节点 $j$ 的 $n$ 个共同邻居节点对节点 $j$ 的信任度：$T_{1j}, T_{2j}, \cdots, T_{nj}$。同时，节点 $i$ 对其邻居节点也会进行

评估，信任度分别为 $T_{i1}, T_{i2}, T_{i3}, \cdots, T_{in}$。节点 $i$ 对这 $n$ 个证据的平均信任度为

$$\overline{T} = \frac{1}{n}\sum_{k=1}^{n} T_{ik} \qquad (5.12)$$

对 $n$ 个节点信任度与平均值之间的差值 $\Delta T_k = |T_{ik} - \overline{T}|$，则证据支持度 $\sup_k$ 为

$$\sup_k = e^{-\Delta T_k} \qquad (5.13)$$

证据支持度是对证据的一种评价方式，$\sup_k$ 越大，证据越可信；反之，证据可信程度越低。接下来将支持度转换为权重 $\lambda_k$，即

$$\lambda_k = \frac{\sup_k}{\sum_{l=0}^{n} \sup_l} \qquad (5.14)$$

然后，可以通过加权计算得出节点 $i$ 对节点 $j$ 的综合信任度，即

$$T'_{ij} = T_{ij} + \sum_{k=1}^{n} \lambda_k T_{kj} \qquad (5.15)$$

最后，可以根据 $T'_{ij}$ 的大小对节点 $j$ 进行分类。分类方法为：取一个阈值 $\varepsilon$，$\varepsilon$ 的大小由无线传感器网络具体运用环境对节点的要求来决定。比较 $T'_{ij}$ 与 $\varepsilon$ 的大小，当 $T'_{ij} \geq \varepsilon$ 时，节点 $j$ 为安全可信节点；否则，节点 $j$ 为恶意节点。

### 2．信任评估方法流程

提出的节点信任评估方法流程如图 5-6 所示。

在无线传感器网络中，每个节点会监听自己邻居节点的通信行为，并予以记录。当一个节点需要对另一个节点进行评估时，首先利用该节点的行为记录由式（5.9）～式（5.11）计算得到信任度。同理，邻居节点也可分别计算得到信任度，再将它们推荐给评估节点作为综合信任度的证据。

然后，在评估节点收到来自邻居节点的推荐证据后，评估节点按照式（5.12）～式（5.14）得到推荐证据的证据支持度，进一步确定证据的权重。通过权重的计算，将可能存在的恶意节点所推荐的证据对整个评估结果的影响减小，对下一步获得更加准确的综合信任度起到保证作用。

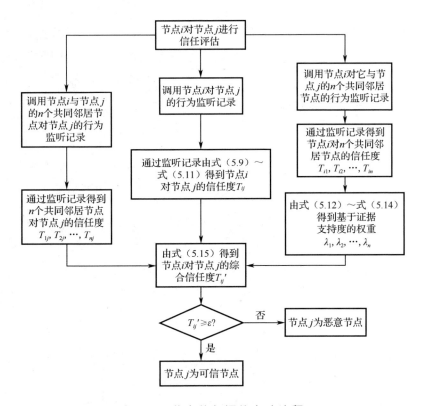

图 5-6　节点信任评估方法流程

最后，由式（5.15）计算出评估节点对被评估节点的综合信任度，与阈值 $\varepsilon$ 进行比较判断被评估节点是否可信。

在整个信任评估方法中，对被评估节点的信任度不是保持不变的。在每个更新周期内，节点的通信记录若发生改变，就按照式（5.10）进行通信记录的更新。邻居节点所提供的证据支持度会随行为的不断更新而发生改变，时刻反映整个网络中节点的动态，从而保持整个网络对内部恶意节点的有效防御。

### 3．信任评估方法仿真与分析

采用 MATLAB7.1 仿真平台对提出的信任评估方法进行仿真，以验证其安全性。

1）仿真参数与方法

假设在 200m×200m 的区域内随机分布 100 个传感器节点，并在这些节点中随机混入 10 个恶意节点。假设恶意节点有 70%~80%的概率丢弃或篡改数据包,正常节点有 5%的概率丢弃数据包。设置限制因子、惩罚因子和平衡因子分别为 $\mu=0.2$、$\nu=0.8$、$\theta=0.5$,更新时间为 10s。

为了验证该信任评估方法对恶意节点的恶意行为的敏感度,实验设置恶意节点在前 20 个周期伪装成正常节点,在第 21 个周期时开始发生恶意行为。

2)仿真结果及分析

(1)信任程度对比。由如图 5-7 所示的仿真结果可以看出,节点正常工作时的可信程度保持在平稳、较高的位置,而一旦发生恶意行为,节点的可信程度立即下降,不可信程度急剧上升,对节点判断的不确定性因此减小。由此表明,该信任评估方法针对节点的评估策略具有较好的动态评估效果,能够实时反映各节点的工作情况,对于恶意节点的攻击有较好的识别能力。

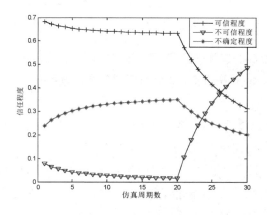

图 5-7　信任程度对比

(2)直接信任度对比。本小节利用基本置信度函数提出了信任度的定义。为了验证信任度对于节点恶意行为的直观表征,对正常节点与恶意节点直接信任度的变化情况进行对比,如图 5-8 所示。由如图 5-8 所示的仿真结果可以看出,恶意节点在发生恶意行为时,其信任度会显著下降,与正常节点的信任度形成较大差异。由此表明,提出的信任度的定义能够帮助整个无线传感器网络快速识别网络中的恶意节点,为路由数据传输提供可靠的安全保障。

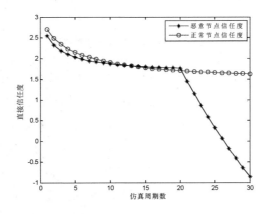

图 5-8　正常节点与恶意节点直接信任度对比

（3）推荐证据权重对比。在仿真实验过程中，为了对比恶意节点提供的推荐证据所占权重，实验观察向同一个节点推荐信任度的四个邻居节点，分别记为邻居节点 1~4，假设其中存在一个恶意节点（邻居节点 4）会进行诽谤，如图 5-9 所示。由如图 5-9 所示的仿真结果可以看出，邻居节点 4 在运行过程中所占权重明显小于其他三个节点，并且随着仿真周期数增加，权重逐渐减小；而其他三个节点的权重由于符合正常节点行为最终趋于一致。由此表明，恶意节点的推荐证据并不会对综合信任度评估产生很大影响，避免了恶意节点可能做出的诽谤行为，使得被评估节点的信任度具有较高的可信度。

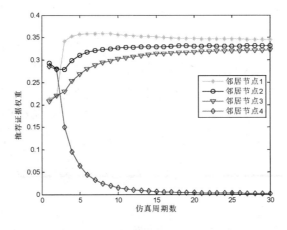

图 5-9　邻居节点推荐证据权重对比

### 5.3.2 基于信任评估的安全路由协议

对无线传感器网络中节点的信任评估较早就被人们提出,将这种方法运用于路由协议中是对基于密码的安全路由协议的一种有效扩充。目前,在基于信任评估的安全路由协议方面的研究已有不少成果。

王潮等[31]利用群体优化算法,对节点进行了可信计算,并将判断运用于安全路由协议中。该算法重新定义的信任度将网络时延、丢包率与节点剩余能量三个因子均考虑在内,具有较为全面的客观考量。但由于对节点能量消耗的预测、可用带宽和延迟的获取方法都需要额外的通信次数和计算,对能量受限、计算能力有限的传感器节点造成一定的负担。

王伟龙等[32]则将信任评估用于层簇式路由协议的簇头选举中,验证簇头节点的可靠性。该方法引入了贝叶斯模型,对簇头的信任度计算直接由贝叶斯公式得到。该方法认为节点的行为分为正常行为和异常行为两种,并未考虑到无线传感器网络中可能存在竞争力较弱或能量较小的节点,很可能这些节点的一些行为也被归类到了异常行为,造成了评估方法的不公平性。

不少信任评估机制也被直接引入一些典型的路由协议中。例如,文献[33]中,在 GEAR 路由协议的基础上,利用信任评估机制对恶意节点进行检测。文献[34]中,因为蚁群算法与无线传感器网络具有同样自组织的特性,所以直接将信任评估算法运用在了蚁群算法中,作为一种信息素参与路径的选取。这种直接在典型路由协议中添加信任评估机制的方法,由于路由协议较成熟,所以只要将能耗问题、计算复杂度和通信量加以控制,就可以迅速投入实际运用中。

在本小节中,将介绍一种基于信任评估的安全路由协议。首先,将进行网络模型的建立,并分析网络中可能存在的各种攻击;然后,给出详细的基于信任评估方法的安全路由协议,该算法针对来自网络外部和内部的攻击完成设计。

#### 1. 网络模型

无线传感器网络模型假设无线传感器网络中的节点是具有同一结构和相同初始能量的传感器节点,它们随机分布在一个区域内,并且位置固定。这些传感器节点采取一跳或多跳的路由协议协同合作将收集到的信息传递到基站，并由基站对接收到的信息进行下一步处理，最后通过网络发送给管理终端。基站是具有充足能量和计算、存储资源的传感器节点，它主要负责对从各节点传输来的信息进行处理，假设其处于一个安全的位置，不会遭受到来自外部的攻击和破坏。以基于动态密钥管理的改进 LEACH 路由协议为基础，即采用层簇式路由协议。

假设每个簇内节点到达簇头节点均为一跳到达，即每个簇内节点可以直接发送消息到簇头节点。因为每次成簇时，簇头节点是该簇内最具优势的节点，所以保证簇头节点直接接收簇内节点消息便可以保证簇头节点更好地控制其所在簇的簇内节点。簇头节点需要将从簇内各节点接收到的消息融合处理后传递至基站。若该簇头节点距离基站在通信范围内，则直接向基站发送消息；否则，该簇头节点将其他簇头节点作为路由中继节点，按照发送至基站的方向传递消息，即簇头间采用多跳的方式来传递消息。具体路由方式如图 5-10 和图 5-11 所示。

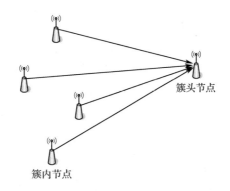

图 5-10　簇内路由方式

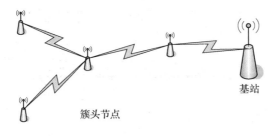

图 5-11　簇头间路由方式

无线传感器网络中的普通节点因为处于一个相对比较恶劣的环境中，可能遭受到诸如第2章提到的虚假路由信息攻击、选择性转发攻击、虫洞攻击、女巫攻击、污水池攻击和劫持攻击等。这些攻击对无线传感器网络的功能会造成巨大影响，它们不仅会篡改网络中的数据或丢弃数据包，还可能改变数据流方向，使得数据无法到达目标节点；同时，伴随这些问题的出现，攻击还会对传感器节点造成一些无谓的能量消耗，严重缩短整个网络的生命周期，对整个网络的效率和数据的安全造成重大影响。

### 2．节点的信任评估

本小节提出的路由协议是在5.2节提出的基于动态密钥管理的LEACH安全路由协议的基础上，引入信任评估方法结合而成的。因此，在考虑对无线传感器网络中节点的信任评估时，需分为簇头节点和簇内节点分别计算信任度。然后，依据评估结果以动态密钥管理方式进行安全路径选择。

1）簇头节点的信任评估

簇头节点是经过改进后的LEACH路由协议每一"轮"选举出来的、簇内剩余能量较大的节点。如图5-11所示，当一个簇头节点要向距离不在其通信范围内的基站发送消息时，就需要其他簇头节点的帮助，进行消息的转发。当簇头节点$i$将簇头节点$j$作为路由中继节点转发消息时，簇头节点$i$首先对簇头节点$j$进行信任评估。簇头节点的信任评估采用5.3.1小节提出的信任评估方法。簇头节点$i$对簇头节点$j$进行信任评估的流程如图5-12所示。

可以看出，当信任评估开始时，簇头节点$i$首先在无线传感器网络中广播将要对簇头节点$j$进行信任评估的消息。网络中两个簇头节点的共同邻居簇头节点在收到节点$i$的消息后，分别将自己对簇头节点$j$的信任度发送给簇头节点$i$，作为簇头节点$i$对簇头节点$j$的信任评估的一个证据。假设簇头节点$i$收到的$n$个共同邻居簇头节点的信任度分别为$T_{1j}, T_{2j}, \cdots, T_{nj}$，而簇头节点$i$对这$n$个邻居簇头节点的信任度分别为$T_{i1}, T_{i2}, \cdots, T_{in}$，根据这两组信任度按照5.3.1小节中的方法可以计算得出簇头节点$i$对簇头节点$j$的综合信任度$T'_{ij}$。然后比较该信任度是否满足所选取的阈值，判断簇头节点 $j$ 是否为可信节点。

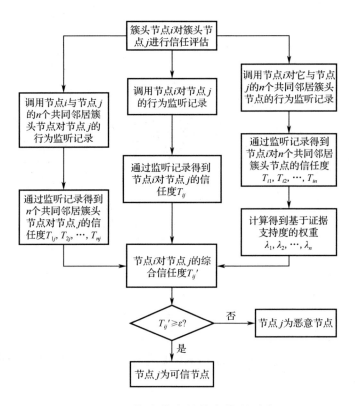

图 5-12 簇头节点的信任评估流程

2）簇内节点的信任评估

簇内节点的信任评估同样采用 5.3.1 小节提出的信任评估方法。由于此处网络模型采用的是簇内节点单跳至簇头节点的成簇方式，所以簇内节点的信任评估可以等价于簇头节点对簇内节点的信任评估。为使这个评估值更加客观，仍采用信任评估方法中的监听机制，即簇内节点仍会对通信范围内的节点进行监听，当簇内节点将消息发送给簇头节点时，只需将该信任度的值与消息一同发送给簇头节点即可。簇头节点在收到来自各簇内节点的信任度后，便可以完成对簇内任意节点的信任评估。簇头节点 $i$ 对簇内节点 $j$ 进行信任评估的流程如图 5-13 所示。

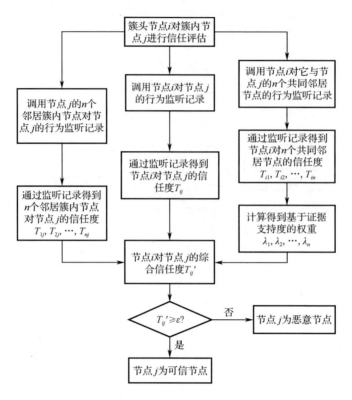

图 5-13  簇内节点的信任评估流程

### 3．算法流程

本小节提出的路由协议也是在 LEACH 路由协议的基础上进行改进的，所以簇的建立依然贯穿了整个路由过程。簇的建立过程包括簇头选举阶段和簇的形成阶段。在簇头选举阶段，采用能耗均衡改进方法提高剩余能量更大的节点成为簇头节点的概率，即保证整个网络中能耗的均衡性，延长网络的工作周期；在簇的形成阶段，由簇头节点广播自己成为簇头节点的消息，普通节点根据信号的强弱来判断与自己最近的簇头节点，然后申请加入该簇。簇头节点按照与基站之间的距离是否在一个阈值范围内，来确认采取单跳或多跳的方式进行消息的发送。此阈值是根据 5.2.2 小节中提到的能耗模型来确立的，可以保证因发送信息而消耗的能量尽可能小，满足无线传感器网络的需求。

在簇建立好后，数据流的路径也基本确立，下一步是完成节点之间的身份认证。节点之间的会话密钥由动态密钥管理方案确立，基站会在簇建立完成后向整个网络广播一个密钥链和相应的生长因子，网络中的传感器节点在收到密钥链和生长因子后，利用单向哈希函数生成链密钥，作为与其他节点之间的会话密钥，对发送的消息进行加密。其他节点在收到消息后，会根据消息发送方的身份信息利用同一哈希函数完成相同会话密钥的生成，在对收到消息进行解密的同时实现节点的认证。同时，在各节点之间的通信开始后，对簇头节点和簇内节点的信任评估也开始运行，实时动态地对网络中的节点进行监听，并将结果以信任度的形式反馈到源节点或中继节点，以此使数据流尽可能避开信任度较低的节点。

**4．算法安全性分析**

无线传感器网络路由层面临的攻击可以分为来自内部的攻击和来自外部的攻击。

本小节提出的算法以 LEACH 路由协议作为基础，利用哈希函数生成的动态密钥——链密钥，作为节点之间通信的会话密钥，以此对网络中传输的数据进行加密处理，保证了消息的机密性；收到消息的节点根据同样的链密钥解密消息，可以验证发送方是否为该消息的真正发送者，因此对发送方进行了有效的身份认证。这些措施对来自外部的攻击具有较好的预防作用。

同时，算法利用信任评估方法分别对簇头节点和簇内节点进行信任评估。通过对网络中的节点进行信任评估，可以识别网络中可能被劫持的节点，这些节点的恶意行为将被监听，导致其信任度迅速下降。最终，网络中的恶意节点将被其他节点分离开来，数据流不会经由该节点，减少了网络中数据遭受破坏的机会。

所以，本小节提出的算法在面对来自网络外部和内部的攻击方面，均有不错的防范效果，可以为网络中数据的传输提供一个安全的环境。

**5．算法仿真与分析**

采用 MATLAB7.1 仿真平台对提出的基于信任评估的安全路由算法进行仿真，以验证其能耗和安全性。

1) 仿真参数与方法

假设在 200m×200m 的区域内随机分布 400 个传感器节点，其中存在 $n$ 个恶意节点。假设恶意节点有 70%～80%的概率丢弃或篡改数据包，来自外部的攻击导致正常节点有 5%的概率丢弃数据包。仿真参数设置如表 5-4 所示。

表 5-4 仿真参数设置

| 仿真参数 | 参数值 |
| --- | --- |
| 区域大小 | 200m×200m |
| 节点数量 | 400 个 |
| 基站位置 | (0,0) |
| 节点初始能量 | 1J |
| 数据包长度 | 4000b |
| $E_{Tx}$ | $5\times10^{-8}$J |
| $E_{Rx}$ | $5\times10^{-8}$J |
| $d_0$ | 50m |
| $\mu$、$\nu$、$\theta$ | 0.2、0.8、0.5 |

无线传感器网络内存在的恶意节点数量分别选取 10 个、20 个、30 个和 40 个，通过观察内部恶意节点数量变化时能量消耗情况和网络丢包率的变化，来观察本小节提出的算法较原 LEACH 算法的区别，以及与其他安全路由协议的不同，来验证提出算法的性能。

2) 仿真结果及分析

(1) 节点死亡数量对比。图 5-14、图 5-15、图 5-16 和图 5-17 所示分别为网络中存在 10 个、20 个、30 个和 40 个恶意节点时 LEACH 算法与提出的算法节点死亡数量对比。由这四个图可以看出，网络中恶意节点的数量增加时，网络中节点死亡速率出现了更快的上升。而对比结果可以发现，在网络中恶意节点增加后，运用提出算法的节点死亡数量较 LEACH 算法的优势就更加明显地体现出来了。在图 5-14 中，在运用 LEACH 算法的节点全部死亡时，而提出的算法仍存活一半的节点可以正常工作；在图 5-17 中，在第 120 轮 LEACH 算法的节点已全部处于死亡状态，而提出算法的节点大部分仍处于存活状态。

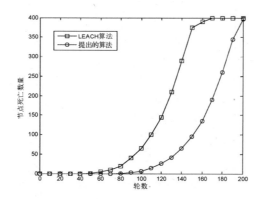

图 5-14　网络中存在 10 个恶意节点时节点死亡数量对比

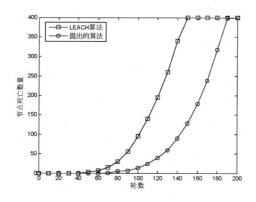

图 5-15　网络中存在 20 个恶意节点时节点死亡数量对比

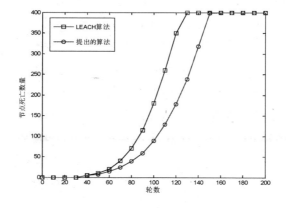

图 5-16　网络中存在 30 个恶意节点时节点死亡数量对比

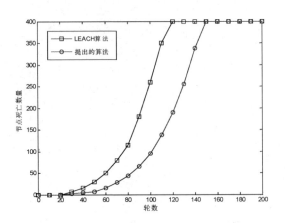

图 5-17 网络中存在 40 个恶意节点时节点死亡数量对比

通过仿真分析可以得到,运用本小节提出的安全路由协议的无线传感器网络,在面对来自外部和内部的攻击时,其能耗均衡改进方法和安全机制可以保证网络拥有更持久的工作时间。

(2)丢包率对比。这里引入 5.1.2 小节中提到的 RLEACH 协议作为对比,该算法在 LEACH 算法的基础上利用随机密钥对实现网络中数据的加密,保证网络中数据的机密性。图 5-18、图 5-19、图 5-20 和图 5-21 所示分别为网络中存在 10 个、20 个、30 个和 40 个恶意节点时 LEACH 算法、RLEACH 算法与提出的算法丢包率对比。由这四个图可以看出,网络内部恶意节点的影响明显体现出来,RLEACH 算法在面对来自网络内部的攻击时,作用并不十分显著,尤其是当网络中恶意节点的数量增加时,其在丢包率上与 LEACH 算法相差不是很大,丢包率均呈现出快速增大状态;而相比之下,提出的算法对来自内部的恶意节点攻击具有较好的抵抗能力,其丢包率仅仅在网络运行初始阶段,即信任评估的初始状态时,和前两种算法的丢包率相似,而从第 20 轮开始,评估方法开始发挥作用,其丢包率则远远小于前两种算法的丢包率。

通过仿真分析可以得到,无线传感器网络中节点信任评估的运用,是对无线传感器网络安全的有效保证。通过判断网络中节点的情况,采取路由避开恶意节点的方法,可以提高数据传输成功率、无线传感器网络整体工作效率和可靠性。

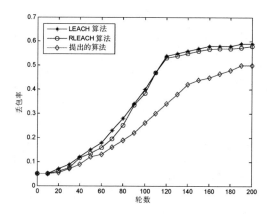

图 5-18　网络中存在 10 个恶意节点时丢包率对比

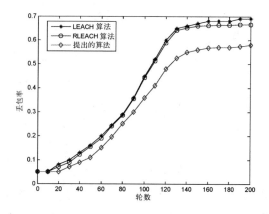

图 5-19　网络中存在 20 个恶意节点时丢包率对比

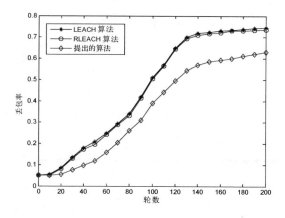

图 5-20　网络中存在 30 个恶意节点时丢包率对比

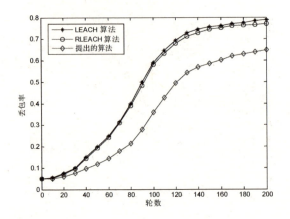

图 5-21　网络中存在 40 个恶意节点时丢包率对比

## 5.4　本章小结

　　针对无线传感器网络层簇式路由协议 LEACH 在能耗和安全性两个方面存在的问题，引入了能耗均衡改进方法对簇头选举方式进行优化，将簇头节点剩余能量作为一项重要参考依据，同时改进了簇头节点直接与基站进行通信的方式，采用多跳路由，大大减小了距离基站较远的簇头节点的能量消耗。然后利用动态密钥管理方案为数据传输加密，并且加密机制并未使通信次数发生大的改变，在节省能量的基础上为网络中数据的传输提供了可靠的安全保障。仿真结果证明，所提出的算法在能耗和安全性方面都有较大优势。

　　通过引入证据理论对节点的信任评估进行定义和量化，结合被评估节点的邻居节点推荐证据、历史记录和实时监听记录，提出了一种动态更新的节点信任评估方法。综合基于能耗均衡的安全路由协议和信任评估方法，实现了网络中数据的加密及网络中各节点的身份认证，保证了信息的有效性和机密性。改进后的信任度算法减小了利用证据合成算法的计算复杂度，并且信任管理机制的引入，对内部节点的劫持攻击具有较好的防御作用。通过对节点的信任评估来发现网络中可能存在问题的节点，使得数据在传输过程中避开了这些问题节点，提高了网络中传输数据的安全性，保证了无线传感器网络的高效运行。

## 参考文献

[1] INTANAGONWIWAT C, GOVINDAN R, ESTRIN D. Directed diffusion: a scalable and robust communication paradigm for sensor networks[C]//Proceedings of the 6th Annual International Conference on Mobile Computing and Networking, August 2000, Boston, MA, USA. ACM Press, 2000:56-67.

[2] HEINZELMAN W B, KULIK J, BALAKRISHNAN H. Adaptive protocols for information dissemination in wireless sensor networks[C]//Proceedings of the 5th ACM/IEEE MobiCom, New York, NY, USA. ACM Press, 1999: 174-185.

[3] HEINZELMAN W B, CHANDRAKASAN A P, BALAKRISHNAN H. Energy-efficient communication protocol for wireless microsensor networks[C]//Proceedings of the 33rd Annual Hawaii International Conference on System Sciences, January 7-7, 2000, Maui, Hawaii, USA. ACM Press, 2000: 3005-3014.

[4] LINDSEY S, RAGHAVENDRA C S. PEGASIS: power-efficient gathering in sensor information systems[C]//Proceedings of the IEEE Aerospace Conference, March 9-16, 2002, Montana, USA. IEEE Computer Society, 2002: 23-29.

[5] YU Y, GOVINDAN R, ESTRIN D. Geographical and energy aware routing: a recursive data dissemination protocols for wireless sensor networks: UCLA Computer Science Department Technical Report[R]. Los Angeles, USA: University of California, 2001: 1-11.

[6] KARP B, KUNG H T. GPSR: Greedy perimeter stateless routing for wireless networks[C]//Proceedings of the 6th Annual International Conference on Mobile Computing and Networking, Boston, MA, USA. ACM Press, 2000: 243-254.

[7] SOHRABI K, GAO J, AILAWADHI V, et al. Protocols for self-organization of a wireless sensor network[J]. IEEE personal communications,

2000, 7(5): 16-27.

[8] HE T, STANKOVIC J A, LU C Y, et al. SPEED: a stateless protocol for real-time communication in sensor networks[C]//Proceedings of the 23rd IEEE International Conference on Distributed Computing Systems, May 19-22, 2003, Providence, RI, USA. IEEE Computer Society, 2003: 204-223.

[9] PERRIG A, SZEWCZYK R, WEN V, et al. SPINS: security protocols for sensor networks[J]. Wireless networks, 2002, 8(5): 521-534.

[10] 赵建平, 赵建辉, 刘晓阳. 基于节点位置信息的无线传感器网络安全组播路由协议[J]. 装备指挥技术学院学报, 2011, 22(4): 101-104.

[11] 陈玉娇. 基于分簇的无线传感器网络的安全路由算法研究[D]. 成都: 西南交通大学, 2013.

[12] 庞飞, 林科, 黄廷磊. 一种安全的 LEACH 路由算法[J]. 计算机工程, 2011, 37(3): 140-142.

[13] 蒋毅, 张若南, 史浩山. 一种基于地理位置的无线传感器网络安全路由协议[J]. 西北工业大学学报, 2012, 30(1): 11-16.

[14] DENG J, HAN R, MLSHRA S. INTRSN: intrusion-tolerant routing in wireless sensor networks[C]//Proceedings of the 23rd IEEE International Conference on Distributed Computing Systems, May 19-22, 2003, Providence, RI, USA. IEEE Computer Society, 2003: 65-71.

[15] ZHANG Q H, WANG P, REEVES D S, et al. Defending against sybli attacks in sensor networks[C]//Proceedings of the 25th IEEE International Conference on Distributed Computing Systems, June 6-10, 2005, Columbus, OH, USA. IEEE Computer Society, 2005: 185-191.

[16] EL-BENDARY N, SOLIMAN O S, GHALI N I, et al. A secure directed diffusion routing protocol for wireless sensor networks[C]//Proceedings of the 2nd International Conference on Next Generation Information Technology, July 29, 2011, New Jersey, USA. IEEE Press, 2011: 149-152.

[17] 高建斌, 娄渊胜. 基于模糊逻辑分类的 WSN Sinkhole 侦测[J]. 计算机工程, 2011, 37(9): 178-180.

[18] SRINATH R, REDDY A V, SRINIVASAN R. AC: cluster based secure routing protocol for WSN[C]//Proceedings of the 3th International Conference on Networking and Services, June 19-25, 2007, Athens, Greece. IEEE Computer Society, 2007: 4-5.

[19] 蒋华,曾梅梅. 一种新的无线传感器网络安全路由协议[J]. 传感器与微系统,2013, 32(1): 33-35.

[20] CROSBY G V, PISSINOU N, GADZE J. A framework for trust-based cluster head election in wireless sensor networks[C]//Proceedings of the 2nd IEEE Workshop on Dependability and Security in Sensor Networks and Systems, April 24, Columbia, MD, USA, 2006:13-22.

[21] 于艳莉,李克秋,鞠龙. 一种能量有效的平面式无线传感器网络的信任管理模型[J]. 传感技术学报,2012, 25(11):1543-1548.

[22] 刘涛,关亚文,熊焰,等. 无人值守 WSN 中一种具有激励机制的信任管理模型[J]. 武汉大学学报（理学版）,2013, 56(6): 578-582.

[23] 缪成蓓,白光伟,顾跃跃. HDS-LEACH：一种基于散列链的动态密钥管理多跳安全路由协议[J]. 小型微型计算机系统,2012, 33(11): 2446-2452.

[24] 邓亚平,杨佳,胡亚明. 动态分簇的异构传感器网络安全路由协议[J]. 重庆邮电大学学报（自然科学版）,2011, 23(3): 336-341.

[25] 白恩健,葛华勇,杨阳. 分簇无线传感器网络安全多路径路由协议[J]. 哈尔滨工程大学学报,2012, 33(4): 507-511.

[26] 郑顾平,朱维. 基于 LEACH 协议的安全性改进与建模分析[J]. 软件导刊,2014, 13(7): 131-133.

[27] 黄廷辉,杨旻,崔更申,等. 基于 LEACH 协议的无线传感器网络密钥管理路由方案[J]. 传感技术学报,2014, 27(8): 1143-1146.

[28] 周绪宝,潘晓中. 基于分级的无线传感器层次安全路由算法[J]. 计算机应用,2013, 33(4): 916-918.

[29] 张伟华,李腊元,张留敏. 无线传感器网络 LEACH 协议能耗均衡改进[J]. 传感技术学报,2008, 21(11): 1918-1922.

[30] 苏忠,林闯,任丰原. 无线传感器网络中基于散列链的随机密钥预分发方案[J]. 计算机学报,2009, 32(1): 30-40.

[31] 王潮，贾翔宇，林强. 基于可信度的无线传感器网络安全路由算法[J]. 通信学报, 2008, 29(11): 105-112.

[32] 王伟龙，马满福. 基于信任机制的一种无线传感器网络簇头选举算法[J]. 计算机应用，2012, 32(10): 2696-2699.

[33] 李玲，王新华，车长明. 基于信誉机制的传感器网络安全路由协议设计[J]. 计算机技术与发展，2010, 20(9): 131-135.

[34] OUYANG X, ZHANG J Y, GONG Z, et al. A reputation-based ant secure routing protocol of wireless sensor networks[J]. International journal of advancements in computing technology, 2012, 4(9): 10-18.

# 第 6 章
# 无线传感器网络位置隐私保护

大数据时代的到来推动无线传感器网络技术飞速发展,而无线传感器网络的开放性特点导致其存在固有的安全缺陷。位置隐私泄露是其中主要的安全威胁之一,位置隐私窃取手段多样,而位置的泄露又会进一步引起网络设施与监测对象遭受攻击。因此,设计能够抵御多种攻击、适应无线传感器网络特点的位置隐私保护协议具有重要意义。本章主要基于差分隐私保护与位置隐私保护结合的思想对无线传感器网络位置隐私保护展开深入、系统的研究。

## 6.1 概述

无线传感器网络位置隐私保护可以分为对源节点的保护和对基站的保护。对源节点保护的主要目的是保护数据采集端,防止暴露监测目标或监测点;而对基站的保护也可称为对汇聚节点的位置隐私保护,主要是为保护整个无线传感器网络的安全,防止攻击者破坏关键节点以使整个网络瘫痪。

### 6.1.1 无线传感器网络源节点位置隐私保护方案

无线传感器网络中源节点位置稳私保护主要有幻象路由、环形路由、假消息注入及动态 ID 等技术手段。

**1. 基于幻象路由的源节点位置隐私保护方案**

幻象路由是目前普遍采用的源节点位置隐私保护方案之一[1]。在这种方案中，数据包先到达一个随机节点（称为幻影节点），每次转发都随机决定下一跳节点；第二步是数据包从幻影节点转发回基站，将幻影节点伪装成源节点。

幻象路由最早在 Ozturk 等的 PR（Phantom Routing）方案[2]和 Kamat 等的 PSPR（Phantom Single-Path Routing）方案[3]中提出。在这两种方案中，源节点将邻居节点分为方向相反的两个集合，从中选一个转发数据包，转发一定跳数后采用泛洪的方式将数据包发送回基站。

原始的幻象路由存在幻影节点分布规律性等安全问题，因此陈涓等[4]提出了基于有限泛洪的无线传感器网络源节点位置隐私保护协议（Source Location Privacy Preservation Protocol in Wireless Sensor Network Using Source-Based Restricted Flooding，PUSBRF），改进了幻象路由的安全性。该协议主要由 $h$ 跳有限泛洪、$h$ 跳有向路由及最短路由三个部分构成。距离源节点 $h$ 跳内的所有节点通过第一阶段获得到源节点的最小跳数；在第二阶段，每个节点转发数据包时都向着距离源节点跳数最小的、远离源节点方向的邻居节点，最终在距离源节点 $h$ 跳的圆周上分布幻影节点；最后，利用最短路径将数据由幻影节点传至基站。

提升了安全性后，为优化能量控制，2014 年 Zhou 等[5]提出了基于蚁群算法的高效节点位置隐私保护协议（Energy Efficient Location Privacy Preservation Protocol，EELP）。该协议将节点作为人工蚂蚁，通过模拟蚂蚁寻找最短路径的思路实现。节点间的信息以被称为信息素的形式存储在路由表中，当节点接收数据包时，根据信息素、节点间距离及能量情况计算接收者并更新信息。在不断传输过程中，路由中信息素含量随着其挥发和积累而调整，从而指引最优全局传输路径。

2016 年，贾宗璞等[6]提出了基于随机角度和圆周路由的位置隐私保护策略（Based on Random Angle and Circumferential Routing，BRACRS），进一步提升了幻象路由的安全性[7]。该策略分为网络初始化、基于角度的幻象路由、圆周路由与最短路径路由。在幻象路由阶段，通过角度、距离等因子产生幻影节点，并将数据传递至幻影节点；在圆周路由阶段，定义了伪幻影节点与标节点，距离源节点最远的幻影节点被称为伪幻影节点，而与伪幻影节点在同一个圆周上的随机节点则称为标节点；数据包先从幻影节点传递至标节点，再采用最短路径路由到达基站。

2016 年，Sathishkumar 和 Patel[8]将幻象路由应用到具体场景中，在物联网的背景下提出了增强的、基于随机路由的源节点位置隐私保护算法。该算法首先在节点网络中初始化若干随机路径，当数据包转发时，如果节点不在初始化的路径中则随机转发至任意邻居节点，如果在初始化的路径中则沿相应路径转发，转发时不转发到已经过的节点。当某一节点在转发时无法找到尚未经过的邻居节点时，则将数据包发回上一跳从而保证数据包最终可以到达基站。

幻象路由采用随机游走的方法，产生随机的幻影节点以保护真实源节点，目前已有较多研究[9]，安全性有了很大提升，但幻影节点位置的随机性也在一定程度上影响了数据路由的效率。为提高效率，产生了环形路由技术[10]。

### 2．基于环形路由的源节点位置隐私保护方案

基于环形路由的方案是指在源节点发送数据包路由过程中构造一个环路，通过让数据包在环路中循环的方式迷惑、打乱攻击者，大量增加攻击者的回溯时间，达到破坏攻击者位置追踪的目的。

2014 年，徐智富[11]提出了基于布朗运动的位置隐私保护方案。该方案采用了环形路由技术，在网络中组建多个链路环，并使得各个链路环到会聚节点的路径均匀分布，会聚节点通过泛洪得到链路环到会聚节点的最小距离。源节点发出的数据包首先进入链路环中，沿环路随机运动后从环中任意一个位置离开链路环并转发数据包至会聚节点，或进入下一个环路并经过反复循环后最终到达会聚节点。

2016 年，张江南等[12]提出了基于假包策略的单个虚拟圆环陷阱路由方案（Single Virtual Circle Rooting Method Based on Fake Package，SVCRM）。数据包从源节点发出逐跳传递到虚拟圆环，在圆环中数据包沿一个特定方向在圆环中环绕，最后数据包随机地离开圆环以最短路由的方式到达会聚节点。当存在较多靠近会聚节点的源节点时易造成虚拟圆环过早失效，为此进一步提出基于假包策略的多个虚拟圆环陷阱路由方案（Multiple Virtual Circle Rooting Method Based on Fake Package，MVCRM）。

### 3. 基于假消息注入的源节点位置隐私保护方案

假消息注入（也称假数据包注入或假包注入）是另一项位置隐私保护常用技术，它通过在网络中注入虚假消息使攻击者将其与真实消息混淆，不能分清真实消息来源。假消息注入与其他技术结合，可提供更高的安全性。

2008 年，Shao 等[13]基于假消息注入技术提出了 FitProbRate 方案。该方案分为假包注入、真消息嵌入与采样均值调整三个阶段。在假包注入阶段，节点按服从指数分布的时间间隔发送虚假数据包；当源节点获取到真实数据时进入真消息嵌入阶段，利用 A-D Test[14]找出服从指数分布的最小传输时间间隔来发送消息；真实消息发送后则重新计算数据包发送时间间隔。邓美清等[15]对 FitProbRate 方案做出改进，提出了基于能量的位置隐私保护方案（EBS）。该方案在 FitProbRate 方案的基础上引入能量影响因子、参数基准及能量影响比重，从而平衡了能耗。

假消息注入技术还可应用在伪造数据源上。2013 年，肖戊辰等[16]提出了支持被动 RFID 的通用假数据源（General Fake Source，GFS）策略。该策略通过产生伪造数据包的方式伪造数据源，首先在网络中选择一个源节点并令其产生伪造的数据包模拟发现目标并转发，通过令牌传递的形式改变产生伪造数据包的节点以模拟目标的移动过程，从而实现了对真实数据源行为的模仿。

2014 年，胡小燕[17]进一步提出了伪区域隐私保护策略。首先在整个网络中建立虚假源区域[18]，除源节点外其余节点均向各区域中心节点发送虚假数据包；数据包到会聚节点的过程通过各区域中心节点与之通信完成，使源节点与会聚节点之间直接通信数据量得以减少。当源节点位置发生变化时，区域中心节点随之改变来克服区域差别。

为高效区分真假数据包，2016 年牛晓光等[19]将假包注入技术与环策略结合起来，提出了基于匿名量化动态混淆的源节点位置隐私保护协议（Anonymity-Quantified Dynamic Mix-Ring-Based Source Location Anonymity Protocol，ADRing）。首先以基站为圆心，以到基站的跳数为半径将网络中的节点划分为多个圆环，从中随机选取一个环作为混淆环并由它接收和过滤网络中的数据，真实的数据包在混淆环上进行混淆并转发至基站，虚假数据包在混淆环上直接丢弃。在此过程中采用匿名度评价机制对混淆环的效果进行评估，混淆环可以动态调整变化。

假消息注入技术方便易行，应用广泛成熟，与其他技术也结合得最多[20]。

### 4．基于动态 ID 的源节点位置隐私保护方案

除从路由的角度考虑位置隐私保护外，还需要从节点自身信息的角度考虑节点位置隐私泄露的问题。各节点自身的 ID 之间存在的关联性，就可能是被攻击者进行位置分析的信息之一。

针对 ID 分析攻击，往往可以采用匿名通信的方式应对，即在通信中隐藏节点 ID 等实际身份信息，防止对节点间身份信息的关联分析而泄露隐私。常芬等[21]对此问题进行了研究，提出了实施匿名的具体方案，并分析了其安全性能。

Gurjar 与 Patil[22]提出了基于簇的源节点匿名方案。将传感器节点划分为不同区域，每个区域由一个簇头节点控制，簇头节点通过改变动态 ID 的方式取消节点 ID 与位置之间的关联。每次源节点捕获事件发送数据包时使用的不是自己真实的 ID，而是由簇头节点随机分配更新的 ID，数据包先发送至簇头节点再由它转发至基站。簇头节点及时对区域内节点 ID 进行更新，每次更新为一段随机数字区间中的连续数字。

基于幻象路由的源节点位置隐私保护方案实现简单，可有效抵御基于逐跳回溯攻击等方式的局部流量分析攻击，但由于数据转发的随机性，当大量源节点同时发送数据时对网络路由效果和整体性能会造成一定的影响。基于环形路由的源节点位置隐私保护方案基于增加追踪时间的考虑，扰乱数据转发路径，其对网络性能的影响较小，路由效率更高，但可能存在一定失败的风险。基于假消息注入的源节点位置隐私保护方案实现简单且能够抵御全局流量分析攻击，但会增加网络中的数据流量，增大网络负担。无线传感器网络源节点位置隐私保护方案优缺点比较如表 6-1 所示。

表 6-1 无线传感器网络源节点位置隐私保护方案优缺点比较

| 方　案 | 主　要　技　术 | 优　　点 | 缺　　点 |
|---|---|---|---|
| PR 和 PSPR 方案[2,3] | 幻象路由、随机游走 | 抵御局部流量分析攻击 | 幻象路由节点集中在特定区域内，不能抵御全局流量分析攻击 |
| PUSBRF 和 EPUSBRF[4] | 幻象路由、有限泛洪 | 幻影节点位置随机，避开失效路径，能耗较小 | 重复泛洪增大通信开销 |
| EELP[5] | 蚁群算法 | 可以进行全局能耗控制 | 需要一定的计算开销 |
| BRACRS[6] | 幻象路由、圆周路由 | 基于随机角度选择幻影节点，利用标节点在能量受限下增加安全时间 | 增大通信开销 |
| Sathishkumar 和 Patel 提出的算法[8] | 随机游走、初始化随机路径 | 算法简单有效，数据总能够到达基站 | 可能产生的路径较长，加大数据包时延 |
| 徐智富提出的方案[11] | 链路环 | 安全周期长，传递时间短，流量分布平均 | 成环有一定概率，可能失败 |
| SVCRM 和 MVCRM[12] | 虚拟圆环、假包注入 | 增加平均安全时间 | 源节点位置固定 |
| GFS 策略[16] | 伪造数据源、假包注入 | 支持被动 RFID | 能耗增大 |
| 胡小燕提出的策略[17] | 虚假数据源区域、假包注入 | 充分利用非热区能量，提高数据包有效到达效率 | 安全性能与能耗成正比 |
| ADRing[19] | 混淆环、假包注入 | 平衡网络能耗，抵御全局流量分析攻击 | 增加消息传输时间，混淆环上能耗较大 |
| Gurjar 和 Patil 提出的方案[22] | 动态 ID | 抵抗 ID 分析攻击 | 抵抗攻击方式单一，需要动态更新 ID |

## 6.1.2　无线传感器网络基站位置隐私保护方案

由于无线传感器网络中基站具有会聚源节点采集的数据的作用，因此网络中的流量分布呈现出在基站附近较密集的特点，成为攻击者主要分析基站位置隐私的方法之一。无线传感器网络中对基站的位置隐私保护主要采用假数据包注入、节点伪造、路由控制等方式。

## 1. 基于假数据包注入的基站位置隐私保护方案

注入假数据包[23]是改变网络流量分布的最简单有效的手段,因此这种技术在基站位置隐私保护方案中十分常见,大部分保护方案都融入了假包注入的思想。

2014 年,Priyadarshini 等[24]引入假数据包注入技术,提出了减少流量信息的基站位置隐私保护方案。该方案根据区域内节点密度及节点剩余能量来决定假数据包的产生。当区域内节点密度较小时,以小概率产生假数据包;当区域内节点密度较大且转发节点能量充足时,以大概率产生假数据包;当区域内节点密度较大但节点能量不足时,则不产生假数据包。

Rios 等[25]将假数据包注入与路由规则相结合,提出了一种会聚节点位置隐私保护(Homogenous Injection for Sink Privacy with Node Compromise Protection,HISP-NC)方案。该方案分为数据转发与路由表伪装两个部分。在数据转发部分,所有节点都同时转发真实数据包与一个假数据包,并采用随机游走的方式在节点间传递,而真实数据包以更大的概率向会聚节点方向转发,假数据包以更大的概率向远离方向转发;在路由表伪装部分,它通过对原始路由表进行优化,改变了原始路由表第一项为最近距离节点的规则,攻击者无法通过截获路由表而分析出会聚节点的位置。

## 2. 基于节点伪造的基站位置隐私保护方案

伪造节点是采用诱导欺骗的思想,将流量或其他可能标识基站身份的信息引向一个或几个伪基站节点以误导攻击者,从而达到保护真正基站的目的。伪造节点通常通过与产生假数据包结合来实现[26],也有部分方案通过其他方式伪造节点从而减小对网络整体性能的影响。

2015 年,Bangash 等[27]对假数据包注入的方式进行了优化,提出了基于虚拟基站的基站位置隐私保护方案。该方案将无线传感器网络中的节点分为 SN(Source Node)、AN(Aggregator Node)和 BS(Base Station)三类。SN 即普通源节点,BS 即基站,AN 则具有更大的通信半径且每个 SN 都至少与一个 AN 相邻,数据包通过 AN 转发至 BS。AN 在转发数据包的同时沿相反方向向相邻 AN 或 BS 发送真实与虚假的数据包,从而使得 AN 周围模拟了 BS 的流量。在转发真实与虚假的数据包时还通过对延迟时间这一参数进行控制使位置隐私保护的安全性能可以随需要调节。

2016 年，Bangash 等[28]基于 SDN（Software Defined Networking）的思想，提出了 LPSDN（Location Privacy via Software Defined Networking）方案。该方案的主要思想是采用一种叫作 SDFN（Software Defined Forwarding Node）的节点，来替代基站节点分担数据流量。具体方法是所有源节点发送的数据包首先到达 SDFN，由 SDFN 对数据进行分析筛选，对于内容相同的数据则丢弃多余数据，仅将一份数据包转发至基站节点处，保证了网络流畅，分担了基站的流量，使流量密度集中于 SDFN，从而保护基站的位置信息。

2017 年，王舰等[29]将假数据包注入与随机游走结合进行改进以抵御方向性攻击，进一步提升了会聚节点位置的安全性。该方法将最短路径、假数据包注入、节点伪造等技术结合起来，达到抵御多种攻击的目的。首先数据包沿最短路径到达第一个交叉节点，产生发向伪造基站的虚假数据包；而真实数据包则以随机路径到达下一个交叉节点，产生发向其他普通节点的虚假数据包；最终当真实数据包结束随机路由后，由交叉节点转发至基站。

### 3. 基于路由控制的基站位置隐私保护方案

基于路由控制的方案是通过改变数据包传递的路由规律以增大不确定性来防止位置隐私泄露的技术方案。

2012 年，李福龙[30]提出了简单的基于动态调整节点包发送速率的基站位置隐私保护（Send Rate Dynamically，SRA）策略。它基于增大不确定性的考量，使网络中所有节点都具有相同的特征和属性，使整体不确定性达到最大，让攻击者无从分析哪一个节点为基站。网络中各节点具有相同的数据包发送速率并由基站统一调控，同时基站保持与普通节点相同的包发送速率，使基站与普通节点之间在流量上不存在区别。最后，根据节点数量与网络实际情况，基站可以动态地调整各个节点发包速率，平衡网络效率与基站负荷。

2012 年，陈娟等[31]针对具体的 PAS 和 TP-PAS 攻击，提出了基于父子关系的基站位置隐私保护（CB）方案。在该方案中，每个节点只存储一个子节点集，并且只转发来自子节点集的数据包，同时节点实时更新消息密钥，保证攻击者不能推断出节点间的消息转发关系。2013年，陈娟[32]还提出了基于无父节点的基站位置隐私保护（RF）方案。在该方案中，每个节点不存储父节点信息，而用 $u$ 个洋葱包替代，一个洋葱包表示节点到基站的一条路径并由它将消息路由至基站。

2015 年，周黎鸣[33]提出了基于混淆区的基站位置隐私保护方案（Proxy and Interference Area Sink Location Privacy Protection Scheme，MR-PAIA）。该方案初始化若干随机路径，并在源节点周围构建虚拟环（即代理区），隐藏数据传播路径，在基站周围建立混淆区，保护基站流量信息。当数据包由源节点随机传输至代理区时，代理节点顺时针传递数据包，经过若干跳后到达下一个节点；到达初始随机路径时沿路径到末节点；到达混淆区后采用广播的方式传递至基站。

基于假数据包注入的基站位置隐私保护方案实现简单且行之有效，已经成为基站位置隐私保护的基本技术。基于节点伪造的基站位置隐私保护方案采用模拟与混淆的思想，增大真实基站位置的不确定性，从而增大攻击者分析基站位置信息的难度，其位置隐私保护强度取决于伪造节点的数量，而过多的伪造节点会增大网络负担，因此需要进行平衡。基于路由控制的基站位置隐私保护方案从节点路由信息入手，减小因节点自身信息而造成的基站位置隐私泄露的风险[34]。无线传感器网络基站位置隐私保护方案优缺点比较如表 6-2 所示。

表 6-2　无线传感器网络基站位置隐私保护方案优缺点比较

| 方　案 | 主要技术 | 优　点 | 缺　点 |
| --- | --- | --- | --- |
| Priyadarshini 等提出的方案[24] | 假包注入 | 平衡节点能量，延长网络生存时间 | 流量、能耗增大，增大网络延迟 |
| HISP-NC 方案[25] | 假包注入、路由表改动 | 可以抵御流量分析攻击与路由表分析攻击 | 增大节点能耗，不能抵抗节点捕获 |
| Bangash 等提出的方案[27] | 伪基站 | 安全性能可根据 TTL 参数调整，抵御流量分析攻击 | 增大延迟 |

续表

| 方案 | 主要技术 | 优点 | 缺点 |
|---|---|---|---|
| LPSDN 方案[28] | 伪造基站、数据包筛选 | 改变流量密度分布,不会增大额外负担,节省能量 | SDFN 分担了基站的流量,自身容易暴露 |
| 王舰等提出的方法[29] | 伪造基站、假包注入、随机游走 | 抵御方向性攻击,抵御数据包追踪,平衡全局流量 | 产生假数据包过多,网络延迟增加较快 |
| SRA 策略[30] | 数据包发送速率动态控制 | 抵御全局流量分析攻击,全局数据发送速率动态调整 | 所有节点与基站数据发送速率相同,使网络缺乏灵活性 |
| CB 方案[31]和 RF 方案[32] | 转发关系控制、洋葱包 | 有效抵御 PAS 与 TP-PAS 攻击 | 可能增大通信开销或传输时延 |
| MR-PAIA[33] | 伪源节点、伪基站 | 通过代理区与混淆区抵御流量分析攻击 | 混淆区通信负担较大 |

## 6.2 差分隐私保护理论

差分隐私是 Dwork 在 2006 年针对统计数据库的隐私泄露问题提出的一种新的隐私定义[35]。其基本思想是概率统计中的不确定性,通过对数据集进行处理,使得数据集对单个记录不敏感,一个记录的添加或删除对数据集整体的影响极小,查询得到单个个体信息的概率始终保持接近于 50%。因此,数据集因单个个体的改变而造成的隐私泄露能够得到有效控制,通过对数据集整体统计信息的查询无法获取准确的个体信息。

**定义 6.1** 设数据集 $D$ 和 $D'$ 具有相同的属性结构,两者的对称差记作 $D\Delta D'$,$|D\Delta D'|$ 表示 $D\Delta D'$ 中记录的数据,若 $|D\Delta D'|=1$,则称 $D$ 和 $D'$ 为邻近数据集(adjacent dataset)。

**定义 6.2** 设随机算法 $M$,$P_M$ 为 $M$ 所有可能输出构成的集合,对于任意两个邻近数据集 $D$ 和 $D'$ 及 $P_M$ 的任何子集 $S_M$,若算法 $M$ 满足

$$\Pr[M(D) \in S_M] \leq \exp(\varepsilon) \times \Pr[M(D') \in S_M] \quad (6.1)$$

则称算法 $M$ 提供 $\varepsilon$-差分隐私保护,其中参数 $\varepsilon$ 称为隐私保护预算[36]。

隐私保护预算决定了隐私保护水平的高低。在式(6.1)中,隐私保护预算 $\varepsilon$ 决定了不等式两边邻近数据集输出概率相同时的比值。当 $\varepsilon$ 为

零时，输出概率完全相同，即两个邻近数据集完全不可区分，此时隐私保护强度最大，达到理想状态。实际使用时，隐私保护预算通常根据实际隐私保护强度需求取一个较小的数。

**定义 6.3** 设有函数 $f$，其输入为数据集 $D$，输出实数向量 $\boldsymbol{d}$，对于任意邻近数据集 $D$ 和 $D'$，则

$$\mathrm{GS}_f = \max_{D,D'} \| f(D) - f(D') \| \tag{6.2}$$

称为函数 $f$ 的敏感度，它表征了引入噪声对数据集查询结果的影响程度[37]。

**定义 6.4** 对于服从拉普拉斯分布的噪声 $\mathrm{Lap}(b)$，其概率密度函数为[38]

$$p(x) = \frac{1}{2b} \exp\left(-\frac{|x|}{b}\right) \tag{6.3}$$

式中，$b$ 为尺度参数。若给定数据集 $D$，函数 $f$ 为 $D$ 上的一个查询，$\Delta f$ 为其敏感度，则随机算法 $M(D) = f(D) + Y$ 提供 $\varepsilon$-差分隐私保护。

**定理 6.1** 在同一个数据集中，对于满足 $\varepsilon_1$-差分隐私保护的随机算法 $M_1$ 与满足 $\varepsilon_2$-差分隐私保护的随机算法 $M_2$，它们的组合，即 $M_{1,2}(x) = [M_1(x), M_2(x)]$，满足 $\varepsilon_1 + \varepsilon_2$-差分隐私保护。进一步，对于 $k$ 个满足差分隐私保护的算法，如果每个算法满足 $\varepsilon_i$-差分隐私保护（$i = 1, 2, \cdots, k$），则它们的组合算法满足 $\sum_{i=1}^{k} \varepsilon_i$-差分隐私保护[37]。

**定理 6.2** 对于 $k$ 个互不相交的数据集中满足差分隐私保护的算法，如果每个算法满足 $\varepsilon_i$-差分隐私保护（$i = 1, 2, \cdots, k$），则它们的组合算法满足 $\max(\varepsilon_i)$-差分隐私保护[37]。

差分隐私保护理论主要可分为差分隐私保护数据发布和差分隐私保护数据挖掘。差分隐私保护数据发布是在满足差分隐私保护的条件下保证查询发布数据的最大精度，使得对于对外公开查询的数据集，用户可以获得需要查询的信息却不能得到数据集中个体隐私记录。数据发布又分为交互式环境和非交互式环境[37]。交互式环境是指根据用户的查询对数据集进行操作并反馈结果，非交互式环境是指直接对用户所有可能查询操作数据集。

差分隐私保护数据挖掘是在满足差分隐私保护的条件下获得最优

的数据挖掘效果，即在数据挖掘过程中加入差分隐私保护，使得最终的挖掘结果满足差分隐私保护的要求，用户不能通过挖掘结果获得数据集中个体隐私记录。数据挖掘又分为接口模式和完全访问模式[37]。接口模式是指数据挖掘过程中不提供原始数据集，而只提供经过差分隐私保护的数据集查询接口，依据查询接口进行数据挖掘，因此数据挖掘过程无须进行隐私保护。完全访问模式是指在原始数据集上进行数据挖掘，因此需要对数据挖掘算法进行一定修改，以在数据挖掘过程中保证差分隐私保护要求。

差分隐私保护具有通用性与灵活性，可以与其他隐私保护理论方法结合使用；同时它具有坚实的理论支撑，基于概率论与数理统计的严格数学证明保障了差分隐私保护的安全，许多密码学理论中不易解决的问题可以通过差分隐私保护理论加以解决，因而在数据隐私保护领域引发了广泛关注[38]。差分隐私保护近两年取得了飞速发展，相关研究工作扩展到了越来越广阔的领域。将差分隐私保护应用于无线传感器网络位置隐私保护中可以发挥其优势，提高位置隐私保护水平。

## 6.3 基于聚类匿名化的无线传感器网络源节点差分位置隐私保护协议

现有的无线传感器网络源节点位置隐私保护方案主要针对普通攻击模式，对于主动攻击考虑较少。实际上由于传感器节点能耗与计算能力的限制，其转发数据的隐私性存在着很大的安全隐患，攻击者极有可能截获数据而分析出实际数据内容并获取节点位置隐私。因此，针对具有主动攻击能力的攻击者，从数据内容本身安全角度保护节点位置隐私具有重要意义。针对这一问题，本节提出一种基于聚类匿名化的无线传感器网络源节点差分位置隐私保护协议。

### 6.3.1 聚类匿名机制

聚类是指将对象（模式）的集合根据其属性的相似度分为多个类的过程[39]。聚类匿名机制在隐私保护中的目的在于将个体的敏感信息隐藏于整体之中，同时又保证信息的准确性。基于 DBSCAN 聚类算法通过加密协议处理可以构造有效的聚类隐私保护机制[40]。刘晓迁等在改进 DBSCAN 算法的基础上，提出了基于聚类匿名化的差分隐私保护数据发布方法[41]。柴瑞敏等[42]基于 k-means 算法对数据敏感属性聚类，并利用划分等价类的方法将聚类的数据分到不同等价类匿名。马赵艳改进了聚类优化的匿名算法[43]，聚类中隔离了孤立点并优化了 k-means 算法的初始聚类中心。

## 6.3.2 基于聚类匿名化的无线传感器网络源节点差分位置隐私保护协议描述

本节提出基于聚类匿名化的无线传感器网络源节点差分位置隐私保护协议（Differential Location Privacy Protection Protocol Based on Clustering Anonymization in WSN，DLPCA）。首先，依据节点采集的数据对节点进行聚类，将近似节点划入同一簇中，并用簇中各节点位置信息的统计量替代各节点的精确位置信息；然后，基于差分隐私保护中的拉普拉斯机制将聚类匿名化后的节点位置信息加入拉普拉斯噪声，以达到差分隐私保护的要求；最后，使用经过加噪扰乱后的位置信息转发数据包。

### 1. 聚类匿名化

**定义 6.5** 设 $n$ 维向量 $x$ 和 $y$ 是向量集 $\{a_1, a_2, \cdots, a_m\}$ 中的两个向量，如果 $d^2(x,y) = (x-y)^T V^{-1}(x-y)$，其中 $V = \dfrac{1}{m-1}\sum_{i=1}^{m}(a_i - \bar{a})(a_i - \bar{a})^T$，$\bar{a} = \dfrac{1}{m}\sum_{i=1}^{m}a_i$，则称 $d(x,y)$ 为向量 $x$ 和 $y$ 之间的马氏距离。

马氏距离对一切非奇异线性变换都是不变的，所以它不受特征量纲的影响，同时对特征的相关性也进行了处理，减小了相关性强的特征量的值。因此，在聚类匿名化过程中使用马氏距离作为数据间距离的标度。

在无线传感器网络节点布置完成后，基站节点首先根据收集到的各节点的数据组成数据集并进行聚类，以确定节点的分簇和聚类中心；然后各传感器节点根据各自所在簇匿名化自己的位置信息，并以聚类中心节点作为簇头节点向基站转发数据。

**算法 6.1** 聚类匿名化算法

输入：节点数据集 $D$、门限 $T$、初始聚类中心集 $C$。

输出：聚类匿名化后的节点位置集 Nodes。

Step1：对节点数据集 $D$ 计算均值 $\overline{a} = \dfrac{1}{m}\sum_{i=1}^{m} a_i$，并进一步计算数据集的协方差矩阵 $V = \dfrac{1}{m-1}\sum_{i=1}^{m}(a_i - \overline{a})(a_i - \overline{a})^{\mathrm{T}}$，其中 $a_i = (a_{i1}, a_{i2}, a_{i3}, \cdots, a_{in})^{\mathrm{T}}$ 为单个节点 $i$ 采集的数据与节点 $i$ 自身信息组成的向量。

Step2：从节点数据集 $D$ 中选择节点 $i$，并计算它与聚类中心集 $C$ 中各点的距离。选择距离最小的聚类中心点 $j$ 并与门限 $T$ 比较。如果 $d(c_j, a_i) < T$，则将节点 $i$ 划分到簇 $j$ 中；否则，以节点 $i$ 作为新的聚类中心点并加入聚类中心集 $C$ 中。

Step3：选择下一个节点 $i+1$ 并重复执行 Step2、Step3，直到数据集中所有节点分类完毕。

Step4：计算划分好的每一个节点簇中各节点位置的中心，并替代节点自身的位置。以各聚类中心点为簇头节点输出聚类匿名化后的节点位置集 Nodes，即

$$P_c(x, y) = \sum_{i=1}^{|C|} P(\text{node}_{ix}, \text{node}_{iy}) \quad (6.4)$$

式中，$P_c(x, y)$ 为聚类匿名化后的节点位置；$P$ 为节点实际位置；$|C|$ 为聚类数量。

**2. 基于遗传算法的聚类中心确定**

遗传算法是一种基于生物遗传学原理的智能算法[44]，通过模仿自然界中生物的进化过程选择最优的种群，采用多初值并行搜索的方法不断寻优，操作简单，全局搜索能力强，因此采用遗传算法确定聚类中心。

**算法 6.2** 基于遗传算法的聚类中心选择

输入：节点数据集 $D$、门限 $T$、遗传截止差异阈值 $\delta$、种群个体数（也可称分类数量、聚类个数）$K$、变异概率 $p$。

输出：优化聚类中心集 $C'$。

Step1：个体编码。种群中的一个个体对应于问题的一个解，即一个聚类中心集。每一个个体通过独立编码进行标识，称为个体基因。聚

类中心集的编码利用节点标识实现,即各个节点的标识以二进制形式串联组成个体的染色体。

Step2:种群初始化。初始种群应保证多样性以提高搜索效率,因此在无线传感器网络节点中随机地选择 $k$ 个节点组成一个聚类中心集,作为一个个体,重复随机产生个体组成初始种群 Chrom。

Step3:适应度函数。适应度函数用以评价聚类中心集产生的聚类效果,遗传算法中通过适应度函数选择优秀的个体遗传给下一代,淘汰掉适应度较低的个体。对父代种群中的每一个个体运行算法 6.1 中的聚类过程,产生相应聚类后计算平均类内邻近距离平方和,即

$$\bar{S}_W = \frac{1}{N}\sum_{j=1}^{K}\sum_{l=1}^{L_j}d^2(c_j, \text{node}_{jl}) \tag{6.5}$$

式中,$K$ 为分类数量;$L$ 为一个簇中节点数量;$N$ 为全部节点数量。

$\bar{S}_W$ 越小表明类内个体差异度越小,更符合聚类要求,故适应度越高。而分类数量对适应度也会产生影响。分类过多易导致减小类间差异,使两个分簇间区别变小,因此分类数量 $K$ 与适应度成反比。如果个体基因中产生了相同片段,即聚类中心集中产生了重复节点,此情况不符合实际需求,设定适应度为 0,综上适应度函数为

$$\text{fitness} = \begin{cases} \dfrac{1}{K \cdot \bar{S}_W} & (C中无重复节点) \\ 0 & (C中有重复节点) \end{cases} \tag{6.6}$$

Step4:选择。从父代种群 Chrom 中选择适应度较高的个体,即计算每一个个体的适应度,通过赌轮选择法选择进行繁衍的个体。

Step5:交叉。交叉过程是指交换两个个体中的染色体片段。输入两个需要交叉操作的个体,将它们截断为两个部分并相互交叉拼接在一起组成两个新个体。由于一个聚类中心集中不可能包含重复节点,因此交叉后应保证每一个个体内不出现重复节点,如果产生重复节点则需要进行微调以去重。

Step6:变异。依据变异概率 $p$ 对产生的新个体实施变异操作,改变其个体基因的某一位以增加种群多样性。同时也要保证变异后的个体内无重复节点。

Step7:将新产生的个体插入父代种群中,形成新的子代种群 $\text{Chrom}'$。

Step8：计算子代种群的适应度，与父代种群比较。如果差别小于阈值 $\delta$ 则算法结束，输出适应度较优的个体作为聚类中心集；否则，回到 Step4 进行下一代遗传。

### 3. 差分位置隐私保护算法

为增加分簇位置隐私并满足差分隐私保护模型的要求，需要对聚类匿名化后的节点位置信息加入噪声扰乱（可简称为加噪扰乱）。

**算法 6.3** 差分位置隐私保护算法

输入：聚类匿名化后的节点位置 $P_c(x, y)$、隐私保护预算 $\varepsilon$。

输出：加入噪声扰乱后的节点位置集 Nodes'。

Step1：根据隐私保护预算 $\varepsilon$ 产生符合拉普拉斯分布的 $2N$ 个随机数 fs 作为噪声，即

$$fs = \text{Lap}(\Delta f / \varepsilon) \tag{6.7}$$

式中，$\Delta f$ 为查询函数的敏感度，即分簇节点位置中心函数的敏感度。

Step2：将产生的拉普拉斯噪声加到聚类匿名化后的节点位置上得到加入噪声扰乱后的节点位置，即

$$P_i'(x', y') = P_c(x, y) + \text{noise}(fs_i, fs_{i+N}) \tag{6.8}$$

Step3：返回加入噪声扰乱后的节点位置集 Nodes'。

### 4. 无线传感器网络通信机制

在无线传感器网络中，基站节点可以获取网络中所有节点的数据信息，且具有较强的计算、存储能力与充足的能量供应，而网络中其他传感器节点的计算能力和能耗都有限制，因此聚类过程需要通过基站完成。为保证通信过程的安全，减小网络的能耗，需要建立一套通信机制。

在部署无线传感器网络前，为基站和所有传感器节点配制一个公、私钥对。在所有节点部署完后，第一次采集的数据通过私钥加密后发送给基站，基站获取所有节点数据后进行聚类，得到聚类中心集，将各个聚类中心节点 ID 和其他节点所在的簇加密后以广播的形式发送给各个节点并更新密钥。以各个聚类中心节点作为簇头节点，由各簇头节点完成对簇内节点位置隐私的匿名化与加噪扰乱过程，并将加噪扰乱过的位

置以广播的形式发送给所在簇的各个节点。当源节点完成数据采集后，首先将数据发送给簇头节点，然后由簇头节点将数据转发至基站。考虑到传感器节点可能产生的移动与提高位置隐私的安全性，每经过一定的周期后由簇头节点重新收集簇内各节点的位置并进行加噪扰乱完成位置隐私的更新。基于聚类匿名化的无线传感器网络差分位置隐私保护通信机制如图 6-1 所示。

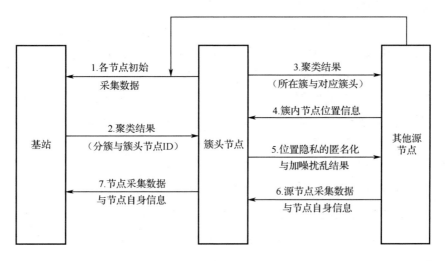

**图 6-1　基于聚类匿名化的无线传感器网络差分位置隐私保护通信机制**

无线传感器网络的无线通信方式使它具有开放性的特点，通信过程易受到攻击，因此在源节点与基站的初始通信中需要制定加密协议。

Step1：基站将通信内容、时间戳、随机数因子及通过私钥的签名通过对方公钥加密发送给对应接收节点。

Step2：传感器节点通过私钥解密信息并利用基站的公钥完成验证，再利用 Step1 中的方式将自己的位置信息与采集数据发送给基站。

Step3：基站将收到的信息解密验证，聚类计算完成后再分别签名加密发送给各个簇头节点。

### 6.3.3　协议分析

DLPCA 实现了差分隐私保护模型下的无线传感器网络源节点位置

隐私保护，下面从可用性、安全性和效率角度进行分析。

### 1. 可用性分析

传感器节点位置信息的主要作用：一方面是用于对监测对象和环境位置的分析，此时需要的地理位置信息为一个区域与多个节点的综合信息，单个节点位置信息的精确度要求不高；另一方面是可用于路由，此时位置信息越精确路由效果越好，但适当模糊的位置信息也不会对路由效果产生过大影响。因此，所提出的位置隐私保护方案是可用的。

在聚类匿名化过程中，假设源节点数据集为 $D$，聚类匿名化后的节点数据集为 $D'$，聚类所得的最小簇的尺寸为 $k$，对节点位置隐私的查询函数为 $f_{loc}$，其敏感度为 $\Delta(f_{loc})$，则当查询节点位置隐私时，相邻数据集的差异由 $k$ 个节点共同分担，因此此时查询函数的敏感度变为 $\Delta(f_{loc})/k$，位置隐私的敏感度下降，在相同隐私保护强度下隐私保护预算变为原来的 $1/k$，节约了隐私保护预算。

设簇中任意节点位置为 $P_i$，簇的聚类中心位置为 $P_c$，加噪扰乱后的节点位置为 $P'_c$，则节点扰乱位置与实际位置的误差为

$$\delta = d(P_i, P'_c) \leq d(P_i, P_c) + f_s = d(P_i, P_c) + \sqrt{f_x^2 + f_y^2} \quad (6.9)$$

式中，$f_s$ 为加入拉普拉斯噪声所产生的位置偏移量；$f_x$ 与 $f_y$ 分别为在 $x$ 轴和 $y$ 轴方向上的噪声量。

对误差求期望，即

$$E(\delta) = E[d(P_i, P_c)] + E(\sqrt{f_x^2 + f_y^2}) = \mathrm{ES} + \sqrt{2}\mathrm{Ef} \quad (6.10)$$

式中，ES 为类内节点到聚类中心的平均距离。当 ES 取最小值时即为分簇质心位置。对于本算法中的聚类中心，在聚类过程中综合考虑了节点位置与采集数据因素，采用的准则为最小类内邻近距离法，可保证 ES 尽可能小。当单个簇范围较小时，簇内节点间数据采集差异较小，聚类中心位置与质心位置接近。

Ef 为单个拉普拉斯噪声的期望，即

$$\mathrm{Ef} = E(\mathrm{fs}) = \frac{\Delta(f_{loc})}{k\varepsilon} \quad (6.11)$$

综上所述，同一簇中节点数量越多，分簇大小越小，扰乱位置误差越小，合理规划分簇可以减小位置隐私保护的误差，提升位置可用性。

## 2. 安全性分析

在聚类匿名化过程中，节点的位置由所在簇的聚类中心位置代替，因此节点的位置隐私隐藏到了同簇的区域内。节点的分簇通过对节点采集数据信息产生，地理位置与环境相近的区域内的节点划分为一类，使节点的位置信息在同簇中不可区分，攻击者最终只能得到节点所在区域而不能定位节点实际位置。

节点位置匿名化后进行加噪扰乱使其符合差分隐私保护的要求。所有传感器节点不可能划分到两个簇中，各分簇为不相交数据集，根据拉普拉斯机制，加入噪声后的节点位置隐私满足 $\varepsilon$-差分隐私保护，根据差分隐私保护模型中的并行定理[45]，对于不相交的数据集分别加以隐私保护预算为 $\varepsilon$ 的差分隐私保护，最终整体数据集满足 $\varepsilon$-差分隐私保护。

源节点与基站的初始通信和密钥协商过程使用公钥密码体制进行保护，并设计了身份验证与消息检验的加密协议。以签名与加密相结合的方式保证机密性的同时提供防伪造和数据完整性，采用时间戳与随机数相结合的方式保证了节点之间的身份验证并防止重放攻击。同时，设计了密钥的更新机制与分簇节点的加入、删除机制，保证了密钥的新鲜与节点的有效使用。

## 3. 效率分析

聚类算法使用了较为简单的聚类方式，只需要对所有节点遍历并对每个节点遍历聚类中心进行分类，因此聚类过程的时间复杂度为 $O(k\times n)$。在优化聚类中心的过程中使用了遗传算法，提升了全局搜索能力，同时前期收敛速度较快，能够快速找到较优的聚类中心集，在选择合适优化精度的条件下算法执行效率较高。

### 6.3.4 协议仿真与分析

为分析验证 DLPCA 的效果，采用 MATLAB 平台进行仿真，并与基本的拉普拉斯机制下的位置隐私保护进行对比分析。

## 1. 仿真环境、参数与方法

仿真实验环境为 Windows7 操作系统、Intel 酷睿 i7 处理器、8GB 内存、MATLAB 2017a 软件。

假设在 1000m×1000m 的区域内仿真 DLPCA。仿真参数设置如表 6-3 所示。

表 6-3 仿真参数设置

| 仿真参数 | 符号 | 参数值 |
| --- | --- | --- |
| 节点数量 | $N$ | 600 个 |
| 聚类门限 | $T$ | 100 米 |
| 聚类中心个数 | $k$ | 50 个 |
| 种群个体数 | $K$ | 初始 100 个 |
| 最大遗传代数 | MAXGEN | 100 代 |
| 遗传代沟 | GGAP | 0.95 |
| 交叉概率 | $p_m$ | 0.7 |
| 变异概率 | $p$ | 0.01 |
| 遗传截止差异阈值 | $\delta$ | $10^{-3}$ |
| 隐私保护预算 | $\varepsilon$ | 0.1 |

首先随机产生 600 个无线传感器节点，随机选择 50 个节点作为初始聚类中心，并重复选择 100 次作为初始种群，然后对种群采用遗传算法优化聚类中心，再使用优化的聚类中心进行聚类得到聚类结果，最后以各聚类中心位置替代节点位置，并为每个节点位置加入拉普拉斯随机噪声，得到匿名化、加噪的无线传感器节点位置集合。DLPCA 仿真步骤如图 6-2 所示。

分别采用基于遗传算法的聚类、k-means 算法聚类、相似度阈值简单聚类和最大最小距离聚类，计算在不同聚类个数（即不同分簇大小）的情况下各聚类算法的结果，比较分簇内距离聚类中心的平均位置，从而分析不同聚类算法下最终的隐私保护误差。再分别执行 DLPCA 与单个节点独立加噪协议，计算两种协议在不同隐私保护预算下节点位置的平均偏移量，分析比较隐私保护效果与聚类个数之间的关系。

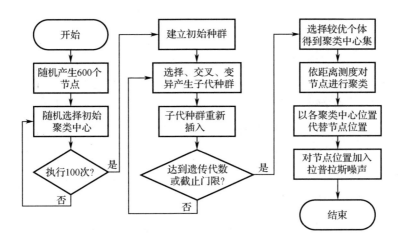

图 6-2　DLPCA 仿真步骤

## 2．仿真结果及分析

1）聚类结果对比

对于聚类结果，可用类内离差矩阵 $S_W$、类间离差矩阵 $S_B$ 及总的离差矩阵 $S_T$ 来评价[39]，它们分别从不同角度反映分类的结构信息。

$$S_W = \sum_{j=1}^{c} \frac{n_j}{N} S_W^{(j)} \qquad (6.12)$$

式中，

$$S_W^{(j)} = \frac{1}{n_j} \sum_{i=1}^{n_j} [x_i^{(j)} - m_j][x_i^{(j)} - m_j]^T, \quad j=1,2,\cdots,c \qquad (6.13)$$

$$m_j = \frac{1}{n_j} \sum_{i=1}^{n_j} x_i^{(j)}, \quad j=1,2,\cdots,c \qquad (6.14)$$

基于遗传算法确定聚类中心的进化过程如图 6-3 所示。

k-means 算法是利用各聚类中对象的均值作为中心来计算相似度并不断调整聚类中心的一种动态聚类算法，应用广泛。相似度阈值简单聚类算法是从一个初始聚类中心出发根据距离门限和最小邻近距离进行聚类的一种基本聚类方法。最大最小距离聚类算法是根据最大距离准则确定聚类中心，根据最小距离准则确定所属类的一种改进的聚类方法。

不同聚类个数下各种算法聚类结果对比如图 6-4 所示，反映了不同聚类个数下几种算法的总类内离差度对比情况。

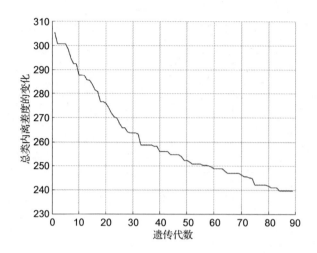

图 6-3 基于遗传算法确定聚类中心的进化过程

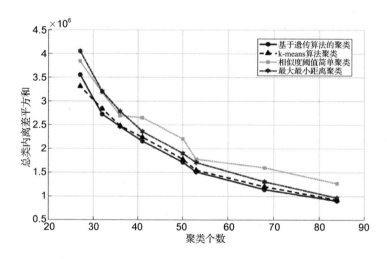

图 6-4 不同聚类个数下各种算法聚类结果对比

由如图 6-4 所示的仿真结果可以看出，聚类中心经过优化的 k-means 算法聚类和基于遗传算法聚类得到的总类内离差度明显低于普通聚类方法；而与 k-means 算法聚类相比，基于遗传算法的聚类总类内离差度总体上略低，效果优于 k-means 算法等其他聚类方法，所得到的分簇内节点间数据差异更小，更接近于邻近环境；但在聚类个数较少时，基于遗传算法的聚类效果与 k-means 算法聚类差别不大，甚至可能因遗传算法收敛为局部最优而导致最终效果不如 k-means 算法聚类。

## 2）匿名化与加噪结果对比

聚类匿名化后可以降低查询函数的敏感度，从而节约隐私保护预算与提高数据可用性。为分析隐私保护效果，以无线传感器节点匿名化、加噪后的位置与实际位置间偏移量的均值作为评价指标，即

$$\bar{d} = \frac{1}{N} \sum_{i=1}^{N} \sqrt{(x_i - \mathrm{f}x_i)^2 + (y_i - \mathrm{f}y_i)^2} \qquad (6.15)$$

式中，$x$、$y$ 为节点实际位置坐标；$\mathrm{f}x$、$\mathrm{f}y$ 为匿名化、加噪后的坐标。

DLPCA 与普通拉普拉斯机制的节点位置隐私保护效果对比[38]如图 6-5 所示。

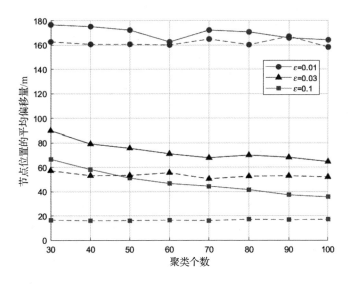

图 6-5　DLPCA 与普通拉普拉斯机制的节点位置隐私保护效果对比

在图 6-5 中，实线为 DLPCA，虚线为普通拉普拉斯机制，由于普通拉普拉斯机制与聚类无关，因此表现为接近水平的直线。对于 DLPCA，随着聚类个数增多，节点位置的平均偏移量减小；当隐私保护预算较小时，比普通拉普拉斯机制产生的偏移量更大，这是受区域匿名保护的结果；而当隐私保护预算较大时，节点位置受区域匿名化影响较小，主要受噪声影响，此时可能造成产生的噪声过大而影响节点位置信息的使用。综上所述，DLPCA 可以减小隐私保护预算，使得节点在取得相同位置隐私保护效果的情况下加入更小的噪声。

# 6.4 基于差分隐私保护的无线传感器网络基站位置隐私保护协议

基站是整个无线传感器网络的"中枢神经",由源节点采集的原始数据在这里聚集再传至用户处理端。一旦基站受到攻击将导致整个无线传感器网络的瘫痪,造成致命破坏,因此对基站的保护是无线传感器网络安全的重中之重。现有的无线传感器网络位置隐私保护协议大部分主要针对逐跳回溯追踪、流量分析等被动攻击,对于节点捕获、数据篡改与伪造等主动攻击往往不能取得较好的抵御效果。而在基于位置的路由中,需要在网络中分享节点的位置信息,如果攻击者捕获了网络中的节点或数据包,就会有泄露基站位置隐私的安全隐患。为保障节点在传感器网络中发布自身位置信息的安全性,尤其是防止基站位置信息的泄露,本节提出基于一种基于差分隐私保护的无线传感器网络基站位置隐私保护协议。

## 6.4.1 基于位置的路由

**1. 基本概念**

在无线传感器网络中,数据包往往需要通过多跳方式由源节点传递到基站,路由协议用于确定每一跳的中继节点,找到一条有效路径。对于一条有效路径,不仅要使数据包能够到达基站,还要考虑节点计算能力与能量的限制及其动态的变化,因此路由协议要求轻量级、自适应与灵活性,与传统有线网络路由协议存在明显不同。

当路由协议中需要以地理位置信息标识目的地或计算时需要用到节点的位置信息时,这样的路由协议称为基于位置的路由[46]。它要求各节点知道自身与其他节点的地理位置信息,因此各节点的位置信息会以查询或广播的方式在网络中传播。与其他路由方法相比,基于位置的路由在转发数据包时只需要节点的位置信息,不需要维护路由表或建立路径信息,因此转发过程更加简单,计算量更小。随着 GPS、北斗等定位系统的日益发展与广泛应用,传感器节点对自身位置信息的获取更加方便,因而基于位置的路由将会被更广泛地运用。

## 2. 贪婪周边无状态路由

贪婪周边无状态路由（Greedy Perimeter Stateless Routing，GPSR）[47]协议是一种基本的基于位置的路由协议，它要求一个节点知道所有邻居节点（即能够直接通信的节点）及基站的位置。当节点转发数据包时选择地理位置上最靠近基站的邻居节点，并使每次转发都更加接近基站。如果出现无法找到更靠近基站的邻居节点而产生"空洞"的情况，则采用右手定则绕过"空洞"。

GPSR 协议有两种工作模式。源节点产生数据包后首先进入贪婪转发模式，当传感器节点 $a$ 收到数据包时，$a$ 在它的邻居节点中找到在地理位置上距离目标节点最近的邻居节点 $b$，如果节点 $b$ 距离目标节点比 $a$ 更近，则将数据包转发给 $b$；否则，将进入周边转发模式，此模式下保存转发失败的位置，并将此位置与每次选择的转发节点的位置比较，直到找到一个到达目标节点的距离比记录位置到达目标节点的距离更近的节点，则退出周边转发模式并重新进行贪婪转发；否则，将不断沿顺时针方向寻找下一个转发节点。

GPSR 协议实现了仅使用节点的位置信息在最小计算量和能耗下快速地找到通往目标节点的路径。GPSR 协议简单有效，因此下面在此协议的基础上研究基于差分隐私保护的无线传感器网络基站位置隐私保护协议。

### 6.4.2 基于差分隐私保护的无线传感器网络基站位置隐私保护协议描述

本节提出基于差分隐私保护的无线传感器网络基站位置隐私保护协议（Sink-Location Privacy Protection Protocol Based on Differential Privacy in WSN，SLDP）。基于差分隐私保护的思想对基站向网络中其他节点发布的位置信息进行扰乱，使攻击者即使获取了位置信息，也不能计算出基站实际位置，保护基站真实位置隐私的安全性。

#### 1. 匿名区域的构建

匿名区域是指将基站的精确位置信息隐藏在一个区域内，在满足源节点路由需要的同时使攻击者无法获取基站的精确位置，从而增大其发现基站的难度。匿名区域的构建按如下步骤完成。

Step1：基站向其周围节点进行 $h$ 跳泛洪，接收到基站泛洪数据包的节点得到其距离基站的转发跳数，并将该跳数及自身的位置信息反馈给基站。

Step2：在一定周期内，基站从它周围所有 $h$ 跳范围内的节点中随机选取其中 $k_n$ 个节点组成匿名区域。

Step3：计算选取的 $k_n$ 个节点组成匿名区域的中心（即 $k_n$ 个节点位置的平均值）作为基站实际位置的一个替代。

Step4：经过一个周期时间后重新执行 Step2～Step4，完成对匿名区域的更新替换。

### 2. 基于差分隐私保护的位置扰乱

为实现对基站位置信息的差分隐私保护，引入拉普拉斯机制，通过向数据集的输出结果中加入拉普拉斯噪声实现 $\varepsilon$-差分隐私保护。对于服从拉普拉斯分布的噪声 $Y \sim \text{Lap}(\Delta f/\varepsilon)$，其概率密度函数为

$$p(x) = \frac{1}{2b}\exp\left(-\frac{|x|}{b}\right) \quad (6.16)$$

式中，$b = \Delta f/\varepsilon$，$\Delta f$ 为查询函数的敏感度，$\varepsilon$ 为隐私保护预算。设经匿名区域中心替代后的基站位置为 $(x_c, y_c)$，传感器网络中节点间的在横、纵坐标方向上的平均距离均为 $d$，则对于节点位置的查询，其敏感度大约为 $d$，因此引入尺度参数 $b = d/\varepsilon_c$ 的拉普拉斯噪声，经拉普拉斯机制扰乱后基站最终向网络中发布的位置为

$$(x_l, y_l) = (x_c, y_c) + (Y_1, Y_2), \quad Y_i \sim \text{Lap}(d/\varepsilon_c) \quad (6.17)$$

在基于位置的路由中同样使用了网络中其他节点的位置信息，中间节点虽然对网络整体的重要性不如基站，但它们位置隐私的泄露会使攻击者能够沿着它们的位置信息找到基站，因此也需要对中间节点的位置信息进行扰乱，防止攻击者利用这些节点的位置信息来发现并捕获更多的节点。对于网络中的任意节点，设其位置为 $(x_s, y_s)$，则向周围邻居节点发布的位置为

$$(x'_s, y'_s) = (x_s, y_s) + (Y_1, Y_2), \quad Y_i \sim \text{Lap}(d/\varepsilon_s) \quad (6.18)$$

## 3. 路由过程

在 SLDP 中，由源节点产生的数据包分两步到达基站。首先，基于 GPSR 协议利用邻居节点的位置信息沿接近直线传递数据包到达匿名区域；当匿名区域内的节点接收到来自源节点的数据包后，向距离基站跳数更少的邻居节点广播转发数据包直至到达基站。具体过程如下。

Step1：网络位置更新。在一定周期内，基站产生匿名区域并向全网络发布匿名化和加噪扰乱后的位置信息；同时网络中各节点向其邻居节点发送其自身的位置信息。

Step2：当源节点完成一次数据采集并产生数据包后，利用其存储的基站与邻居节点的位置信息，计算距离基站最近的邻居节点并将数据包转发至该节点。

Step3：中继节点收到来自源节点或其他中继节点发送的数据包后，采用同样的方式计算距离基站最近的邻居节点并向其转发数据包；如果其邻居节点中没有比自身距离基站更近的节点，则采用右手定则找到右侧距离自身最近的节点转发数据包。

Step4：当数据包到达距离基站 $h$ 跳以内的节点时，在靠近基站的邻居节点（即到基站跳数更少的邻居节点）中选择距离自己最近的节点转发数据包。

Step5：直到数据包到达距离基站 1 跳的节点时，直接向基站转发数据包，完成数据包从源节点到基站的路由。

SLDP 的路由流程如图 6-6 所示。

### 6.4.3 协议分析

基于差分隐私保护的无线传感器网络基站位置隐私保护协议针对节点捕获等主动攻击，采用匿名区域与拉普拉斯机制相结合的技术实现基站位置隐私的保护。下面分别从安全性、路由性能、网络能耗三个方面对协议进行分析。

#### 1. 安全性分析

网络中发布的节点位置信息都是经过加噪扰乱的位置信息，这使攻击者通过该位置信息无法得到节点的精确位置，增大了攻击者寻找网络中其他传感器节点和基站的难度，从而不能轻易直接破坏其他节点，也难以根据其他节点的位置逐渐靠近基站，保障整个网络的安全性。基于拉普拉斯机制的差分隐私保护性质，攻击者即使通过多个节点的查询与交叉攻击[48]，也难以分析出节点的精确位置。同时，对基站的位置信息采用匿名区域进行隐藏，模糊了基站位置信息，增大了攻击者的搜索范围。

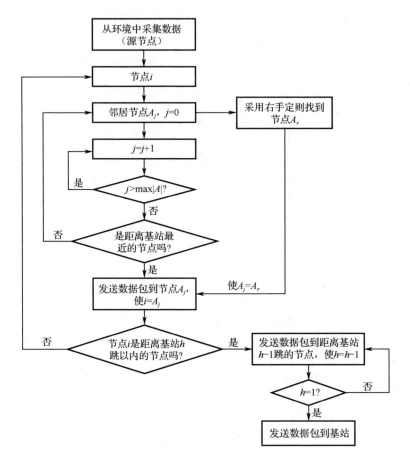

图 6-6 SLDP 的路由流程

设网络节点间通信距离为 $r$，则基站产生的匿名区域面积最大为

$$S_{max} = \pi(hr)^2 \quad (6.19)$$

匿名区域内节点数量大约为

$$k_n = \sum_{x=1}^{h}\left(\frac{2\pi xr}{r}\right)+1 = \sum_{x=1}^{h}2\pi x+1 \qquad (6.20)$$

因此，攻击者在匿名区域内发现基站的概率为

$$P = \frac{1}{N} = \frac{1}{\sum_{x=1}^{h}2\pi x+1} \qquad (6.21)$$

在差分隐私保护下，攻击者能区分两次邻近数据集查询的概率不大于 $e^{\varepsilon}$，因此选择足够的隐私保护预算 $\varepsilon$ 与匿名区域跳数 $h$ 即可保证基站位置隐私安全。

**2．路由性能分析**

对于一条从源节点到基站的较好的路由，一般经过的转发次数（即跳数）尽量少，所经过的路径尽量短，因此对网络资源的消耗更小。与普通的 GPSR 协议相比，由于采用了匿名化位置，因此在计算最短路径时与实际最短路径会存在一定偏差；另外，匿名区域内数据包的转发没有采用基站的位置信息，所以产生的路由路径更长。GPSR 协议与 SLDP 的路由路径对比如图 6-7 所示。在图 6-7 中，虚线表示 GPSR 协议的路由路径，实线表示 SLDP 的路由路径。因为基站位置扰乱引起的额外路径长度不大于各自经过的第 $h$ 跳节点之间的距离 $X_h$，且 $X_h < X_s$，$X_s$ 为基站发布位置与实际位置之间的距离，所以最后 $h$ 跳路由造成的额外路径长度不

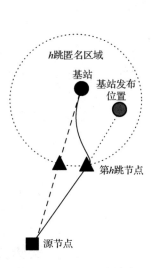

图 6-7 GPSR 协议与 SLDP 的路由路径对比

大于 $X_h+\sum_{i=1}^{h-1}X_i$，其中 $X_i$ 为第 $i$ 跳两个节点间的距离。因此，SLDP 最终的额外路径长度 $l_{\text{exa}}$ 有

$$l_{\text{exa}} < X_s + \sum_{i=1}^{h-1}X_i < h \cdot X_s \qquad (6.22)$$

**3．网络能耗分析**

网络能耗主要包括网络初始化、源节点数据采集及节点数据包转发

三个部分所消耗的能量。其中,源节点数据采集所消耗的能量与协议无关,是传感器网络实现功能所必需的能耗,在此不做考虑。节点完成一次数据包转发所消耗的能量基本相同,因此可采用网络中总体数据包转发次数来衡量网络的整体能耗[49]。

设节点完成一次数据包转发所需要的能量为 $E_0$。在网络初始化阶段,基站需要进行 $h$ 跳泛洪并接收周围节点发送的位置信息,这一过程的能耗为

$$E_c = E_0 \cdot \left( \sum_{i=0}^{h-1} n_i + \sum_{i=1}^{h} n_i \right) \quad (6.23)$$

式中,$n_i$ 为第 $i$ 跳包含的节点数量,$n_0 = 1$ 表示基站。同时,网络中所有节点要向其邻居节点发布自己的位置信息,这一过程的能耗为

$$E_n = N \cdot E_0 \quad (6.24)$$

式中,$N$ 为传感器网络中节点数量。在数据包路由阶段,一个数据包从源节点到基站所需的转发能量为

$$E_l = H \cdot E_0 \quad (6.25)$$

式中,$H$ 为源节点距离基站的跳数。假设在一个周期内无线传感器网络中所有源节点都产生一个数据包,则网络总体能耗大约为

$$E = E_n + E_c + N \cdot E_l \quad (6.26)$$

对于网络中单个节点,越靠近基站的节点经过的路由越多,其数据包转发次数也越多,能耗就越大;而远离基站的节点能耗相对较小。

### 6.4.4 协议仿真与分析

为分析验证 SLDP 的效果,采用 MATLAB 平台进行仿真,从位置隐私保护的基站泛洪跳数、路由路径长度和能耗三个方面分析。

**1. 仿真环境、参数与方法**

仿真实验环境为 Windows 7 操作系统、Intel 酷睿 i7 处理器、8GB 内存、MATLAB 2017a 软件。

假设在 1000m×1000m 的区域内均匀部署 1600 个传感器节点,利用 SLDP 进行数据传输。设定节点通信半径为 50m。仿真参数设置如表 6-4 所示。

表 6-4　仿真参数设置

| 仿 真 参 数 | 符 号 | 参 数 值 |
|---|---|---|
| 基站节点隐私保护预算 | $\varepsilon_c$ | 1 |
| 源节点隐私保护预算 | $\varepsilon_s$ | 5 |
| 基站泛洪跳数 | $h$ | 1～5 |
| 匿名区域内节点数量 | $k_n$ | $5h$ |
| 拉普拉斯分布尺度参数 | $b$ | 50 |
| 节点总数 | $N$ | 1600 个 |
| 一个周期内发送数据包数量 | $m$ | 1000 个 |
| 仿真周期数 | $t$ | 10 个 |
| 基站坐标 | $(x, y)$ | (460, 670) |

首先在 1000×1000 的区域内产生 1600 个均匀分布的点模拟传感器节点，同时产生一个基站；然后生成匿名区域，对位置信息加入噪声并发布；再随机选取 $m$ 个点模拟产生数据，对其中每个点执行 SLDP 的路由过程并记录相关信息；最后分别在重新生成匿名区域与改变基站泛洪跳数下仿真并记录。具体仿真流程如图 6-8 所示。

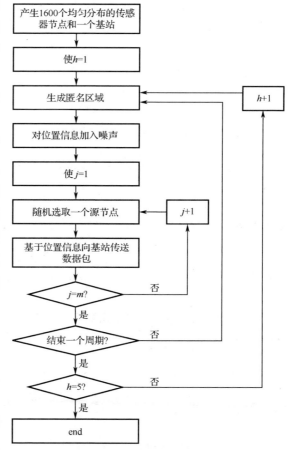

图 6-8　具体仿真流程

## 2. 仿真结果及分析

1）不同基站泛洪跳数 $h$ 下的仿真结果对比

不同 $h$ 下的匿名区域形态及基站扰乱位置对比如图 6-9 所示。

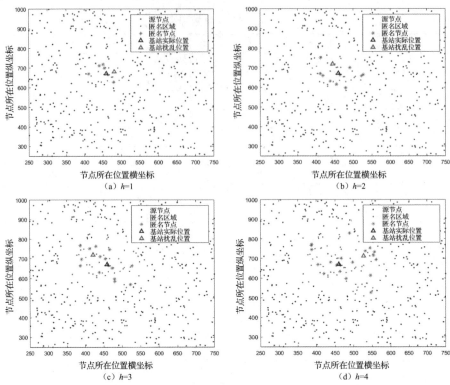

图 6-9 不同 $h$ 下的匿名区域形态及基站扰乱位置对比

由如图 6-9 所示的仿真结果可以看出，随着参数 $h$ 的增大，匿名区域范围随之增大，基站扰乱位置的选择更多，与实际位置距离的平均值更大，从而对基站起到更好的保护效果。不同 $h$ 下基站的实际位置与扰乱位置间平均距离如表 6-5 所示。

表 6-5 不同 $h$ 下基站的实际位置与扰乱位置间平均距离

| 基站泛洪跳数 $h$ | 平均距离/m |
| --- | --- |
| 1 | 25.74 |
| 2 | 26.70 |
| 3 | 44.82 |
| 4 | 54.31 |
| 5 | 70.78 |

2）路由路径长度对比

下面分析比较 SLDP 与 GPSR 协议产生的路由路径。当 $h=3$ 时随机选择一个源节点，SLDP 与 GPSR 协议的路由路径对比如图 6-10 所示。

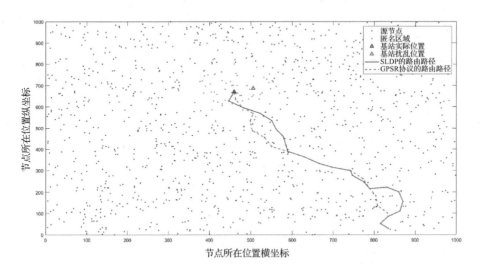

图 6-10　当 $h=3$ 时 SLDP 与 GPSR 协议的路由路径对比

由如图 6-10 所示仿真结果可以看出，与 GPSR 协议相比，SLDP 产生的路由路径稍长。记录仿真过程中每一条路径的长度，GPSR 协议与不同 $h$ 下 SLDP 在网络中产生的路由路径长度随源节点位置的变化对比如图 6-11 所示。

由如图 6-11 所示仿真结果可以看出，总体上采用 SLDP 产生的路由路径平均长度更大，当 $h$ 从 1 到 4 变化时路由路径长度分别平均增大了 12.04%、12.33%、10.68%、8.34%，且随着源节点与基站的距离增大，路由路径长度增大的幅度更大，但 GPSR 协议产生的路由路径长度没有显著增大，在保障基站位置隐私的情况下可以接受；不同参数 $h$ 对 SLDP 的路由路径长度影响较小，大体上在一定距离范围内 $h$ 的增大可减小路由路径长度。

3）能耗对比

下面分析比较两种协议的能耗情况。两种协议平均跳数随源节点位置的变化对比如图 6-12 所示。

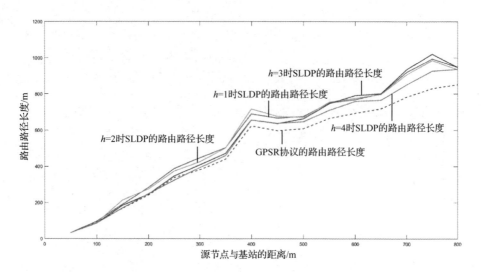

图 6-11　GPSR 协议与不同 $h$ 下 SLDP 在网络中产生的路由路径长度随源节点位置的变化对比

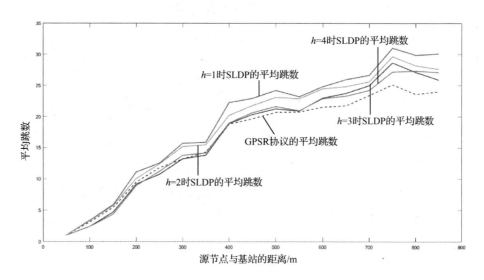

图 6-12　两种协议平均跳数随源节点位置的变化对比

由如图 6-12 所示仿真结果可以看出，当源节点位于匿名区域内时，两种协议的平均跳数基本相同，SLDP 平均更小；当源节点位于匿名区域外时，随着距离的增大 SLDP 的平均跳数较 GPSR 协议更大，但差距并不明显。综上，SLDP 额外能耗更多体现在生成匿名区域过程中。

## 6.5 基于噪声加密机制的无线传感器网络差分位置隐私保护协议

差分位置隐私保护基于位置模糊化的思想，因此必然存在着隐私安全与位置可用性之间的平衡问题，更强的隐私保护往往容易导致位置信息可用性的丧失。因此，本节在前文源节点与基站位置隐私保护协议的基础上，将密码学的思想与差分位置隐私保护算法相结合，在保障无线传感器网络位置隐私的同时提高位置信息的可用性，提出基于噪声加密机制的无线传感器网络差分位置隐私保护协议。

### 6.5.1 差分位置隐私保护

差分位置隐私保护是差分隐私在位置隐私保护中的应用，它基于位置模糊化的方法，通过对位置信息加入一定噪声，使其符合差分隐私定义，从而保护位置隐私安全，解决传统位置隐私保护中对背景知识过度依赖的问题。

**定义 6.6** 对于一个位置保护机制，该机制下产生的位置集合为 $Z$，$x$ 与 $x'$ 是两个相邻的实际位置点，对于任意 $x$，$d(x,x')<r$，如果对于所有 $x$ 和任意 $S \in Z$ 有

$$\frac{P(x|S)}{P(x'|S)} \leq e^{\varepsilon r} \frac{P(x)}{P(x')} \text{ 或 } \frac{P(S|x)}{P(S|x')} \leq e^{\varepsilon r} \qquad (6.27)$$

则该机制满足 $\varepsilon$-差分位置隐私保护。

张学军等[50]将差分位置隐私与 $k$ 匿名技术结合，提出了以用户为中心的差分扰动位置隐私保护方法。朱维军等[51]在轨迹保护中加入差分隐私，依据运动轨迹的马尔可夫特性加入拉普拉斯噪声，通过传统位置隐私保护与差分隐私定义的结合，提高了位置隐私的安全性。

平面坐标系下位置信息需要两个坐标标识，从而导致各坐标独立加入噪声增大隐私保护预算的问题。Andrés 等[52]针对这一问题提出了在极坐标下加入噪声，其概率密度函数为

$$D_\varepsilon(r,\theta) = \frac{\varepsilon^2}{2\pi} r e^{-\varepsilon r} \quad (6.28)$$

对噪声分别在角度和距离维度上分解，可得到在角度维度上噪声为均匀分布，其概率密度函数为

$$D_{\varepsilon,\Theta(\theta)} = \frac{1}{2\pi} \quad (6.29)$$

在距离维度上噪声的概率密度函数为

$$D_{\varepsilon,R(r)} = \varepsilon^2 r e^{-\varepsilon r} \quad (6.30)$$

该方法将在直角坐标下独立加入噪声转化为在极坐标下加入单一噪声，从而节约了隐私保护预算。周裕[53]根据此方法提出了基于质心加噪机制的多位置差分隐私保护机制，减小了位置误差。

## 6.5.2 基于噪声加密机制的无线传感器网络差分位置隐私保护协议描述

本节提出基于噪声加密机制的无线传感器网络差分位置隐私保护协议（Noise Encrypted Based Differential Location Privacy Protection Protocol in WSN，NEDLP）。该协议结合前文的差分位置隐私保护算法与密码学的思想，将网络内节点分簇，通过簇内节点差分位置隐私保护和簇间节点差分位置隐私保护两个阶段实现。簇内节点差分位置隐私保护主要实现簇头节点对簇内节点信息的收集和融合，进行簇内位置匿名化和加噪扰乱；簇间节点差分位置隐私保护实现簇头节点间基于位置的多跳路由转发，最终使数据到达基站。在该协议中，通过公钥密码体制来产生噪声以实现噪声的还原、消除。

### 1. 初始化过程

1）噪声的产生

根据 6.5.1 小节的描述，向节点位置中加入如式（6.28）所示概率密度的噪声能够符合差分位置隐私保护要求。对噪声分别在角度和距离维度上分解，则在角度维度上为均匀分布，在距离维度上为如式（6.30）所示概率密度的分布。对式（6.30）进行积分可得到分布函数，即

$$C_\varepsilon(r) = \int_0^r \varepsilon^2 \rho e^{-\varepsilon \rho} d\rho = 1 - (1+\varepsilon r)e^{-\varepsilon r} \quad (6.31)$$

随机产生 0 到 1 上服从均匀分布的随机数 $\tau$，则在距离维度上的噪声 $f_r = C_\varepsilon^{-1}(\tau)$。

因此，对于原坐标为 $(\theta, r)$ 的节点 $P_i$，加入噪声后的节点坐标为

$$(\theta', r') = (\theta + f_\theta, r + f_r), \quad f_\theta \sim U(0, 2\pi), \quad f_r \sim C_\varepsilon^{-1}[U(0,1)] \quad (6.32)$$

2）匿名区域的构建

根据 6.4.2 小节中的方法，在基站附近 $h$ 跳的所有邻近节点中随机选择 $k$ 个节点构成匿名区域，计算匿名区域的中心位置替代基站实际位置，并利用式（6.32）加入噪声作为匿名化基站位置。

### 2. 簇内节点差分位置隐私保护过程

将无线传感器网络中节点按 6.3.2 小节中的算法进行分簇，簇内节点将采集数据和自身信息在簇头节点处会聚融合，各个节点能够与簇头节点直接通信。因此，节点间距离相邻，位置精确度要求不高。簇内节点差分位置隐私保护过程如下。

Step1：源节点采集环境信息，通过 6.3.2 小节中的加噪方式扰乱自身位置信息，产生数据包并加入加噪位置等相关信息，将产生的数据包发送至簇头节点。

Step2：簇头节点收集簇内各节点的数据信息，整合重复冗余数据，消除异常数据，完成初步的数据融合，并记录簇内各节点的位置信息。

Step3：根据收集的各节点的信息，簇头节点计算簇内节点质心位置，并以质心位置替代各个节点的实际位置，实现节点位置聚类匿名化。

Step4：簇头节点定期向簇内节点查询状态以更新自身信息，去除簇内失效的节点，添加新加入簇的节点信息。重新执行 Step3 聚类匿名化过程。

Step5：对于新加入簇的节点或节点信息发生变更时，向簇内广播查询簇头节点并向其发送信息。

### 3. 簇间节点差分位置隐私保护过程

数据包从源节点所在簇的簇头开始经邻近分簇的簇节点中继转发，最终到达基站匿名区域。路由过程中采用基于节点位置信息的最短路径路由方式，采用公、私钥对实现节点位置信息的噪声扰乱和噪声消除，

达到路由算法精确度提高的目的。簇间节点差分位置隐私保护过程如下。

Step1：簇内源节点按 6.4.2 小节中的过程产生和发送数据包，簇头节点根据掌握的簇内节点信息计算得到簇内节点质心位置，即

$$P_c(\theta,r) = \sum_{j \in CL} P_j(\theta,r) \quad (6.33)$$

式中，CL 为一个簇内的节点集合；$P_j(\theta,r)$ 为簇内的一个节点。

Step2：通过前文"噪声的产生"中的过程产生随机噪声，将噪声加入簇内节点质心位置实现加噪扰乱，即

$$P'_c(\theta,r) = P_c(\theta,r) + [a, C_\varepsilon^{-1}(b)] \quad (6.34)$$

式中，$a$、$b$ 为随机数，$a \sim U(0,2\pi)$，$b \sim U(0,1)$；隐私保护预算 $\varepsilon = \varepsilon'/|CL|$，$\varepsilon'$ 为单个节点隐私保护预算，$|CL|$ 为簇内节点数量。

Step3：将簇内节点位置用 Step2 中加噪扰乱后的簇内节点质心位置代替，即 $P'_i(\theta,r) = P'_c(\theta,r)$，利用基站的公钥加密随机数 $a$、$b$，并用自己的私钥进行签名验证后加入数据包中进行转发，即

$$\text{packet} = P'_i(\theta,r) \| \text{encrypt}_{PKs}[a \| b] \| \text{sign}_{SKi}(a \| b)] \| \text{data} \quad (6.35)$$

Step4：簇头节点在邻近分簇中寻找距离基站最近的簇头节点并转发数据包，即

$$P_{\text{des}} = \min_{P_L}[D(P_L, \text{SINK}) + D(P_L, P_0)] \quad (6.36)$$

式中，$P_{\text{des}}$ 为目标节点；$P_L$ 为邻近簇头节点集；SINK 为基站节点；$P_0$ 为当前节点。

Step5：重复 Step4 的转发过程至数据包到达匿名区域；当邻近簇头节点集中没有更近的节点时，返回上一跳重新选择。

Step6：匿名区域内的节点收到数据包后，随机向距离基站跳数更少的邻近节点转发直到数据包转发到基站。

Step7：基站收到数据包后使用自身私钥 $SK_s$ 解密得到随机数 $a$、$b$，验证签名后重新还原噪声，并对数据包中的节点位置信息消除噪声，得到节点实际位置，即

$$P_i(\theta,r) = P'_i(\theta,r) - [a, C_\varepsilon^{-1}(b)] \quad (6.37)$$

Step8：当簇内节点发生变动时（如节点位置变动或加入、删除节点），需要重新计算簇内节点质心位置，并加入新的噪声进行更新。

NEDLP 中数据转发过程如图 6-13 所示。

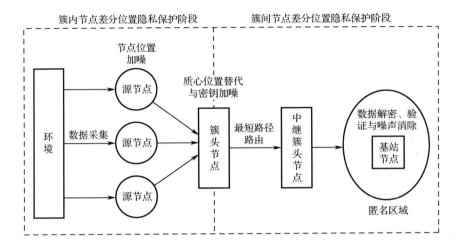

图 6-13 NEDLP 中数据转发过程

**4．邻近簇头节点列表维护过程**

簇间节点差分位置隐私保护中采用节点基于位置信息的最短路径路由方式，需要邻近簇头节点的位置信息，因此各个簇头节点需要维护一个邻近簇头节点列表以获取邻近簇头节点的位置。邻近簇头节点列表通过周期性地查询完成更新。邻近簇头节点列表维护过程如图 6-14 所示。

Step1：簇头节点 $A$ 首先向周围广播一个查询数据包以查找邻近的其他簇头节点。

Step2：$A$ 的邻近簇头节点 $B$ 收到查询数据包后返回确认数据包并进行验证。

Step3：$A$ 接收到确认数据包并认证通过后，检索自己的邻近簇头节点列表查找是否存在节点 $B$。如果不存在，则在列表中加入节点 $B$ 并查询 $B$ 的位置信息；如果存在，则检查前次列表更新时间到当前时间为止记录的 $A$ 位置信息是否变化，如果位置信息改变，则将改变后的位置信息及产生噪声的随机数用 $B$ 的公钥加密后发送给对方。

Step4：$B$ 接收到 $A$ 返回的数据包后，如果有位置信息的更新，则解密随机数并更新自己的邻近簇头节点列表，同时 $B$ 检查自身的位置信息

是否改变并反馈给 $A$。

Step5：$A$ 收到 $B$ 的数据包后根据内容更新自身的邻近簇头节点列表。

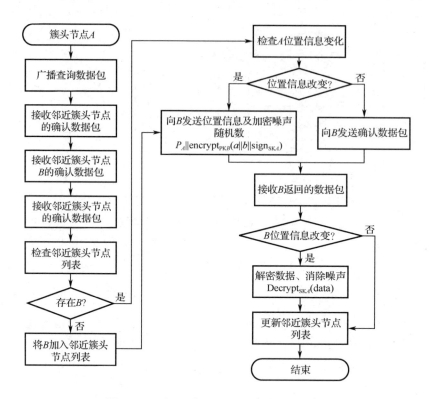

图 6-14 邻近簇头节点列表维护过程

### 6.5.3 协议分析

**1. 安全性分析**

NEDLP 分为簇内节点差分位置隐私保护和簇间节点差分位置隐私保护两个阶段。阶段一中采用 6.3 节介绍的基于聚类匿名化的无线传感器网络源节点差分位置隐私保护协议，同一簇内节点相邻，相互距离较近，通过匿名化将节点个体位置隐于整个簇中并通过加入噪声扰乱位置信息，使其符合差分隐私保护的要求。阶段二中利用各分簇的簇头节点转发数据，通过加入基于公钥密码体制产生的噪声扰乱位置信息，簇内节点质心位置为簇内节点位置的平均值，因加入的噪声在角度维度上独立且均匀分布，取平均值后会将噪声抵消，在保证单个节点位置隐私安全的同时能够得到较为准确的质心位置。数据经基于位置信息的最短路径路由到达基站匿名区域后，再通过匿名区域节点转发到基站，通过6.4节介绍的基站匿名区域与拉普拉斯机制扰乱的算法实现基于差分隐私保护的无线传感器网络基站位置隐私保护。

公钥密码体制的引入有效保障了噪声随机数产生的安全性，签名与加密的结合既保证了保密性，又能提供防伪造和数据完整性，使得产生的噪声只能由指定方还原。以这种方式实现的差分位置隐私保护既能够最大限度上防止传输过程中的位置隐私泄露问题，又能够使基站掌握更加精确的节点位置信息，便于对数据的进一步分析利用。

### 2. 隐私保护预算分析

隐私保护预算决定了隐私保护水平的高低。对单个节点隐私保护预算为 $\varepsilon$，当一个簇内所有节点单独加噪时整体隐私保护预算为 $n\varepsilon$；当采用簇内节点质心位置替代节点原有位置进行加噪时，一个节点位置变化，整个簇内节点质心位置的变化由所有簇内节点共同分担，因此敏感度降低，$r_c = r/n$，从而导致整体隐私保护预算变为 $\varepsilon/n$，在相同隐私保护强度下节约了隐私保护预算。

### 3. 可用性分析

对于簇内节点差分位置隐私保护阶段，同一簇内节点相距较近，所监测对象也基本一致，因此位置误差影响较小；簇内节点与簇头节点可直接通信，因此对路由效果也不会产生影响。在簇间节点差分位置隐私保护阶段，采用了加密与噪声结合的机制，传输时采用噪声机制，但对于目标节点及基站可以通过解密来消除噪声从而得到精确位置信息。

以簇内节点质心位置替代簇内节点位置对节点位置精度会产生一定的影响，其误差为

$$\delta_i = d(P_i, P_c') \leq d(P_i, P_c) + f_r \tag{6.38}$$

式中，$P_c'$ 为加入噪声后的质心位置；$P_c$ 为实际质心位置。

误差的期望为

$$E(\delta_i) \le E[d(P_i,P_c)] + E(f_r)$$
$$= \text{EX} + \int_0^{+\infty} r\varepsilon'^2 re^{-\varepsilon' r} \mathrm{d}r$$
$$= \text{EX} + \frac{2}{\varepsilon'} \quad (6.39)$$
$$= \text{EX} + \frac{2}{n\varepsilon}$$

当隐私保护预算一定时，隐私保护效果主要取决于簇内节点与质心的平均距离，即簇内节点的疏密程度。因此，只要进行合适的分簇，就可以满足隐私保护预算与位置精度要求。

### 6.5.4 协议仿真与分析

为分析验证 NEDLP 的效果，采用 MATLAB 平台进行仿真，并与直角坐标下分簇拉普拉斯噪声机制[54]及不分簇噪声机制[55]进行对比分析。

#### 1. 仿真环境、参数与方法

仿真实验环境为 Windows7 操作系统、Intel 酷睿 i7 处理器、8GB 内存、MATLAB 2017a 软件。仿真参数设置如表 6-6 所示。

表 6-6 仿真参数设置

| 仿真参数 | 符号 | 参数值 |
| --- | --- | --- |
| 节点总数 | $N$ | 1200 个 |
| 节点通信半径 | $L$ | 50m |
| 无线传感器网络布置范围 | $S$ | 1000m×1000m |
| 分簇数量 | $K$ | 100 个 |
| 单位时间内采集数据节点数量 | Num | 1000 个 |
| 基站坐标 | $(x,y)$ | (460,670) |
| 仿真周期数 | $t$ | 10 个 |
| 相邻节点间的最大距离 | $l$ | 50m |
| 单个节点隐私保护预算 | $\varepsilon$ | 0.1 |

分别运行仿真 NEDLP、直角坐标下分簇拉普拉斯噪声机制和不分簇噪声机制，对比各自产生的仿真结果。其中，直角坐标下分簇拉普拉

斯噪声机制指在直角坐标系下对簇内节点质心位置进行加噪扰乱，分别在 $x$ 和 $y$ 方向上加入独立的拉普拉斯噪声，因此其消耗的隐私保护预算为 NEDLP 的两倍。不分簇噪声机制是指直接对簇内节点加入噪声而不再计算质心，为每个节点独立加噪。再分别运行仿真 NEDLP 和各节点加噪拉普拉斯机制，对比各自产生的仿真结果。

### 2．仿真结果及分析

1）隐私保护效果和可用性对比

加入噪声后节点位置偏移量在一定程度上可以反映隐私保护效果。当单个节点隐私保护预算相等时，在相同隐私保护强度下，节点位置偏移量越小，对位置精度影响越小，其可用性越高。取 $\varepsilon = 0.1$，簇内节点数量为 10 个，在直径为 5～100m 的分簇范围内分别使用三种差分位置隐私保护机制计算簇内节点位置的平均偏移量。三种差分位置隐私保护机制下簇内节点位置的平均偏移量随分簇范围直径的变化对比如图 6-15 所示。

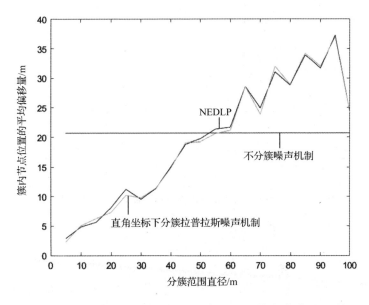

图 6-15 三种差分位置隐私保护机制下簇内节点位置的平均偏移量随分簇范围直径的变化对比

由如图 6-15 所示仿真结果可以看出，极坐标下噪声机制（NEDLP）与直角坐标下分簇拉普拉斯噪声机制的隐私保护效果类似，但直角坐标下需要分别对两个方向坐标独立加入噪声，需要消耗更多的隐私保护预算。当分簇范围不大时，NEDLP 在相同隐私保护强度下簇内节点位置的平均偏移量比不分簇噪声机制更小，位置可用性更高。当分簇范围过大时，由于簇内节点距质心位置过远，造成较大系统误差。而实际应用时，簇内节点与簇头节点可直接通信，分簇范围不会过大。

为展现节点数量对 NEDLP 隐私保护效果的影响，取 $\varepsilon = 0.1$，簇内节点数量为 5~20 个，在分簇范围直径为 30m 的范围内分别使用三种差分位置隐私保护机制计算簇内节点位置的平均偏移量。三种差分位置隐私保护机制下簇内节点位置的平均偏移量随簇内节点数量的变化对比如图 6-16 所示。

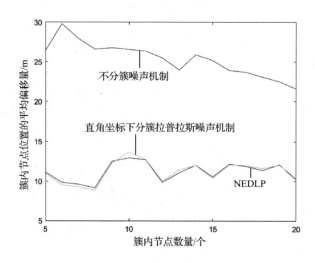

图 6-16　三种差分位置隐私保护机制下簇内节点位置的平均偏移量随簇内节点数量的变化对比

2）路由效果对比

下面分析 NEDLP 的路由效果。在如表 6-6 所示的参数下生成随机分布的无线传感器节点网络，并按照节点间的位置使用 k-means 算法进行分簇，确认簇头节点。分别运行仿真 NEDLP 和各节点独立加噪拉普拉斯机制，计算并比较两种机制下最短路径路由的平均路径长度。两种差分位置隐私保护机制下最短路径路由的平均路径长度对比如图 6-17 所示。

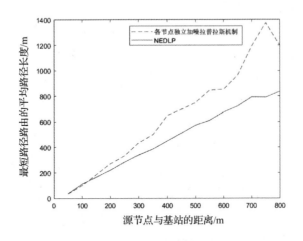

**图 6-17　两种差分位置隐私保护机制下最短路径路由的平均路径长度对比**

由如图 6-17 所示的仿真结果可以看出，NEDLP 因为获得了更加精确的节点位置信息，所以进行最短路径路由时平均路径长度减小，从而提高了网络整体效率。根据计算，NEDLP 进行最短路径路由得到的平均路径长度平均比各节点独立加噪拉普拉斯机制减小 29.52%。随着源节点与基站距离的增大，路由中继节点增多，对节点加噪引起的节点位置累积误差也越大，因此对于距离基站较远的源节点，NEDLP 具有更大的优势。

## 6.6　本章小结

本章针对无线传感器网络源节点采集、发送数据时可能存在的位置隐私泄露问题，提出了一种基于聚类匿名化的无线传感器网络源节点差分位置隐私保护协议（DLPCA），在相同隐私保护强度要求下减小了隐私保护预算；设计了一套基站与无线传感器节点之间的安全通信机制实现数据与节点控制的安全，保障位置隐私保护协议的有效运行。通过分析证明与仿真实验对比，验证了 DLPCA 的可用性与隐私保护效果，与其他算法相比具有一定优势。

本章针对基于地理位置信息路由的无线传感器网络中对节点的主动攻击可能导致的基站位置隐私泄露问题，提出了基于差分隐私保护的无线传感器网络基站位置隐私保护协议（SLDP），分析了其安全性、路由性能和网络能耗，并通过仿真实验进行验证和对比。SLDP 基于差分隐私保护与匿名区域的思想，大大增大了基站位置信息的不确定性，且可以抵御交叉攻击等更加复杂的位置分析手段，防止基站实际位置信息的泄露。同时，数据包的传输路径不会因位置信息的扰乱而产生较大的波动，整体上仍接近最短路径。

本章综合无线传感器网络源节点的聚类匿名化与基站节点的匿名区域差分位置隐私保护算法，针对无线传感器网络位置隐私保护中隐私保护效果与位置信息可用性之间冲突的问题，提出了基于噪声加密机制的无线传感器网络差分位置隐私保护协议（NEDLP），从节点分簇与加、解密机制两个方面解决位置精度问题。首先以簇内节点质心位置替代节点实际位置，并通过极坐标将加入的噪声扰乱由二维转化为一维，减小了隐私保护预算，在相同隐私保护强度下提高了节点位置的相对精度；在路由过程及基站中通过公钥密码体制传递噪声随机数，从而可在基站消除噪声，还原位置信息，提高了节点位置信息的使用精度。通过仿真实验对比，验证了 NEDLP 在相同隐私保护强度下具有更高的节点位置可用性。

# 参考文献

[1] ROY K, KUMAR P. Source location privacy using fake source and phantom routing(FSAPR) technique in wireless sensor networks[J]. Procedia computer science, 2015, 57: 936-941.

[2] OZTURK C, ZHANG Y, TRAPPE W. Source-location privacy in energy-constrained sensor network routing[C]//Proceedings of the 2nd ACM Workshop on Security of ad hoc and Sensor Networks, Washington D.C., USA, 2004: 88-93.

[3] KAMAT P, ZHANG Y, TRAPPE W, et al. Enhancing source-

location privacy in sensor network routing[C] //Proceedings of the 25th IEEE International Conference on Distributed Computing Systems, June 6-10, 2005, Columbus, OH, USA. IEEE Computer Society, 2005: 599-608.

[4] 陈涓, 方滨兴, 殷丽华, 等. 传感器网络中基于源节点有限洪泛的源位置隐私保护协议[J]. 计算机学报, 2010, 33(9): 1736-1747.

[5] ZHOU L M, WEN Q Y. Energy efficient source location privacy protecting scheme in wireless sensor networks using ant colony optimization [J]. International journal of distributed sensor networks, 2014, 2014(11): 1-14.

[6] 贾宗璞, 魏晓娟, 彭维平. WSNs 中基于随机角度和圆周路由的源位置隐私保护策略研究[J]. 计算机应用研究, 2016, 33(3): 886-890.

[7] LI S M, XIAO Y, LIN Q M, et al. A novel routing strategy to provide source location privacy in wireless sensor networks [J]. Wuhan university journal of natural sciences, 2016, 21(4): 298-306.

[8] SATHISHKUMAR J, PATEL D R. Enhanced location privacy algorithm for wireless sensor network in Internet of Things [C]//2016 International Conference on Internet of Things and Applications (IOTA), January 22-24, Maharashtra Institute of Technology, Pune, India, 2016: 208-212.

[9] RAJ M, LI N, LIU D G, et al. Using data mules to preserve source location privacy in wireless sensor networks [J]. Pervasive and mobile computing, 2014, 11: 244-260.

[10] CHEN H L, LOU W. On protecting end-to-end location privacy against local eavesdropper in wireless sensor networks [J]. Pervasive and mobile computing, 2015, 16: 36-50.

[11] 徐智富. 无线传感器网络位置隐私保护机制的研究与实现[D]. 成都: 电子科技大学, 2014.

[12] 张江南, 褚春亮. 无线传感器网络中源节点位置隐私保护方案研究[J]. 传感技术学报, 2016, 9(9): 1405-1409.

[13] SHAO M, YANG Y, ZHU S C, et al. Towards statistically strong source anonymity for sensor networks[C]//IEEE INFOCOM 2008—The

27th Conference on Computer Communications, April 13-18, Phoenix, AZ, USA, 2008: 51-55.

[14] ANDERSON T W. Anderson-Darling tests of goodness-of-fit[M]// International encyclopedia of statistical science. Berlin: Springer Berlin Heidelberg, 2011: 52-54.

[15] 邓美清，彭代渊. 节能无线传感器网络源位置隐私保护方案设计[C]//2015年信息、电子与控制技术学术会议（IECT 15）论文集，2015: 11-15.

[16] XIAO W, ZHANG H, WEN Q, et al. Passive RFID-supported source location privacy preservation against global eavesdroppers in WSN [C]//Proceedings of 2013 5th IEEE International Conference on Broadband Network & Multimedia Technology, Guilin, China, 2013: 289-293.

[17] 胡小燕. 面向全局攻击的无线传感器网络源节点位置隐私保护研究[D]. 长沙：中南大学，2014.

[18] LIGHTFOOT L, REN J. R-STaR destination-location privacy schemes in wireless sensor networks [C]//2015 IEEE International Conference on Communications, June 8-12, London, UK, 2015: 7335-7340.

[19] 牛晓光，魏川博，姚亚兰.传感网中能量均衡高效的源位置隐私保护协议[J]. 通信学报，2016, 37(4): 23-33.

[20] ZHANG J J, JIN Z P. Energy-aware location privacy routing for wireless sensor networks [C]//Security, Privacy and Anonymity in Computation, Communication and Storage, Spaccs 2016 International Workshops, Trust Data, TSP, NOPE, DependSys, BigDataSPT, and WCSSC, Zhangjiajie, China, November 16-18, 2016, Proceedings. Berlin: Springer, 2016: 26-32.

[21] 常芬，崔杰，王良民. WSN中基于椭圆曲线的可追踪匿名认证方案[J]. 计算机研究与发展，2017, 54(9): 2011-2020.

[22] GURJAR A, PATIL ARB. Cluster based anonymization for source location privacy in wireless sensor network[C]//2013 International Conference on Communication Systems and Network Technologies(CSNT), April 6-8, Gwalior, India, 2013: 248-251.

[23] YAO L, KANG L, SHANG P F, et al. Protecting the sink location privacy in wireless sensor networks[J]. Personal and ubiquitous computing, 2013, 17(5): 883-893.

[24] PRIYADARSHINI P, PANDEL M. Concealing of the base station's location for preserving privacy in wireless sensor network by mitigating traffic patterns[C]//IEEE International Conference on Advanced Communication Control and Computing Technologies, 2014: 852-857.

[25] RIOS R, CUELLAR J, LOPEZ J. Probabilistic receiver-location privacy protection in wireless sensor networks[J]. Information sciences, 2015, 321: 205-223.

[26] MALVIYA A R, JAGDALE B N. Location privacy of multiple sink using zone partitioning approach in WSN[C]//International Conference on Applied & Theoretical Computing & Communication Technology, 2016: 449-454.

[27] BANGASH Y, ZENG L F, FENG D. MimiBS: mimicking base-station to provide location privacy protection in wireless sensor networks[C]//2015 IEEE International Conference on Networking, Architecture and Storage(NAS), August 6-7, Boston, MA, USA, 2015: 158-166.

[28] BANGASH Y, ZENG L F, DENG S J, et al. Lpsdn: sink-node location privacy in WSNs via SDN approach[C]//2016 IEEE International Conference on Networking, Architecture and Storage (NAS), 2016: 1-10.

[29] WANG J, WANG F, CAO Z, et al. Sink location privacy protection under direction attack in wireless sensor networks[J]. Wireless network, 2017, 23: 579-591.

[30] 李福龙. 无线传感器网络基站位置隐私保护协议研究[D]. 哈尔滨：哈尔滨工业大学，2012.

[31] CHEN J, ZHANG H, DU X, et al. Base station location protection in wireless sensor networks: attacks and defense[C]//IEEE International Conference on Communications (ICC), Ottawa, Canada, 2012: 554-559.

[32] 陈娟. 无线传感器网络中节点位置隐私保护与自治愈技术研究[D]. 哈尔滨：哈尔滨工业大学，2013.

[33] 周黎鸣. 无线传感网中节点位置和数据的隐私保护研究[D]. 北京：北京邮电大学，2015.

[34] 周倩，秦小麟，刘亮. 基于 Kautz 图的无线传感器网络接收节点位置隐私保护算法[J]. 南京理工大学学报，2018, 42(2): 222-228.

[35] DWORK C. Differential privacy[C]//The 33rd International Colloquium on Automata, Languages and Programming, Venice, Italy, 2006: 1-12.

[36] DWORK C. A firm foundation for private data analysis[J]. Communications of the ACM, 2011, 54(1): 86-95.

[37] XIONG P, ZHU T Q, WANG X F. A survey on differential privacy and applications [J]. Chinese journal of computers, 2014,37(1): 101-122.

[38] DWORK C, MCSHERRY F, NISSIM K, et al. Calibrating noise to sensitivity in private data analysis[C]//The 3rd Conference on Theory of Cryptography, New York, NY, USA, 2006: 265-284.

[39] 孙即祥. 现代模式识别[M]. 北京：高等教育出版社，2016: 16-40.

[40] KUMAR K A, RANGAN C P. Privacy preserving DBSCAN algorithm for clustering[C]//Advanced Data Mining and Applications, Third International Conference, ADMA 2007, Harbin, China, 2007: 57-68.

[41] 刘晓迁，李千目. 基于聚类匿名化的差分隐私保护数据发布方法[J]. 通信学报，2016, 37(5): 125-129.

[42] 柴瑞敏，冯慧慧. 基于聚类的高效(K, L)-匿名隐私保护[J]. 计算机工程，2015, 41(1): 139-142,163.

[43] 马赵艳. 基于聚类的匿名化隐私保护算法研究[D]. 西安：西安理工大学，2017.

[44] 姜火文，曾国荪，胡克坤. 一种遗传算法实现的图聚类匿名隐私保护方法[J]. 计算机研究与发展，2016, 53(10): 2354-2364.

[45] MCSHERRY F D. Privacy integrated queries: an extensible

platform for privacy-preserving data analysis[C]//Proceedings of the ACM SIGMOD International Conference on Management of Data, Providence, Rhode Island, USA. ACM, c2009: 19-30.

[46] TANG Y, ZHOU M T, ZHANG X. Overview of routing protocols in wireless sensor networks [J]. Journal of software, 2006, 17(3): 410-421.

[47] KARP B, KUNG H T. GPSR: greedy perimeter stateless routing for wireless networks[C]//Proceedings of the 6th Annual International Conference on Mobile Computing and Networking, Boston, MA, USA. ACM Press, 2000: 243-254.

[48] MA Y F, ZHANG L. LBS group nearest neighbor query method based on differential privacy [J]. Computer science, 2017, 44(6): 336-341.

[49] JIA Z P, WEI X J, PENG W P. Privacy protection strategy about source location in WSNs based on random angle and circumferential routing[J]. Application research of computers, 2016, 33(3): 886-890.

[50] 张学军, 桂小林, 蒋精华. 用户为中心的差分扰动位置隐私保护方法[J]. 西安交通大学学报, 2016, 50(12): 79-86.

[51] 朱维军, 游庆光, 杨卫东, 等. 基于统计差分的轨迹隐私保护[J]. 计算机研究与发展, 2017, 54(12): 2825-2832.

[52] ANDRÉS M E, BORDENABE N E, CHATZIKOKOLAKIS K, et al. Geo-indistinguishability: differential privacy for location-based systems [C]//The 2013 ACM SIGSAC Conference on Computer and Communications Security, 2013: 901-914.

[53] 周裕. 基于质心加噪机制的多位置差分隐私保护研究[D]. 南昌: 南昌大学, 2016.

[54] HARDT M, ROTHBLUM G N. A multiplicative weights mechanism for privacy-preserving data analysis[C]//The 2010 IEEE 51st Annual Symposium on Foundations of Computer Science, 2010: 61-70.

[55] LI N, QARDAJI W, SU D. On sampling, anonymization, and differential privacy or, k-anonymization meets differential privacy[C]//The 7th ACM Symposium on Information, Computer and Communications Security, Seoul, South Korea, 2012: 32-33.

# 第 3 部分　加权复杂网络抗毁性建模分析

# 第 7 章

# 加权复杂网络抗毁性建模关键问题

加权复杂网络的抗毁性是指在网络中的节点（或边）发生随机失效或遭受蓄意攻击的情况下，网络维持其功能的能力。对加权复杂网络的抗毁性建模需要解决以下两个问题：①确定加权复杂网络抗毁性测度指标，抗毁性测度指标是衡量网络抗毁性的量化指标，选择客观、合理的测度指标是研究网络抗毁性的基础；②确定攻击策略，针对加权复杂网络的具体情况，攻击者往往会采取不同的攻击策略以达到最高的攻击费效比。基于以上两个问题，本章综述加权复杂网络抗毁性测度指标；针对加权复杂网络的静态抗毁性分析问题，从权重的维度分析权重及其调整对加权复杂网络抗毁性的影响；分析加权复杂网络的级联失效过程，介绍不同容量参数等对加权复杂网络级联抗毁性的影响。

## 7.1 复杂网络与加权复杂网络抗毁性测度指标选择

### 7.1.1 复杂网络抗毁性测度指标选择

为了有效地衡量复杂网络的抗毁性，必须确定复杂网络抗毁性测度指标。当前，复杂网络抗毁性测度指标依据侧重点的不同主要分为基于网络连通性的抗毁性测度指标、基于网络传输性能的抗毁性测度指标、基于渗流理论的抗毁性测度指标、基于网络结构熵的抗毁性测度指标及基于秩分布熵和自然连通度的抗毁性测度指标等。

## 1. 基于网络连通性的抗毁性测度指标

目前，连通度、最大连通子图的相对大小等通常用来衡量网络的连通性[1]。考虑网络遭受随机失效和蓄意攻击后的抗毁性测度问题，Albert 等[2]在对无标度网络鲁棒性的仿真研究中，采用最大连通子图（largest component）的相对大小及平均路径长度来度量网络的抗毁性。一个网络总是存在一个最大连通子图，这个子图包含的节点比网络中其他子图的都要多。假设网络节点总数为 $N$，最大连通子图中的节点数量为 $N'$，那么最大连通子图的相对大小 $S$ 定义为 $S = N'/N$。在之前的研究中，研究人员认为，如果在移走少量节点后，网络中的绝大部分节点仍然是连通的，那么称该网络的连通性对节点故障具有鲁棒性，且可以用最大连通子图的相对大小 $S$、平均路径长度 $L$ 及移除节点数量占网络节点总数的比例 $f$ 来度量复杂网络的鲁棒性。

## 2. 基于网络传输性能的抗毁性测度指标

网络直径、平均最短路径长度、网络效率等常用来衡量复杂网络的传输性能。然而，随着网络破坏程度的加大，最大连通子图是逐渐变小的，但平均最短路径是先变大后变小的，这种差异性给抗毁性研究带来了很多不便。吴俊等[3]将两者综合考虑，提出了一个新的连通性测度——网络的连通系数，即

$$C = \frac{1}{\omega \sum_{i=1}^{\omega} \frac{N_i}{N} l_i} \quad (7.1)$$

式中，$C$ 为网络的连通系数；$\omega$ 为网络连通分支数；$N_i$ 为第 $i$ 个连通分支中的节点数量；$N$ 为网络节点总数；$l_i$ 为第 $i$ 个连通分支的平均最短路径长度。连通系数实质上就是网络各连通分支平均最短路径长度加权平均与连通分支数乘积的倒数。连通分支数越小，各分支的平均最短路径长度越小，网络的连通性越好，连通系数就越大。在此基础上，可以将网络的抗毁度定义为：在一定的连通度约束下，将网络所能承受的最大节点或边的移除比例称为网络的抗毁度，网络的抗毁度又可分为节点容错度和节点抗攻击度[4]。而针对不同类型的攻击，在随机攻击情况下，用节点容错度来衡量网络的抗毁性；在故意攻击情况下，用节点抗攻击

度衡量。

饶育萍等[5]基于网络最短路径提出了用平均等效最短路径数来衡量网络的抗毁性能。对于一个包含 $N$ 个节点的网络，如果节点 $i$ 与节点 $j$ 之间有 $m_{ij}$ 条长度为 $k_{\min}$ 的最短路径，则节点 $i$ 与节点 $j$ 之间的等效最短路径数为

$$\text{em}_{ij} = \frac{m_{ij}}{\mu(k_{\min})} \quad (7.2)$$

式中，$\mu(k_{\min})$ 为相应 $N$ 个节点全连通网络中节点间路径长度不大于 $k_{\min}$ 的路径数。据此，提出网络抗毁性测度函数 Inv，即

$$\text{Inv} = \frac{\sum_{i}^{N-1}\sum_{j=i+1}^{N}\text{em}_{ij}}{N(N-1)/2} \quad (7.3)$$

式中，分子是全网的等效最短路径数之和；分母是 $N$ 个节点网络可建立连接的端对数量。该函数实际上表示网络的平均等效最短路径数。Inv 越大，则网络结构越紧凑，抗毁性越强。

### 3. 基于渗流理论的抗毁性测度指标

Cohen 等[6]提出了基于渗流理论的复杂网络抗毁性测度指标——临界移除比例。从网络中移除比例为 $f$ 的节点及它们之间的链路，当 $f$ 超过阈值 $f_c$ 后，网络就被分裂成不连通部分。Cohen 等提出了一个计算网络崩溃的临界移除比例 $f_c$ 的准则，进而得到网络崩溃的临界移除比例 $f_c = 1 - 1/(\kappa_0 - 1)$。随后，Paul 等对 $f_c$ 的适用范围进行了详细讨论。

### 4. 基于网络结构熵的抗毁性测度指标

郭虹等[7]从熵的角度入手，在分析 Ad hoc 网络拓扑结构的基础上，考虑节点的重要度，结合网络结构熵的概念，提出了将网络结构熵、节点抗毁度和全网抗毁度作为 Ad hoc 网络的抗毁性测度，分别为

$$I_i = \frac{k_i}{\sum_{i=1}^{N}k_i}, \quad \bar{I} = \frac{1}{N}\sum_{i=1}^{N}I_i, \quad E = -\sum_{i=1}^{N}I_i \ln I_i \\ S_i = \frac{I_i}{\bar{I}}, \quad \bar{S} = \frac{1}{N}\sum_{i=1}^{N}S_i, \quad D(S) = \frac{1}{N}\sum_{i=1}^{N}(S_i - \bar{S})^2 \quad (7.4)$$

式中，$E$ 为网络结构熵；$I_i$ 为第 $i$ 个节点的连通度；$S_i$ 为节点 $i$ 的抗毁度；$D(S)$ 为全网抗毁度，反映的是抗毁度在整个网络中的分散程度。

### 5. 基于秩分布熵和自然连通度的抗毁性测度指标

吴俊[8]提出了将基于度秩函数的秩分布熵和基于特征谱的自然连通度作为衡量复杂网络抗毁性的测度指标。秩分布熵从节点度的角度刻画了网络结构的非均匀性，而自然连通度则从网络中替代路径冗余性的角度刻画了网络的抗毁性。

$$E_Q = -\sum_{r=1}^{N} Q(r) \ln Q(r), \quad \bar{\lambda} = \ln\left(\frac{1}{N}\sum_{i=1}^{N} e^{\lambda_i}\right) \quad (7.5)$$

式中，$E_Q$ 为图 $G$ 的秩分布熵；$Q(r)$ 为图 $G$ 的秩分布；$\bar{\lambda}$ 为图 $G$ 的自然连通度，其中 $\lambda_i$ 为图 $G$ 邻接矩阵 $A(G)$ 的特征根。研究表明，秩分布熵较其他网络非均匀性测度，如节点度方差、度分布熵及基尼系数等，能够更准确地刻画复杂网络的非均匀性。复杂网络的自然连通度具有严格的单调性，能够敏感、稳定地测度网络抗毁性的变化，其效率更高，且对不连通图仍然有效。

### 6. 其他抗毁性测度指标

另外，黄建华等[9]构造了一个具有二维特征的抗毁性测度综合效率指标，利用基于度和介数的节点删除法模拟蓄意攻击，将网络遭受攻击后动态流的总流动成本的倒数作为网络的综合效率值，以评价网络遭受攻击后的破坏程度，并设计了网络抗毁性评价算法。兰明明等[10]综合考虑复杂网络连通度和社团结构的抗毁性测度，提出了一个新的基于社团结构的复杂网络抗毁性测度，既考虑了网络的整体效能，又兼顾了网络本身的社团结构特性。汤浩锋等[11]考虑有向加权复杂网络中边的有向性和权重对网络拓扑层抗毁性的影响，提出了一种有向加权复杂网络抗毁性测度算法（IMADW），该算法利用最短调和距离度量节点之间及整个网络节点对之间的连接紧密度，采用节点环路系数反映节点可选的路径数，由此得到拓扑层的全局抗毁性测度值。

由以上对复杂网络抗毁性测度指标的分析可知，平均最短路径长度、最大连通子图的相对大小等静态指标对不连通图存在不适用性，且如果攻击少量节点,很难改变网络的平均最短路径长度和最大连通子图规模[12],无法充分反映复杂网络抗毁性的变化。另外,在现实世界中,要使一个复杂网络系统完全崩溃是非常困难的,因此基于渗流理论提出的临界移除比例在小规模网络攻击时不具有适用性[13]。其他抗毁性测度指标大多是针对无权网络抗毁性提出的,且各自有其适用范围和局限性。

### 7.1.2 加权复杂网络抗毁性测度指标选择

对加权复杂网络而言,网络攻击带来的影响主要包括两个方面:一方面是网络的连通性遭到破坏,另一方面是网络的传输效率下降。从网络抵抗攻击的连通性能和网络传输的有效性两个方面出发,采用加权复杂网络连通性和加权复杂网络效率作为加权复杂网络抗毁性测度指标。

**1. 加权复杂网络连通性**

连通性是加权复杂网络的重要性能指标之一,用来衡量加权复杂网络遭受攻击后剩余节点间仍能保持连通的能力。由此,加权复杂网络连通性可定义为移除任意节点后,网络中仍连通的节点对数量与网络总节点对数量的比值。假设移除节点后的网络为 $G'$,则加权复杂网络连通性 $\delta$ 可表示为

$$\delta = \frac{1}{N(N-1)} \sum_{i,j \in G', j>i} l_{ij} \quad (7.6)$$

式中,$l_{ij}$ 为连通系数,当节点 $i$ 与 $j$ 之间连通时 $l_{ij}=1$,否则 $l_{ij}=0$。加权复杂网络连通性描述了网络在遭受破坏时的连通性,反映了网络结构本身对攻击的抵御能力,克服了最大连通子图不能反映网络受到攻击后子网络连通情况的缺点。

**2. 加权复杂网络效率**

在无权网络的研究中,平均路径长度 $L$ 可以用来描述网络的连通性和效率,由此我们得到启示:采用网络效率作为加权复杂网络抗毁性测度指标。网络效率衡量的是信息在网络中传播的有效程度,Crucitti 等[14]最早给出了一个基于平均最短路径的网络效率的定义,即

$$E = \frac{1}{N(N-1)} \sum_{i \neq j} \frac{1}{d_{ij}} \qquad (7.7)$$

式中，$d_{ij}$ 表示节点 $i$ 与 $j$ 之间的距离。在加权复杂网络中，网络效率可以表示为边权的函数。网络中两个节点之间的距离越小，直观上信息在这两个节点之间就越容易传播，网络的传播效率就越高。因此，当网络的权重为相异权时，网络效率 $E$ 可以定义为边权的倒数平均值。特别地，当两个节点之间不连通时，即当 $w_{ij} \to \infty$ 时，仍可定义两个节点之间的效率 $e_{ij} \to 0$，克服了平均最短路径长度和网络直径等指标不适用于非连通网络的缺点。加权复杂网络中所有节点对的效率均值即为网络的全局效率 $E_g$：

$$E_g = \frac{1}{N(N-1)} \sum_{i \neq j} \frac{1}{w_{ij}} \qquad (7.8)$$

以上给出了针对相异权的加权复杂网络效率的定义。由于相似权与相异权在一定程度上可以相互转化，因此此处仅考虑相异权的情况。另外需要指出的是，加权复杂网络连通性和加权复杂网络效率是从两个不同的侧面对加权复杂网络的抗毁性进行度量的，二者并不能相互替代，需要作为参数组合来共同衡量加权复杂网络的抗毁性。

## 7.2 不同信息条件下加权复杂网络静态抗毁性研究

### 7.2.1 不同信息条件下加权复杂网络静态抗毁性建模

现实世界中的许多网络，如因特网、电力网、国际航空网等，都具有明显的无标度特性，而无标度网络面对不同的攻击策略时会表现出不同的抗毁性。Barabási 和 Albert 提出了一个无标度网络模型，称为 BA 模型。BA 模型的演化反映了实际网络的两个重要特性：增长特性和择优连接特性。因此，BA 模型具有较好的普适性和代表性。本节将 BA 无标度网络作为研究对象，对其抗毁性进行研究。

首先，构建 BA 无标度网络。BA 无标度网络的构建算法如下。

（1）增长：从一个具有 $m_0$ 个节点的网络开始，每次加入一个新的节点，并且连接到网络中 $m$ 个已存在的节点上，此处 $m \leq m_0$。

（2）择优连接：一个新节点与一个已存在的节点 $i$ 相连接的概率 $\prod_i$ 与

节点 $i$ 的度 $k_i$、节点 $j$ 的度 $k_j$ 之间满足

$$\Pi_i = \frac{k_i}{\sum_j k_j} \quad (7.9)$$

BA 无标度网络的演化过程示意图如图 7-1 所示,其中 $m=m_0=2$,从初始的 $m_0=2$ 的网络开始,每次加入一个新的节点,并依据择优连接准则连接到 $m=2$ 个已存在的节点上。由此生成的 BA 无标度网络,其平均度与参数 $m$ 的关系为 $\langle k \rangle = 2m$。

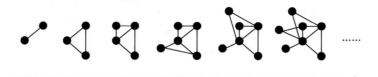

图 7-1　BA 无标度网络的演化过程示意图

在 BA 无标度网络的构建中,设定其初始节点数量 $m_0=5$,$m=4$,节点总数 $N=5000$。然后,对 BA 无标度网络进行赋权。BA 无标度网络的赋权模型采用端节点度的乘积形式:假设网络中边 $ij$ 连接的两个节点 $i$ 与 $j$ 的度值分别为 $k_i$ 和 $k_j$,那么该边的权重为 $w_{ij}=(k_i k_j)^\theta$,其中 $\theta$ 是一个可调的权重系数,用于控制边权强度的大小。

攻击策略的选择是加权复杂网络抗毁性建模的关键,攻击者通常会依据其所掌握的网络结构信息,采取破坏力最强的攻击策略以达到最大的费效比。根据攻击者所掌握的网络信息的具体情况,可将攻击策略分为基于网络局部信息攻击和基于网络全局信息攻击两种。在两种不同的信息条件下,攻击者通过选择相应的重要性测度准则,从而确定最具破坏力的攻击策略。节点的度和介数是加权复杂网络节点重要性的两个常用测度,度较大的节点对于保持网络的连通性至关重要,而介数较大的节点对于保持网络的传输效率则具有重要作用。因此,本节选用节点的度和介数作为度量指标,对加权复杂网络中的节点进行重要度排序,并依次进行模拟攻击。

本节依据文献[15]中 Holme 等提出的四种攻击策略分别对 BA 无标度网络的抗毁性进行仿真。Holme 等提出的攻击策略分别是基于度的攻

击策略和基于介数的攻击策略,又分为初始节点度(ID)、重新计算的节点度(RD)、初始节点介数(IB)和重新计算的节点介数(RB)四种策略。Holme 等提出的四种攻击策略简单介绍如图 7-2 所示。

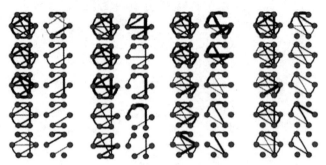

（a）ID 攻击策略　（b）RD 攻击策略　（c）IB 攻击策略　（d）RB 攻击策略

图 7-2　Holme 等提出的四种攻击策略简单介绍

由以上建模过程可知,当采用加权复杂网络效率和加权复杂网络连通性作为 BA 无标度网络抗毁性测度指标时,其抗毁性是与权重系数 $\theta$、平均度 $\langle k \rangle$ 等参数密切相关的,抗毁性分析较为复杂,要给出准确的解析分析也是十分困难的[4]。因此,本节主要采用数值仿真的方法来研究 BA 无标度网络的抗毁性与各网络参数的关系。采用的仿真工具为 MATLAB7.0 和 VC++6.0 软件,前者用来生成网络,后者用来对攻击过程进行模拟计算,仿真结果均为数次计算的平均值。

### 7.2.2　基于网络局部信息的加权复杂网络抗毁性仿真分析

节点的度刻画的是节点的局部特性,基于网络局部信息的攻击策略就是依据度值对节点进行攻击的[16]。ID 攻击策略下 BA 无标度网络效率与连通性的变化曲线如图 7-3 所示,仿真结果为 10 次计算的平均值。

由图 7-3 可以看出,在确定权重系数 $\theta$ 的情况下,网络连通性和网络效率随着节点移除比例的增大而不断下降。在移除大约 45%的节点后,网络连通性和网络效率均下降为 0。

第 7 章　加权复杂网络抗毁性建模关键问题

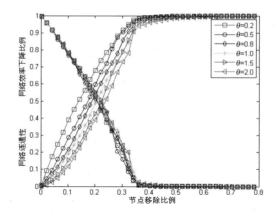

图 7-3　ID 攻击策略下 BA 无标度网络效率与连通性的变化曲线

ID 攻击初始阶段 BA 无标度网络效率与连通性的变化曲线如图 7-4 所示。

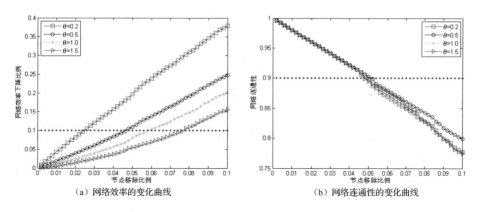

（a）网络效率的变化曲线　　　　　　（b）网络连通性的变化曲线

图 7-4　ID 攻击初始阶段 BA 无标度网络效率与连通性的变化曲线

由图 7-4 可以看出，若取定网络效率的下降阈值为 10%，则在网络连通性被完全破坏前，权重系数 $\theta$ 越大，节点移除对网络效率的影响越小，网络的抗毁性越强。若取定网络连通性的阈值为 90%，则可以看出在节点移除比例小于 5% 之前，权重系数的变化对网络连通性的影响不大，仅在节点移除比例大于 5% 时有细微的差别。

RD 攻击策略下节点移除比例对网络性能的影响与 ID 攻击策略下类似，只是由于每一步攻击都选择度最大的节点进行，加剧了网络崩溃的速率,此处不再赘述。

### 7.2.3 基于网络全局信息的加权复杂网络抗毁性仿真分析

节点的介数刻画的是节点的全局影响力,基于网络全局信息的攻击策略就是依据介数对节点进行攻击[17]。IB 攻击策略下 BA 无标度网络效率与连通性的变化曲线如图 7-5 所示,仿真结果为 10 次计算的平均值。

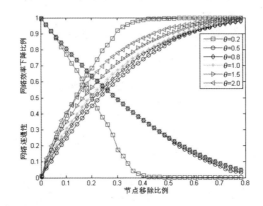

图 7-5 IB 攻击策略下 BA 无标度网络效率与连通性的变化曲线

由图 7-5 可以看出,随着节点移除比例的增大,权重系数 $\theta$ 对网络连通性的影响呈现出两极分化的趋势。当 $\theta=0.2$ 时,节点移除比例达到 48%时网络连通性下降为 0,节点移除对网络连通性的影响最大;而其他 $\theta$ 取值之间的差别很小。权重系数 $\theta$ 对网络效率的影响也呈现出非常复杂的关系。可以看出,当 $\theta=0.5$ 时,节点移除对网络效率和网络连通性的影响要小于其他值。进一步的研究发现,$\theta$ 在[0.1,2.0]中取值时,当 $\theta=0.5$ 时网络对节点移除最不敏感,网络效率与网络连通性随节点移除比例增大的变化率较小,表明 $\theta=0.5$ 对应的 BA 无标度网络抗毁性最优。

RB 攻击策略下 BA 无标度网络效率与连通性的变化曲线如图 7-6 所示。

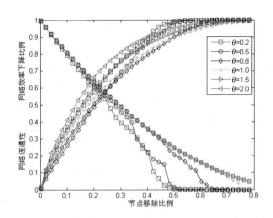

图 7-6　RB 攻击策略下 BA 无标度网络效率与连通性的变化曲线

由图 7-6 可以看出，节点移除对网络效率和网络连通性的影响更为复杂。节点移除比例小于 40%时，权重系数 $\theta=2.0$ 的网络效率下降最快，对于其他取值的网络，节点移除对其网络效率的影响没有显见的规律。对网络连通性而言，$\theta=0.2$ 的网络下降最快，随着 $\theta$ 值的不断增大，节点移除对网络连通性的影响不断减小，网络抗毁性不断增强。

RB 攻击初始阶段 BA 无标度网络效率的变化曲线如图 7-7 所示。在早期阶段，权重系数 $\theta=0.5$ 的网络效率对节点移除的敏感度最低，抗毁性最强。

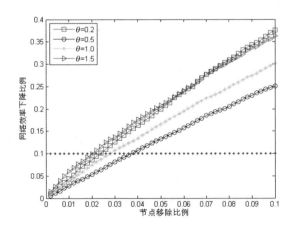

图 7-7　RB 攻击初始阶段 BA 无标度网络效率的变化曲线

此处需要说明的是，基于节点度的攻击策略侧重于尽快减少网络中边的数量，基于节点介数的攻击策略侧重于破坏网络的信息传输效率。然而，由图 7-3～图 7-7 中网络效率与网络连通性在不同攻击策略下的变化曲线可以看出，BA 无标度网络对基于节点介数攻击的抗毁性要优于基于节点度攻击的抗毁性。具体表现是：在基于节点介数攻击时，网络效率和网络连通性随节点移除比例的变化曲线较基于节点度的攻击曲线平缓。已有的研究表明，在 BA 无标度网络中介数较大的节点往往就是度较大的节点。然而，BA 无标度网络对基于节点介数和节点度攻击的抗毁性表现出一定的差异，分析这种现象可能是由 BA 无标度网络权重与节点度乘积之间的非线性关系造成的。

### 7.2.4　考虑成本与性能的加权复杂网络抗毁性优化分析

在数值仿真的基础上已经给出了 BA 无标度网络特征参数与抗毁性之间的定性关系，下面从定量的角度给出网络抗毁性的优化分析模型。

加权复杂网络的抗毁性与其建设成本、网络效率及网络鲁棒性是密切相关的。这里采用定量加权的方法建立抗毁性分析模型[15]：

$$F = [\alpha E + (1-\alpha)\delta]/c \qquad (7.10)$$

式中，$F$ 为网络抗毁性目标函数；$\alpha$ 为加权系数；$E$ 为网络效率；$\delta$ 为网络鲁棒性；$c$ 为加权复杂网络建设成本，此处取 $c=\langle k \rangle=2m$。可以通过调节系数 $\alpha$ 来均衡效率和鲁棒性对网络抗毁性的影响。当网络的抗毁性需求倾向于追求最优网络效率时，可取 $\alpha=1$；而当网络的抗毁性需求倾向于追求最优鲁棒性时，可取 $\alpha=0$；当网络的抗毁性需要兼顾网络效率和鲁棒性时，$\alpha$ 可根据实际情况在 [0,1] 中取值。ID 攻击策略下兼顾效率与鲁棒性时 BA 无标度网络的抗毁性变化曲线如图 7-8 所示。

由图 7-8 可以看出，在 ID 攻击策略下，若兼顾效率与鲁棒性，网络的抗毁性表现出分段效应。在初始阶段、中间阶段和后续阶段，平均度 $\langle k \rangle$ 分别为 4、6、8 的网络分段较强，平均度为 4 的网络在 ID 攻击初始阶段抗毁性最强。

IB 攻击策略下 BA 无标度网络的抗毁性变化曲线如图 7-9 所示。

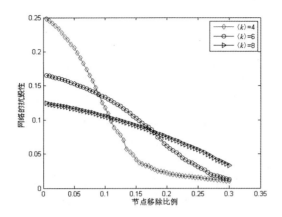

图 7-8　ID 攻击策略下兼顾效率与鲁棒性时 BA 无标度网络的抗毁性变化曲线

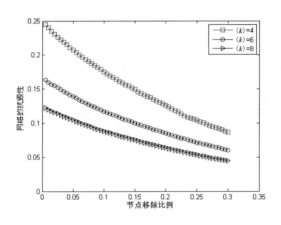

图 7-9　IB 攻击策略下 BA 无标度网络的抗毁性变化曲线

由图 7-9 可以看出，IB 攻击策略下 BA 无标度网络的抗毁性与平均度（即成本）成反比，平均度越大，抗毁性越差。

由以上的仿真结果可以得出如下结论。

（1）在网络成本一定的情况下，若攻击者仅获取了网络的局部拓扑结构信息，则权重系数越大，网络的抗毁性越强；若攻击者可能已经获取了网络的全局拓扑结构信息，则权重系数 $\theta=0.5$ 时，网络的抗毁性较强。

（2）在网络成本不确定的情况下，若攻击者仅获取了网络的局部拓扑结构信息，则平均度 $\langle k \rangle$ 越大，攻击初始阶段网络抗毁性越差；若攻击者获取了网络的全局拓扑结构信息，则网络的平均度 $\langle k \rangle$ 越小，抗毁性越强。

另外，由图 7-3～图 7-7 也可以看出，在对 BA 无标度网络进行攻击的过程中，网络效率和网络连通性的变化曲线渐趋平缓，即攻击效果越来越差。从攻击成本和抗毁性的角度分析，如果能在攻击的早期加大节点的保护力度则会大大减小对网络性能的影响。

由此可以看出，本节对加权复杂网络抗毁性的定性分析及定量计算，相较通过权重随机化及改变权重与边匹配关系等增强加权复杂网络抗毁性的方法更为实用，且能针对不同的信息条件，从整体上把握加权复杂网络的抗毁性状况。

## 7.3 基于改进负载容量模型的加权复杂网络级联抗毁性研究

加权复杂网络的级联抗毁性是加权复杂网络抗毁性研究的一个重要方面。级联失效是指当网络中的节点发生故障或被攻击时，在节点容量有限的情况下，网络中的负载进行重新分配使得相关节点上的负载超过其容量而失效的动态过程，其可能导致部分网络故障甚至整个网络的崩溃。在现实世界中，很多网络灾难都可以归结为这类级联失效问题，如 2003 年的北美大停电事故及 2012 年 7 月发生的印度大停电事故。同样的问题也存在于通信网、交通网、因特网等网络系统之中[18]。

加权复杂网络的级联抗毁性研究近年来得到了很大关注。在实际网络的级联抗毁性研究中，一个关键的问题是合理设定节点和边的容量，使之尽可能地符合实际。另外，由于实际网络的构建也是需要考虑成本的，因此也需要设计合理的负载容量模型以抵御级联失效。文献[19]研究了大规模基础设施网络的负载与容量之间的关系，发现负载与容量之间呈现出非线性关系，这一结论与以往研究中假设的负载容量模型是截然不同的。因此，本节引入一个改进的非线性负载容量模型，在局部加权的负载重分配准则下，采用数值仿真的方法研究加权复杂网络的权重系数、容量参数及网络密度等对网络级联抗毁性的影响，定量分析成本和性能约束下的加权复杂网络级联抗毁性。

### 7.3.1 基于改进负载容量模型的加权复杂网络级联抗毁性建模

**1. 加权复杂网络级联失效过程分析**

众所周知,网络结构对网络中发生的动力学过程具有重要影响。因此,加权复杂网络级联失效过程的研究对更好地理解和控制由级联失效引发的灾难具有重要意义。

对于复杂网络的级联失效过程,众多学者已经研究提出了很多模型。如沙堆模型[20,21]、二值影响模型[22]、纤维束模型[23]及负载容量模型[4]等。其中,负载容量模型通常假设网络中的节点或边具有一定的初始负载和容量,由于网络遭受蓄意攻击或随机失效时,某个节点的负载超过其容量而失效,则按照一定的策略将其上的负载分配给网络中的其他节点,在节点容量有限的情况下,负载的重分配可能导致级联失效的发生,其可能导致网络中部分节点失效,甚至导致整个网络的崩溃。

丁琳等[24]基于同样的模型,研究了不确定信息条件下由边故障引发的复杂负载网络级联失效。Qi 等[25]提出了利用网络元素之间的相互作用矩阵来模拟网络的级联失效过程,并将其与一般意义上的级联失效模型进行了比较。结果表明,新的模型能够获取一般模型对于级联失效的特征,相互作用矩阵可以很好地反映网络元素之间的关系。Xia 等[26]研究了 WS 小世界网络的级联失效过程,发现其对随机失效鲁棒而对蓄意攻击较为脆弱,而这一特性正是由介数分布的非同质性造成的。谢丰等[27]研究了级联失效条件下复杂网络的抗毁性,对 ER 随机网络、BA 无标度网络和 PFP 互联网拓扑模型在不同攻击策略下的抗毁性进行了对比分析和仿真研究。

假设加权复杂网络的级联失效是由一个微小的初始攻击触发的,如移除网络中的任意一条边,那么在局部加权的负载重分配准则下,这条断边上的负载将被分配给与其端节点相连的邻边,且邻边接收到的额外负载正比于边的权重。局部加权的负载重分配准则示意图如图 7-10 所示。

如图 7-10 所示,当边 $ij$ 失效时,其上的负载被重分配给了其邻边,且边 $ik$ 接收到的负载 $\Delta L_{ik}$ 正比于其权重 $w_{ik}$,表示为

$$\Delta L_{ik} = L_{ij} \frac{w_{ik}}{\sum_{a \in \Gamma_i} w_{ia} + \sum_{b \in \Gamma_j} w_{jb}} \quad (7.11)$$

式中，$\Gamma_i$ 和 $\Gamma_j$ 分别表示节点 $i$ 和 $j$ 的邻居节点的集合。

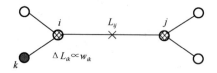

图 7-10　局部加权的负载重分配准则示意图

与以往的模型一样，加权复杂网络中每条边所能处理的最大负载称为该边的容量，一般来说边的容量是有限的。负载的重分配和有限容量使得一个节点的失效足以导致整个网络的崩溃。在初始状态下，加权复杂网络处于一个稳定的状态，每条边上的负载均小于其容量。任意一条边的移除将改变之前的平衡状态，由此引发的负载重分配可能导致其他相连边的失效，这些边的失效又可能导致相连边的失效，直到网络中每条边上的负载都超过其容量为止。

另外，关于加权复杂负载网络的初始负载，通常将边上的负载定义为该边的介数。Holme 等[28]则研究指出复杂网络中边的介数与其端节点度的乘积形式是正相关的，也就是说边上的负载与边的权重是正相关的。因此，可以设定在边 $ij$ 移除之前，如果其没有接收到额外的负载 $\Delta w_{ij}$，那么该边上的负载就等于该边的权重 $w_{ij}$。

**2．改进的非线性负载容量模型**

在实际网络中，边的容量是受成本和可用资源约束的[29]。因此，在以往的研究工作中，复杂网络中节点或边的容量被设定为正比于其权重，如 $C=\lambda L$，其中常数 $\lambda$（$\lambda>1$）是容量参数，$L$ 为负载。$\lambda-1$ 表示节点或边的额外资源，反映了节点或边承受额外负担的能力，也表示其保护节点或边不受破坏的额外成本，一个典型的例子是 Motter 等提出的 ML 模型。ML 模型假设节点 $i$ 的容量 $C_i$ 是正比于其负载 $L_i$ 的，函数形式为

$$C_i = (1+\alpha)L_i, \quad i=1,2,\cdots,N \quad (7.12)$$

式中，α 是容忍系数，控制额外资源的比例。另外，Wang 等[30]也提出了一个负载容量 WK 模型，其中容量 $C_i$ 定义为

$$C_i = \left[1 + \alpha\theta\left(\frac{L_i}{L_{\max}} - \beta\right)\right]L_i, \quad i = 1, 2, \cdots, N \quad (7.13)$$

式中，$\theta(x)$ 是 Heaviside 阶梯函数，$L_{\max}=\max_i(L_i)$；α（$\alpha \in [0, \infty)$）和 β（$\beta \in [0, 1)$）是两个控制参数。当 β=0 时，该模型就退化为 ML 模型。MK 模型过于简单。汪秉宏[31]引入有限资源的分配机制，提出了一个新的负载容量模型：

$$C_i = \left(1 + \alpha\frac{k_i^\gamma}{\langle k^\gamma \rangle}\right)L_i, \quad i = 1, 2, \cdots, N \quad (7.14)$$

式中，α（α≥0）和 k（k≥0）是自由参数；γ 是控制资源分配异质性的参数。在该模型中，额外资源与拓扑结构是相互耦合的。额外资源的分配不仅依赖于节点的负载，而且依赖于节点度。在相同的额外资源下，该模型优于 ML 模型，且加权复杂网络的抗毁性随着参数 α 单调增强，趋势较为稳定。上述模型都倾向于保护网络中负载大的节点，这仅仅是从网络防御的角度来讲的。然而，D. H. Kim 等通过对航空运输网络、公路交通网络、电力网络及路由器网络的实证研究发现，实际网络中容量较小的节点（边）反而有较大的未使用容量，即负载与容量之间呈现出非线性关系，表明以上假设的负载容量模型与现实是不相符的。

本节引入容量参数 α 和 β，给出一个改进的非线性负载容量模型，将加权复杂网络中节点 i 的容量表示为初始负载与额外容量的和，即

$$C_i = L_i + \beta L_i^\alpha \quad (7.15)$$

式中，α（α>0）和 β（β>0）是容量参数。当 α=1 时，该模型即退化为线性负载容量模型。该模型包含两个可变参数，灵活性更强，可以通过调节参数 α 和 β 来对不同网络的负载容量模型进行调整。图 7-11 给出了改进的非线性负载容量模型与线性负载容量模型在对数坐标系中的比较。

由图 7-11 可以看出，改进的负载容量模型在负载较小时空闲容量较大，负载较大时空闲容量反而较小，与实际加权复杂网络负载容量之间的关系是相符的。

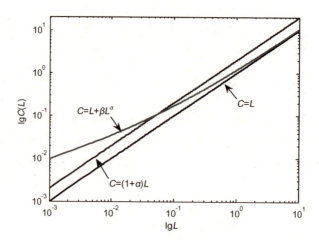

图 7-11  改进的非线性负载容量模型与线性负载
容量模型在对数坐标系中的比较

另外，在级联失效发生后，采用崩塌规模 $S_{ij}$ 来表示切断一条边 $ij$ 触发的级联失效对加权复杂网络造成的破坏程度，崩塌规模 $S_{ij}$ 可以用加权复杂网络中失效边的数量来表示。为了衡量整个加权复杂网络的级联抗毁性，采用标准化崩塌规模 $S_N$ 来表示移除一定数量的边后对加权复杂网络造成的平均破坏程度，标准化崩塌规模表示为

$$S_N = \sum_{i,j \in V} \frac{S_{ij}}{M} \qquad (7.16)$$

式中，$M$ 为网络中边的数量。标准化崩塌规模 $S_N$ 可以看作加权复杂网络面对随机失效的级联抗毁性的平均度量。

### 7.3.2 加权复杂网络级联抗毁性仿真分析

网络的拓扑结构在网络动力学方面扮演着重要角色，典型拓扑结构网络有助于更好地理解与控制因级联失效导致的灾难[32]。为了更好地理解实际网络特征参数与级联抗毁性之间的关系，本节重点研究无标度网络和小世界网络的级联抗毁性。

首先，构建无标度网络和小世界网络。选取最具典型性和代表性的 BA 无标度网络作为研究对象，初始节点数量 $m_0=5$，$m=4$，节点总数 $N=5000$，网络的构建依赖于增长机制和择优连接机制，其构建过程与

7.2.1 小节中的过程相同。

常见的小世界网络主要有 WS 小世界网络和 NW 小世界网络。由于 WS 小世界网络构建算法中的随机化重连可能破坏网络的连通性，因此 Newman 和 Watts 提出了 NW 小世界网络。NW 小世界网络的构建采用在规则图上随机化加边的方式，其构建算法如下。

（1）从规则图开始：考虑一个含有 $N$ 个节点的最近邻耦合网络，所有节点围成一个环，其中每个节点都与其左右相邻的各 $K/2$ 个节点相连，$K$ 是偶数。

（2）随机化加边：以概率 $p$ 在随机选定的一对节点之间加上一条边。其中规定，任意两个不同的节点之间至多只能有一条边，且每个节点不能有边与自身相连。

在 NW 小世界网络的构建中，网络节点总数 $N=5000$，$K=2$，$p=0.5$。

然后，对 BA 无标度网络和 NW 小世界网络进行赋权。赋权模型采用端节点度的乘积形式，即 $w_{ij}=(k_i k_j)^\theta$，其中 $\theta$ 是一个可调的权重系数，在区间 $[0,2]$ 中取值。加权复杂网络的级联抗毁性是与权重系数 $\theta$、容量参数 $\alpha$ 和 $\beta$ 等密切相关的，其级联抗毁性分析较为复杂，难以给出准确的解析模型[33]。因此，本节主要采用数值仿真的方法对加权复杂网络的级联抗毁性与权重系数、容量参数及网络密度等参数的关系进行分析，并定量分析成本和性能约束下的级联抗毁性。

**1. 容量参数固定的加权复杂网络级联抗毁性仿真分析**

加权复杂网络中各条边的容量由 $\alpha$ 和 $\beta$ 两个参数共同决定，在对实际网络进行研究的基础上，可获得容量参数的近似值。设定 $\alpha=0.45$，$\beta=0.20$，BA 无标度网络和 NW 小世界网络的级联抗毁性与权重系数 $\theta$ 的关系曲线分别如图 7-12 和图 7-13 所示，仿真结果为 10 次计算的平均值。

由图 7-12 可以看出，在容量参数固定的情况下，BA 无标度网络的标准化崩塌规模 $S_N$ 随着权重系数 $\theta$ 的增大不断增大，即 BA 无标度网络的级联抗毁性随着 $\theta$ 的增大而不断减弱。在 $\theta \leq 0.3$ 时，$S_N$ 接近于 0，BA 无标度网络表现出较强的级联抗毁性；然而，在 $\theta>0.3$ 时，$S_N$ 迅速增大，且在 $\theta>0.8$ 时，网络几乎全盘崩溃。

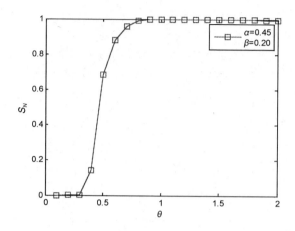

图 7-12　BA 无标度网络的级联抗毁性与权重系数 $\theta$ 的关系曲线

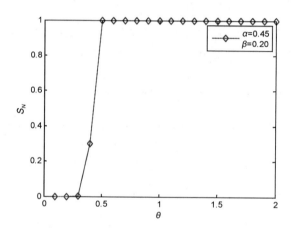

图 7-13　NW 小世界网络的级联抗毁性与权重系数 $\theta$ 的关系曲线

由图 7-13 可以看出,在容量参数固定的情况下,NW 小世界网络的级联抗毁性也随着 $\theta$ 的增大而减弱。在 $\theta \leqslant 0.3$ 时,NW 小世界网络表现出较强的级联抗毁性,几乎没有受到影响;然而,在 $\theta > 0.3$ 时,$S_N$ 迅速增大,且在 $\theta > 0.4$ 时,NW 小世界网络全盘崩溃。

上述结果与对文献[6]的进一步研究结果完全不同。Wang W. X. 等采用线性负载容量模型,其研究工作侧重于控制级联失效的开始及传播,对控制任意结构加权复杂网络级联失效的发生及级联失效范围具有重要指导意义。然而,进一步研究结果表明,随着级联失效范围的扩大,BA 无标度网络的标准化崩塌规模 $S_N$ 与阈值 $T$ 的关系是单调的。

线性负载容量模型中 BA 无标度网络的级联抗毁性与阈值 $T$ 的关系曲线如图 7-14 所示,仿真结果为 10 次计算的平均值。

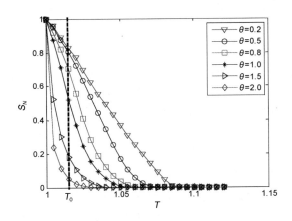

图 7-14　线性负载容量模型中 BA 无标度网络的
级联抗毁性与阈值 $T$ 的关系曲线

由图 7-14 可以看出,在线性负载容量模型中,对于确定的阈值 $T_0$,权重系数 $\theta$ 越大,标准化崩塌规模 $S_N$ 就越小,BA 无标度网络的级联抗毁性越强。

线性负载容量模型中 NW 小世界网络的级联抗毁性与阈值 $T$ 的关系曲线如图 7-15 所示,仿真结果为 10 次计算的平均值。

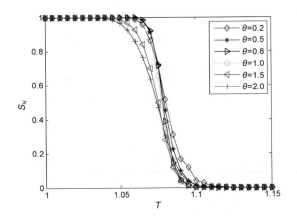

图 7-15　线性负载容量模型中 NW 小世界网络的
级联抗毁性与阈值 $T$ 的关系曲线

由图 7-15 可以看出，NW 小世界网络的标准化崩塌规模 $S_N$ 与阈值 $T$ 的关系是非线性的。显然易见，对于相同的权重系数，NW 小世界网络的级联抗毁性随着 $T$ 的增大不断增强。然而，对于不同的阈值 $T$，NW 小世界网络的级联抗毁性与权重系数间没有显见的规律可循。

Wang W. X.等对线性负载容量模型的进一步研究结果与上述结果是截然不同的，分析这种差异正是由负载容量之间的非线性关系造成的。

**2. 不同容量参数的加权复杂网络级联抗毁性仿真分析**

下面进行不同容量参数加权复杂网络的级联抗毁性仿真分析。BA 无标度网络的级联抗毁性与容量参数 $\alpha$ 和 $\beta$ 的关系曲线分别如图 7-16 和图 7-17 所示，仿真结果为 10 次计算的平均值。

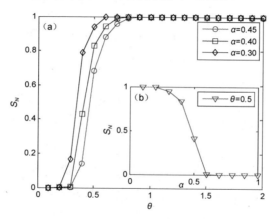

图 7-16　BA 无标度网络的级联抗毁性与容量参数 $\alpha$ 的关系曲线

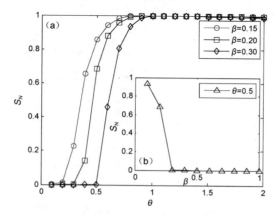

图 7-17　BA 无标度网络的级联抗毁性与容量参数 $\beta$ 的关系曲线

在图 7-16 中，容量参数 $\beta=0.20$。对于给定的 $\alpha$ 值，随着 $\theta$ 的不断增大，$S_N$ 不断增大，BA 无标度网络的级联抗毁性不断减弱。对于给定的 $\theta$ 值，随着 $\alpha$ 的不断增大，BA 无标度网络的级联抗毁性不断增强，$\theta=0.5$ 时的情况如图 7-16（b）所示。

在图 7-17 中，容量参数 $\alpha=0.45$。参数 $\beta$ 对 BA 无标度网络级联抗毁性的影响与 $\alpha$ 类似。对于给定的 $\beta$ 值，随着 $\theta$ 的不断增大，BA 无标度网络的级联抗毁性不断减弱。对于给定的 $\theta$ 值，随着 $\beta$ 的不断增大，BA 无标度网络的级联抗毁性不断增强。

NW 小世界网络的级联抗毁性与容量参数 $\alpha$ 和 $\beta$ 的关系曲线分别如图 7-18 和图 7-19 所示，仿真结果为 10 次计算的平均值。

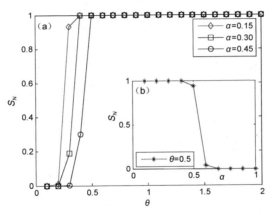

图 7-18　NW 小世界网络的级联抗毁性与容量参数 $\alpha$ 的关系曲线

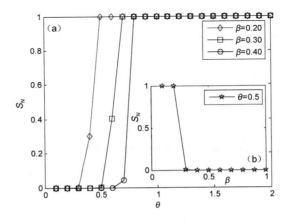

图 7-19　NW 小世界网络的级联抗毁性与容量参数 $\beta$ 的关系曲线

由图 7-18 可以看出，对于给定的 $\alpha$ 值，$S_N$ 随着 $\theta$ 的增大而增大，NW 小世界网络的级联抗毁性则减弱。对于给定的 $\theta$ 值，随着 $\alpha$ 的不断增大，NW 小世界网络的级联抗毁性不断增强，$\theta$=0.5 时的情况如图 7-18（b）所示，存在一个临界点 $\alpha$=0.5，$\alpha$ 继续增大时，NW 小世界网络的级联抗毁性达到最强。

由图 7-19 可以看出，参数 $\beta$ 对 NW 小世界网络级联抗毁性的影响与 $\alpha$ 类似。对于给定的 $\beta$ 值，随着 $\theta$ 的不断增大，NW 小世界网络的级联抗毁性不断减弱。对于给定的 $\theta$ 值，随着 $\beta$ 的不断增大，NW 小世界网络的级联抗毁性不断增强，存在一个临界点 $\beta$=0.2，$\beta$ 继续增大时，NW 小世界网络的级联抗毁性达到最强。

随着容量参数 $\alpha$ 和 $\beta$ 的不断增大，BA 无标度网络和 NW 小世界网络的级联抗毁性不断增强，这与直观上的认识是一致的。由图 7-16～图 7-19 也可以看出，不同容量参数的网络在 $\theta$ 较小时，表现出较强的级联抗毁性，随着 $\theta$ 的进一步增大，级联抗毁性急剧减弱。另外，随着 $\alpha$ 和 $\beta$ 的增大，网络抵抗级联失效的空闲容量 $\Delta C=\beta L^{\alpha}$ 也不断增大，网络成本也进一步升高。因此，从控制成本的角度考虑，可以减小网络的权重系数，随后根据实际需要对容量参数进行调节，使得网络的级联抗毁性最强。

### 3. 不同网络密度的加权复杂网络级联抗毁性仿真分析

BA 无标度网络的网络密度与平均度 $\langle k \rangle$ 密切相关，NW 小世界网络的网络密度与参数 $p$ 密切相关。BA 无标度网络和 NW 小世界网络的级联抗毁性与网络密度的关系曲线分别如图 7-20 和图 7-21 所示，仿真结果为 10 次计算的平均值。

在图 7-20 和图 7-21 中，容量参数 $\alpha$=0.45，$\beta$=0.20。由图 7-20 可以看出，在给定 $\langle k \rangle$ 的情况下，随着权重系数 $\theta$ 的不断增大，BA 无标度网络的级联抗毁性先减弱，随后略有增强。对于给定的 $\theta$ 值，BA 无标度网络的级联抗毁性与 $\langle k \rangle$ 的关系曲线如图 7-20（b）所示，在 $\theta$=0.5 的情况下，BA 无标度网络的级联抗毁性在 $\langle k \rangle$=2 时最强，在 $\langle k \rangle$=4 时最弱；不同 $\theta$ 值的 BA 无标度网络在 $\langle k \rangle$=4 时级联抗毁性最弱，且在 $\theta$ 值较小时，BA 无标度网络的级联抗毁性较强。

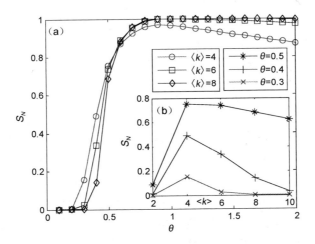

图 7-20  BA 无标度网络的级联抗毁性与网络密度的关系曲线

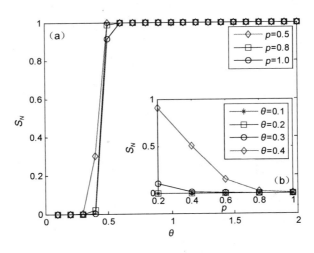

图 7-21  NW 小世界网络的级联抗毁性与网络密度的关系曲线

由图 7-21 可以看出,在给定 $p$ 的情况下,随着权重系数 $\theta$ 的不断增大,NW 小世界网络的级联抗毁性不断减弱,且在 $\theta<0.4$ 时级联抗毁性较强,在 $\theta>0.5$ 时级联抗毁性较弱。对于给定的 $\theta$ 值,NW 小世界网络的级联抗毁性与 $p$ 的关系曲线如图 7-21(b)所示,在 $\theta=0.4$ 的情况下,NW 小世界网络的级联抗毁性随着 $p$ 的增大而不断增强;不同 $\theta$ 值的 NW 小世界网络的级联抗毁性对参数 $p$ 的敏感度相差较大,$\theta$ 值越小,则 NW 小世界网络的级联抗毁性对 $p$ 值的敏感度越低。

另外，由图 7-20 和图 7-21 也可以看出，不同网络密度的加权复杂网络在 $\theta<0.3$ 时级联失效范围较小，而在 $\theta\geq 0.4$ 时级联失效传播的速度迅速加快。从控制级联失效传播范围的角度考虑，可以采取的方法是首先减小权重系数，进而根据需要对加权复杂网络的网络密度进行一定调整。

### 7.3.3　考虑成本与性能的加权复杂网络级联抗毁性优化分析

在实际网络的抗毁性研究中，通常人们比较关心的是如何在保持成本一定的情况下，设计抗毁性最优的网络[26,27]。前文给出了加权复杂网络的级联抗毁性与各参数的定性关系，下面从定量的角度给出加权复杂网络级联抗毁性的优化分析模型。

加权复杂网络的级联抗毁性可以表示为网络鲁棒性与网络成本的函数，即

$$F=R-[(1-\gamma)S(d)+\gamma S(C)] \tag{7.17}$$

式中，$F$ 为加权复杂网络级联抗毁性目标函数；$R$ 为网络鲁棒性，用最大连通子图的相对大小来表示，$R=G'/G$，$G'$ 和 $G$ 分别表示级联失效发生前、后的最大连通子图大小；$S$ 为成本，与网络密度 $d$ 和边容量 $C$ 相关，表示为 $S(d)$ 和 $S(C)$，$S(d)=m/m_0$，$m$ 为平均连接数，$m_0$ 为初始节点数量，$S(C)=\sum_{ij}\Delta C/\sum_{ij}L$，$L$ 为初始负载，$S(C)$ 表示网络的相对增加成本；$\gamma$ 为加权系数，表示由网络边容量决定的网络成本的重要性，通过调节 $\gamma$，可以均衡容量成本和密度成本对加权复杂网络级联抗毁性的影响。这里重点考虑容量成本对加权复杂网络级联抗毁性的影响，取 $\gamma=1$。成本和性能约束下 BA 无标度网络和 NW 小世界网络的级联抗毁性与各参数的关系曲线分别如图 7-22 和图 7-23 所示。

由图 7-22 可以看出，在确定容量参数 $\alpha$ 和 $\beta$ 的情况下，BA 无标度网络在 $\theta\in[0.1,0.3]$ 时具有较强的级联抗毁性，且在 $\theta=0.3$ 时级联抗毁性最强，随后又迅速减弱，到 $\theta\geq 0.7$ 时 BA 无标度网络全盘崩溃。

由图 7-23 可以看出，NW 小世界网络在 $\theta\leq 0.3$ 时具有较强的级联抗毁性，且在 $\theta=0.3$ 时级联抗毁性最强，随后又迅速减弱，到 $\theta\geq 0.5$ 时 NW 小世界网络几乎全盘崩溃。

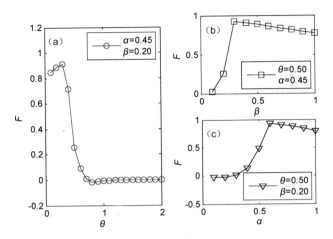

图 7-22　成本和性能约束下 BA 无标度网络的级联抗毁性与各参数的关系曲线

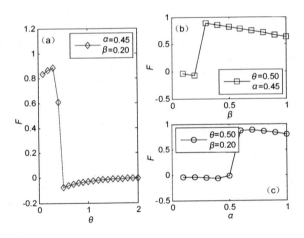

图 7-23　成本和性能约束下 NW 小世界网络的级联抗毁性与各参数的关系曲线

由图 7-22 和图 7-23 也可以看出，BA 无标度网络和 NW 小世界网络的级联抗毁性随着 $\alpha$ 和 $\beta$ 的逐渐增大呈现出先增强后减弱的趋势，也就是说在确定权重系数 $\theta$ 的情况下，BA 无标度网络和 NW 小世界网络存在着最优的级联抗毁性。以 $\theta=0.5$ 为例，BA 无标度网络在 $\alpha=0.60$、$\beta=0.20$ 时级联抗毁性最强，目标函数值达到 0.93。

此处仅考虑了 $\gamma=1$ 的情况，这是因为容量成本对加权复杂网络级联抗毁性的影响更大，且通过改变容量来优化网络级联抗毁性较改变网络密度的方法更具可操作性。

由图 7-12～图 7-23 的仿真结果可以得出，在非线性负载容量模型条件下，有如下结论。

（1）BA 无标度网络和 NW 小世界网络的级联抗毁性随着权重系数 $\theta$ 的增大而减弱，在 $\theta \leqslant 0.3$ 时网络具有较强的级联抗毁性，在 $\theta > 0.3$ 时其级联抗毁性迅速减弱，这与线性模型的结论是截然不同的。

（2）BA 无标度网络和 NW 小世界网络的级联抗毁性随着容量参数 $\alpha$ 和 $\beta$ 的增大而增强，这与直观上的认识是一致的。同时，BA 无标度网络和 NW 小世界网络的级联抗毁性对参数 $\beta$ 更为敏感。然而，容量参数的增大也在一定程度上提高了网络成本。从控制成本的角度考虑，首要是减小加权复杂网络的权重系数，随后根据需要对容量参数进行调节，使得加权复杂网络的级联抗毁性达到最强。

（3）BA 无标度网络和 NW 小世界网络在 $\theta$ 值较小时，级联失效范围相对较小，级联抗毁性较强。同时，BA 无标度网络在 $\langle k \rangle = 4$ 时级联抗毁性最弱，NW 小世界网络的级联抗毁性对参数 $p$ 的敏感度相差较大，$\theta$ 值越小敏感度越低。

（4）在容量成本和抗毁性约束下，当权重系数 $\theta$ 确定时，通过调节容量参数 $\alpha$ 和 $\beta$，BA 无标度网络和 NW 小世界网络存在最优的级联抗毁性。

由此可以看出，本节的研究成果能够从整体上把握加权复杂网络的级联抗毁性状况，且能灵活调节参数以获取最强的级联抗毁性。

## 7.4　本章小结

本章首先综述了复杂网络抗毁性测度指标，针对加权复杂网络的特点，选择了加权复杂网络效率和加权复杂网络连通性作为加权复杂网络抗毁性测度指标。其次，针对加权复杂网络的静态抗毁性建模问题，研究了基于网络局部信息和基于网络全局信息的加权复杂网络的抗毁性，从权重的维度分析了其对加权复杂网络抗毁性的影响，并对成本和性能约束下加权复杂网络的抗毁性进行了优化分析。再次，针对加权网络的级联失效过程，引入了一个改进的非线性负载容量模型，对加权复杂网络的级联抗毁性进行了深入研究。结果表明，加权复杂网络的级联抗毁性随着权重系数的增大而减弱，随着容量参数的增大而增强；在权重系数确定的情况下，存在最优容量参数组合使得加权复杂网络具有最强的级联抗毁性。

## 参考文献

[1] 田亮. 复杂网络的统计性质及其上动力学分析[D]. 南京：南京航空航天大学，2012.

[2] ALBERT R, JEONG H, BARABASI A L. Error and attack tolerance of complex networks[J]. Nature, 2000, 406: 378-382.

[3] 吴俊，谭跃进. 复杂网络抗毁性测度研究[J]. 系统工程学报，2005, 20(2): 128-131.

[4] 王甲生，吴晓平，陈永强. 不同信息条件下加权复杂网络抗毁性仿真研究[J]. 中南大学学报（自然科学版），2013, 44(5): 1888-1894.

[5] 饶育萍，林竞羽，侯德亭. 基于最短路径数的网络抗毁评价方法[J]. 通信学报，2009, 30(4): 113-117.

[6] COHEN R, EREZ K, BEN-AVRAHAM D, et al. Resilience of the Internet to random breakdowns[J]. Physical review letters, 2000, 85(21): 4626-4628.

[7] 郭虹，兰巨龙，刘洛琨. 考虑节点重要度的 Ad Hoc 网络抗毁性测度研究[J]. 小型微型计算机系统，2010, 31(6): 1063-1066.

[8] 吴俊. 复杂网络拓扑结构抗毁性研究[D]. 长沙：国防科技大学，2008.

[9] 黄建华，党延忠. 复杂网络二维抗毁性测度指标及评价算法[J]. 计算机工程，2011, 37(15): 63-65.

[10] 兰明明，韩华，刘婉璐. 基于社团结构的复杂网络抗毁性测度[J]. 计算机工程与应用，2012, 48(13): 67-71.

[11] 汤浩锋，张琨，郁楠，等. 有向加权复杂网络抗毁性测度研究[J]. 计算机工程，2013, 39(1): 23-28.

[12] 李黎，管晓宏，赵千川，等. 网络生存适应性的多目标评估[J]. 西安交通大学学报，2010, 44(10): 1-7.

[13] 刘漳辉，陈国龙，汤振立，等. 加权复杂网络相继故障的节点

动态模型研究[J]. 小型微型计算机系统, 2013, 34(12): 2800-2804.

[14] CRUCITTI P, LATORA V, MARCHIORI M, et al. Efficiency of scale-free networks: error and attack tolerance[J]. Physica A: statistical mechanics and its applications, 2003, 320(3): 622-642.

[15] HOLME P, KIM B J, FODOR V. Heterogeneous attachment strategies optimize the topology of dynamic wireless networks[J]. European physical journal B, 2010, 73(4): 597-604.

[16] 朱鹏鹏, 董建民, 李慧嘉. 考虑权值减少的局域世界网络模型上的病毒传播研究[J]. 计算机安全, 2013, 5(6): 66-68.

[17] CHEN S M, PANG S P, ZOU X Q. An LCOR model for suppressing cascading failure in weighted complex networks[J]. Chinese physics B, 2013, 22(5): 98-107.

[18] 张强, 李建华, 沈迪, 等. 复杂网络理论的作战网络动态演化模型[J]. 哈尔滨工业大学学报, 2015, 47(10): 106-112.

[19] KIM D H, MOTTER A E. Resource allocation pattern in infrastructure networks[J]. Journal of physics A mathematical & theoretical, 2008, 41(22): 224019.

[20] HUANG L, YANG L, YANG K Q. Geographical effects on cascading breakdowns of scale-free networks[J]. Physical review E, 2006, 73(3): 036102.

[21] LEE D S, GOH K I, KAHNG B, et al. Sandpile avalanche dynamics on scale-free networks[J]. Physica A: statistical mechanics and its applications, 2004, 338(1): 84-91.

[22] MORENO Y, GÓMEZ J B, PACHECO A F. Instability of scale-free networks under node breaking avalanches[J]. Europhysics letters, 2002, 58(4): 630.

[23] KIM D H, KIM B J, JEONG H. Universality class of the fiber bundle model on complex networks[J]. Physical review letters, 2005, 94(2): 025501.

[24] 丁琳, 张嗣瀛. 灰色信息下复杂负载网络的鲁棒性研究[J]. 计算机工程与应用, 2012, 48(13): 5-10.

[25] QI J J, MEI S W. A cascading failure model by quantifying interactions[J]. Computer science, 2013(1): 2055-2058.

[26] XIA Y X, FAN J, HILL D. Cascading failure in Watts-Strogatz small-world networks[J]. Physica A: statistical mechanics and its applications, 2010, 389(6): 1281-1285.

[27] 谢丰, 程苏琦, 陈冬青, 等. 基于级联失效的复杂网络抗毁性[J]. 清华大学学报（自然科学版）, 2011, 51(10): 1252-1257.

[28] HOLME P, KIM B J, YOON C N, et al. Attack vulnerability of complex networks[J]. Physical review E, 2002, 65(5): 056109.

[29] ZHANG X K, WU J, TAN Y J, et al. Structural robustness of weighted complex networks based on natural connectivity[J]. Chinese physics letters, 2013, 30(10): 31-38.

[30] WANG B, KIM B J. A high robustness and low cost model for cascading failures[J]. Europhysics letters, 2007, 78(4): 48001.

[31] 汪秉宏. 交通流研究最新进展综述[J]. 复杂系统与复杂性科学, 2010, 7(4): 65-73.

[32] WEI D J, CHEN X W, DENG Y, Multifractality of weighted complex networks[J]. Chinese journal of physics, 2016, 54(3): 272-279.

[33] LIAO H, ZENG A, ZHOU M Y, et al. Information mining in weighted complex networks with nonlinear rating projection[J]. Communications in nonlinear science and numerical simulation, 2017, 51(2): 154-160.

[34] WANG W X, CHEN G R. Universal robustness characteristic of weighted networks against cascading failure[J]. Physical review E, 2008, 77(2): 026101.

[35] ZHANG Y J, ZHANG Z L, WEI D J, et al. Centrality measure in weighted networks based on an amoeboid algorithm[J]. Journal of information & computational science, 2012, 9(2): 369-376.

[36] LI P, WANG B H, SUN H, et al. A limited resource model of fault-tolerant capability against cascading failure of complex network [J]. European physical journal B, 2008, 62(1): 101-104.

# 第 8 章

# 不完全信息条件下加权复杂网络抗毁性建模分析

第 7 章介绍了加权复杂网络抗毁性建模关键问题,其中攻击策略的选择是加权复杂网络抗毁性建模的关键。通常情况下,攻击策略主要受攻击信息的约束。在能够获取目标网络的全部信息时,攻击者往往会采取破坏力最强的蓄意攻击以达到最大的费效比。目前的大多数研究仍然没有脱离 Albert 等原始工作的研究框架,即研究复杂网络在随机失效和蓄意攻击下的抗毁性。所谓随机失效和蓄意攻击,从攻击信息角度来看就是零信息攻击和完全信息攻击,且大多忽略网络节点之间相互作用关系的强度。由于实际网络节点之间的关系往往呈现出多样性,这些关系与网络的拓扑结构也有着很强的关联性,从而对网络的整体性质有非常重要的影响。本章将针对不完全信息条件下的加权复杂网络抗毁性建模问题进行系统介绍。

## 8.1 加权复杂网络攻击中的不完全信息条件建模

### 8.1.1 不完全信息的处理方法

在现实世界中,随着实际网络的规模越来越大,攻击者不可能获取网络的全部信息,更多的可能是不完全信息[1]。不完全信息可以分为两种情况。一种是不完整性不完全信息,即部分已知,部分未知。对于已知部分,攻击者可以进行精确的重点攻击;对于未知的部分,只能进行随机攻击。不完整性不完全信息如图 8-1 所示。另外一种是不确定性不完全信息，即网络的整体信息是可以获取的，然而这些信息具有一定的模糊性和不确定性。

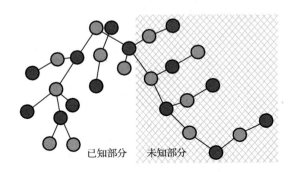

图 8-1　不完整性不完全信息

### 1. 不完整性不完全信息的处理方法

假设攻击者要攻击网络中的部分节点，令 $f$ 表示要攻击的节点比例。当不能获取任何信息时，只能对 $Nf$ 个节点进行随机攻击；而当能获取网络的全部信息时，则可以依照某种重要度准则对网络进行蓄意攻击。针对不完整性不完全信息类型，假设已知部分为 $\Omega$，未知部分为 $\bar{\Omega}$，那么 $\Omega$ 范围的确定成为一个关键问题[2]。

针对攻击信息部分已知部分未知的情况，Xiao 等[3]研究了复杂通信网络在蓄意攻击下的鲁棒性，其中考虑了两类特殊的不完全信息，即缺失最重要的 hub 节点信息和缺失一定比例的中等规模节点信息。结果表明，在不同的网络环境中，不完全的全局信息对蓄意攻击的影响也是不一样的，基于局部信息的攻击相对来说破坏力更强。

另外，Wu 等[4]将复杂网络攻击信息获取抽象成无放回的不等概率抽样问题，建立了不完全信息条件下的复杂网络抗毁性模型，其中网络攻击信息可以用信息广度参数 $\alpha$ 和信息精度参数 $\beta$ 进行控制，以往的随机失效和蓄意攻击可以看作该模型的两个特例。研究表明，攻击信息对最大连通图和临界移除比例都有显著影响：一方面，随机隐藏少量节点信息就可以大幅增强网络的抗毁性，另一方面，获取少量重要节点的信息就可以大幅减弱网络的抗毁性。此外，研究还发现，攻击信息精度比攻击信息广度对网络影响更大。当攻击信息精度很高时,只需要获取很少节点信息就能使网络变得很脆弱;反之,当攻击信息精度很低时,即使获取大量节点信息,网络抗毁性也很强。

## 2. 不确定性不完全信息的处理方法

针对不确定性不完全信息类型,则需要对其存在的模糊性和不确定性进行处理[5,6]。模糊数学、灰色系统理论及粗糙集理论等是目前最常用的研究不确定性信息的理论,其分别从不同角度和侧面论述了描述和处理各类不确定性信息的技术和方法。

### 1)模糊数学

模糊数学的研究对象是模糊集,着重解决认知不确定性问题,其研究对象具有"内涵明确、外延不明确"的特点。由于概念外延的模糊性,一个对象是否符合这个概念呈现出不确定性,说明对象与概念间没有确定的排中关系。对于这类问题,模糊数学主要是寻求和把握广义排中律,即借助隶属函数来进行处理。模糊数学用数学的方法抽象描述模糊现象,其理论基础如下。

**定义 8.1** 设给定论域 $U$ 和集合 $A$,若对于 $U$ 到$[0,1]$闭区间的任意映射 $\mu_A: U \to [0,1]$,有元素 $z \to \mu_A(z)$,则 $\mu_A$ 确定了 $U$ 上的一个模糊子集 $A$,称 $\mu_A$ 为 $A$ 的隶属函数,$\mu_A(z)$为 $z$ 关于 $A$ 的隶属度。

**定义 8.2** 依照定义 8.1,$z$ 隶属于 $A$ 的程度可用隶属度 $\mu_A(z)$来表示,令 $\mu_A(z) \in [0,1]$。当 $z$ 完全隶属于 $A$ 时,$\mu_A(z)=1$;当 $z$ 完全不隶属于 $A$ 时,$\mu_A(z)=0$。

### 2)灰色系统理论

1982 年,中国学者邓聚龙教授创立了灰色系统理论。灰色系统理论是一种研究少数据、贫信息不确定性问题的新方法。该理论以"部分信息已知、部分信息未知"的"小样本""贫信息"不确定性系统为研究对象,主要通过对"部分"已知信息的生成、开发,提取有价值的信息,实现对系统运行行为、演化规律的正确描述和有效监控。灰色系统理论采用的数学方法是非统计方法,可以解决系统数据较少和条件不满足统计要求的特殊情况。与模糊数学不同的是,灰色系统理论主要研究"外延明确、内涵不明确"的对象,从认知不确定性的研究中去把握和

# 第 8 章 不完全信息条件下加权复杂网络抗毁性建模分析

寻求广义的同一律——白化规律，通过灰数及其相关运算来描述和表示不确定性。

3）粗糙集理论

1982 年，波兰科学院院士 Z. Pawlak 教授发表了题为"Rough Sets"的论文，标志着粗糙集理论的问世。粗糙集理论采用精确的数学方法研究不确定性系统，其主要思想是利用已知的知识库，近似刻画和处理不精确或不确定的知识。Z.Pawlak 把那些无法确认的个体都归于边界区域，并将边界区域定义为上近似集与下近似集之间的差集。2001 年之后，我国的粗糙集理论和应用研究日趋活跃。由于粗糙集理论在机器学习与知识发现、数据挖掘、决策支持与分析等方面的广泛应用，近年来发展很快。

## 8.1.2 加权复杂网络攻击中的不完全信息条件建模分析

随着实际网络的规模越来越大，攻击者不可能获取网络的全部信息，更多的可能是不确定性不完全信息。例如，现代军事指挥系统网络是由陆基、海基、空基、天基及邻近空间网络组成的综合一体化空间网络，包括兵力、火力、侦察、预警、监视、后勤保障等物质力量和信息力量，是一个军事指挥复杂网络。对于这样一个复杂网络，攻击者可能获取关于网络节点的全部信息，如各类武器平台的数量、隶属关系等。然而，这些信息大多是不明确的，具有"外延明确、内涵不明确"的特点，因此可以采用灰色系统理论来对其进行处理[7,8]。

对于不完全信息条件下的复杂网络抗毁性研究，众多学者已经取得了一些研究成果。文献[4]提出了一个攻击信息参数可调的复杂网络抗毁性模型，基于该模型研究了随机不完全信息和优先不完全信息条件下复杂网络拓扑结构的抗毁性。然而，其研究仅以无权网络抗毁性为对象，并没有考虑现实节点间的相互关系。文献[9]提出了一个基于灰色信息的无标度网络鲁棒性模型，其中攻击者可以获取所有节点的信息，然而这些信息可能是不精确的。结果表明，降低攻击信息的精确度能够显著增强无标度网络的鲁棒性。文献[10]借助灰色系统理论来处理不确定信息，建立了一个基于灰色信息的相继故障模型，仿真分析了 BA 无标度网络和 ER 随机网络在遭受边攻击情况下的级联抗毁性。然而，文献[9]

和[10]都假设 BA 无标度网络的度观测值在不确定区间上服从均匀分布，与实际网络是不相符的。另外，文献[4]、[9]和[10]都采用了巨组元规模来衡量网络性能的变化，以网络完全崩溃为条件，以临界移除比例作为抗毁性指标。然而，实际网络是很难被完全摧毁的，攻击少量节点很难改变巨组元规模[11]。因此，本章考虑采用网络效率和网络连通性来度量网络性能，研究不完全信息条件下加权复杂网络的抗毁性。

## 8.2 不完全信息条件下加权复杂网络抗毁性分析

### 8.2.1 基于灰色系统理论的不完全信息处理

灰色系统理论是一种研究少数据、贫信息不确定性问题的新方法，在系统数据较少和条件不满足统计要求的情况下具有适用性。加权复杂网络攻击中的不完全信息具有"外延明确、内涵不明确"的特点，可以运用灰色系统理论对其进行处理。

**1. 灰色系统理论基础**

灰色系统用灰数、灰色方程、灰色矩阵等来描述，其中灰数是灰色系统的基本单元或细胞。这里把只知道大概范围而不知道其确切值的数称为灰数。在应用中，灰数实际上指在某一个区间或某一般的数集中取值的不确定数，通常用记号"$\otimes$"表示灰数。从本质上看，灰数有信息型、概念型和层次型三类。

（1）信息型灰数是指因暂时缺乏信息而不能肯定其取值的数。例如，估计在某复杂通信网络中的用户数为 7 万到 9 万之间，那么 $\otimes \in [70000, 90000]$。由于暂时缺乏信息，不能肯定某数的确切取值，而到一定时间后，通过信息补充，灰数就可以完全变白。

（2）概念型灰数是指由人们的某种观念、意愿形成的灰数，也称为意愿型灰数。

（3）有的数从系统的高层次（即整体层次）看是白的，但从低层次看则可能是灰色的。还有的数在某个小范围上看是白的，在大范围上看则是灰色的。随着层次的改变形成的灰数称为层次型灰数。

灰数的白化即灰数的清晰化和确定化。有一类灰数是在其基本值附近变动的，这类灰数白化可以其基本值作为主要白化值。例如，以 $a$ 为基本值的灰数可记为

$$\otimes(a) = a + \delta_a \text{ 或 } \otimes(a) \in (-, a, +) \tag{8.1}$$

式中，$\delta_a$ 称为扰动灰元。此灰数的白化值 $\tilde{\otimes}(a) = a$。例如，复杂网络蓄意攻击的准确率为 0.45 左右，可以表示如下，其白化值为 0.45。

$$\otimes(0.45) = 0.45 + \delta_a \text{ 或 } \otimes(0.45) \in (-, 0.45, +)$$

对于一般的区间灰数 $\otimes \in [a, b]$，将白化值 $\tilde{\otimes}$ 取为 $\tilde{\otimes} = \xi a + (1-\xi) b$（$\xi \in [0, 1]$）。形如 $\tilde{\otimes} = \xi a + (1-\xi) b$（$\xi \in [0, 1]$）的白化称为等权白化。在等权白化中，若 $\xi = 0.5$，则称为等权均值白化。当区间灰数取值的分布信息缺乏时，常采用等权均值白化。当区间灰数取值的分布信息已知时，往往采用非等权白化。这时，采用白化权函数来描述一个灰数对其取值范围内数值的"偏爱"程度。

对概念型灰数中表示意愿的灰数，其白化权函数一般设计为单调增或减函数。这里将起点、终点确定的左升、右降连续函数称为典型白化权函数，如图 8-2（a）所示。

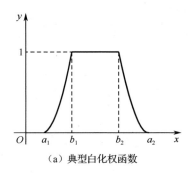
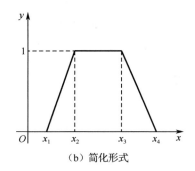

（a）典型白化权函数　　　　　　（b）简化形式

图 8-2　典型白化权函数及其简化形式

在图 8-2（a）中，有

$$f(x) = \begin{cases} L(x), & x \in [a_1, b_1] \\ 1, & x \in [b_1, b_2] \\ R(x), & x \in (b_2, a_2) \end{cases} \tag{8.2}$$

式中，称 $L(x)$ 为左增函数，称 $R(x)$ 为右降函数；$[b_1, b_2]$ 为峰区，$a_1$ 为始

点，$a_2$ 为终点。在实际应用中，为了便于编程和计算，$L(x)$ 和 $R(x)$ 常简化为直线，如图 8-2（b）所示。

**2．基于灰色系统理论的不完全信息处理方法**

在灰色信息条件下，假设节点 $i$ 的度观测值为 $\tilde{k}_i$，其实际节点度为 $k_i$，为了测度灰色信息的准确度，引入信息准确度 $\alpha$，那么在获知网络最大度 $M$ 和最小度 $m$ 的情况下，可以假设 $\tilde{k}_i$ 是在区间 $[k_i-(k_i-m)(1-\alpha), k_i+(M-k_i)(1-\alpha)]$ 上均匀分布的随机变量。其中，信息准确度 $\alpha \in [0,1]$。当 $\alpha=0$ 时，节点 $i$ 的度观测值隶属于区间 $[m,M]$。当 $\alpha=1$ 时，则有节点 $i$ 的度观测值 $\tilde{k}_i = k_i$。

为了衡量灰色信息的准确度，文献[9]对该区间数进行了白化，得到 $\tilde{k}_i$ 的白化值，即

$$\tilde{k}_i = [k_i-(k_i-m)(1-\alpha)](1-\delta) + [k_i+(M-k_i)(1-\alpha)]\delta \quad (8.3)$$

式中，$\delta$ 为在 $[0,1]$ 区间上均匀分布的随机变量。然而，由于 BA 无标度网络的度分布的幂律特性，将节点 $i$ 的度观测值在不确定区间上进行均值白化显然是不合理的。在 BA 无标度网络中，节点度分布符合幂律分布 $P(k) = ck^{-\lambda}$（$m \leq k \leq M$），其中 $c \approx (\lambda-1)m^{\lambda-1}$，那么当节点的度观测值 $\tilde{k}_i$ 在 $[k_i-(k_i-m)(1-\alpha), k_i+(M-k_i)(1-\alpha)]$ 中取值时，度观测值分布与网络的度分布一致。因此，这里借助 BA 无标度网络的度分布对度观测值进行白化。对于度观测值集合 $\{\tilde{k}_p, \tilde{k}_{p+1}, \tilde{k}_{p+2}, \cdots, \tilde{k}_q\}$，其出样概率为 $\{c\tilde{k}_p^{-\lambda}, c\tilde{k}_{p+1}^{-\lambda}, c\tilde{k}_{p+2}^{-\lambda}, \cdots, c\tilde{k}_q^{-\lambda}\}$，归一化处理后，度观测值概率分布为

$$P(\tilde{k}_i) = \frac{c\tilde{k}_i^{-\lambda}}{\sum_j c\tilde{k}_j^{-\lambda}} \quad (8.4)$$

## 8.2.2 不完全信息条件下加权复杂网络抗毁性仿真分析

网络的拓扑结构在网络动力学方面扮演着重要角色，典型拓扑结构网络有助于更好地理解与控制加权复杂网络的抗毁性[12]。本节着重研究 BA 无标度网络和 NW 小世界网络的抗毁性。首先，构建 BA 无标度网络和 NW 小世界网络。BA 无标度网络的构建依赖于择优连接机制，节点总数 $N=5000$，初始节点数量 $m_0=5$，$m=2$。NW 小世界网络的构建采用在规则图上随机化加边的方式，节点总数 $N=5000$，$K=2$，$p$ 在 $(0.1, 1.0)$

中取值。网络的赋权模型采用端节点度的乘积形式,权重系数 $\theta$ 在(0,1]中取值。

**1. 不同信息准确度的加权复杂网络抗毁性仿真分析**

在基于节点度的不完全信息攻击策略下,攻击者依据节点度降序移除网络中一定比例的节点。由式(8.3)可知,攻击者对节点度 $k_i$ 的观测值 $\tilde{k}_i = k_i\alpha + m(1-\alpha) + (M-m)(1-\alpha)\delta$,$\delta$ 为在[0,1]区间上均匀分布的随机变量。

不同信息准确度的 BA 无标度网络的度观测值概率分布曲线如图 8-3 所示。

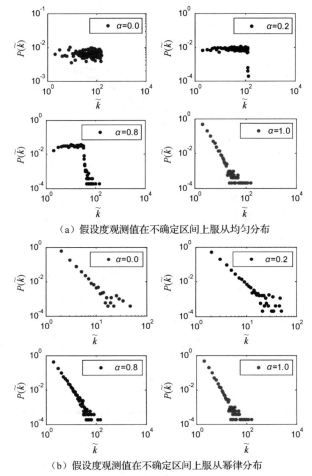

(a)假设度观测值在不确定区间上服从均匀分布

(b)假设度观测值在不确定区间上服从幂律分布

图 8-3　不同信息准确度的 BA 无标度网络的度观测值概率分布曲线

由图 8-3（a）可以看出，在假设度观测值在不确定区间上服从均匀分布的情况下，BA 无标度网络的度观测值概率分布严重偏离了原来的幂律分布，且信息准确度越小，度观测值概率分布偏离幂律分布越远。本书认为 BA 无标度网络中节点的度观测值分布应与其度分布一致，因此采用 BA 无标度网络的幂律分布 $P(k)=ck^{-\lambda}$ 对不完全信息进行白化。在假设度观测值在不确定区间上服从幂律分布的情况下，BA 无标度网络的度观测值概率分布如图 8-3（b）所示。由图 8-3（b）可以看出，在不完全信息条件下，BA 无标度网络的度观测值概率分布仍然与幂律分布近似，这与直观上的认识是一致的。对于 NW 小世界网络，其节点度分布较为均匀，可以假设其度观测值在不确定区间上服从均匀分布，此处不再赘述。

在假设度观测值在不确定区间上服从均匀分布的情况下，BA 无标度网络的抗毁性变化曲线如图 8-4 所示，其中权重系数 $\theta=0.5$，仿真结果为 10 次计算的平均值。

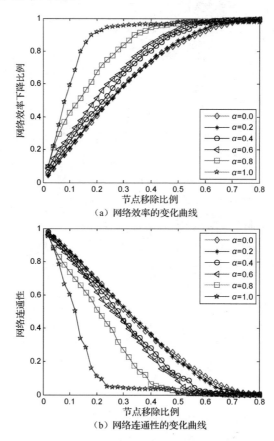

(a) 网络效率的变化曲线

(b) 网络连通性的变化曲线

图 8-4 均匀分布假设下 BA 无标度网络的抗毁性变化曲线

由图 8-4 可以看出，对于不同的信息准确度，BA 无标度网络的抗毁性随着节点移除比例的增大而不断减弱，且信息准确度对 BA 无标度网络的抗毁性具有显著影响，信息准确度越小，BA 无标度网络的抗毁性越强。在零信息条件下，即 $\alpha=0$ 时，在移除 10%的节点后，BA 无标度网络效率仅下降了 21%，网络连通性下降为 85%；而在完全信息条件下，即 $\alpha=1$ 时，在移除 10%的节点后，BA 无标度网络效率下降了 59%，网络连通性则下降为 60%。同时，信息准确度越大，则 BA 无标度网络的临界移除比例越小，网络崩溃得越快。

在假设度观测值在不确定区间上服从幂律分布的情况下，BA 无标度网络的抗毁性变化曲线如图 8-5 所示，其中权重系数 $\theta=0.5$，仿真结果为 10 次计算的平均值。

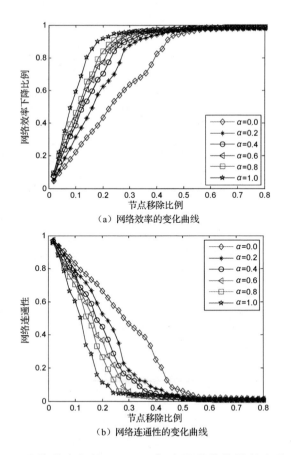

（a）网络效率的变化曲线

（b）网络连通性的变化曲线

图 8-5　幂律分布假设下 BA 无标度网络的抗毁性变化曲线

由图 8-5 可以看出，对于不同的信息准确度，BA 无标度网络的抗毁性变化曲线与图 8-4 相似。不同之处在于，在相同的信息准确度下，度观测值服从幂律分布的 BA 无标度网络的抗毁性较弱。例如，当 $\alpha=0.6$ 时，在移除 10%的节点后，幂律分布假设下 BA 无标度网络效率下降了 43%，网络连通性下降为 75%，而均匀分布假设下二者的数值分别为 29%和 82%。这种差异正是由对度观测值分布的不同假设造成的。由于 BA 无标度网络度分布的幂律特性，度观测值在不确定区间上也服从幂律分布，因此对网络关键节点的把握更为精确，在同样的攻击条件下，可以取得较好的攻击效果，这与实际情况是相符的。在下面的分析中，将采用幂律分布假设进行分析。

不同信息准确度的 NW 小世界网络的抗毁性变化曲线如图 8-6 所示，其中权重系数 $\theta=0.5$，仿真结果为 10 次计算的平均值。

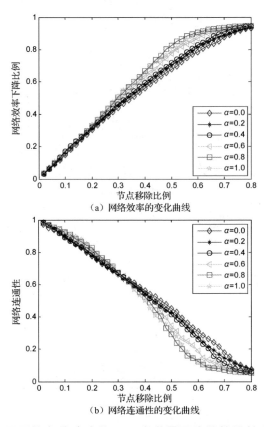

图 8-6　不同信息准确度的 NW 小世界网络的抗毁性变化曲线

由图 8-6 可以看出，信息准确度能在一定程度上影响 NW 小世界网络的抗毁性。当信息准确度 $α=0.6$ 时，在移除 10%的节点后，NW 小世界网络效率下降了 15%～17%，网络连通性维持在 90%～93%。可以发现，在攻击行为发生的早期，NW 小世界网络的抗毁性对信息准确度并不敏感。与 BA 无标度网络相比，在相同的权重系数和信息准确度下，NW 小世界网络的抗毁性较强，网络效率和网络连通性变化较为平缓。分析这一结果正是由二者节点度分布的不同性质造成的[14]，BA 无标度网络的节点度分布具有异质性的特点，而 NW 小世界网络的节点度分布较为均匀，因此在攻击者采取蓄意攻击时，BA 无标度网络表现得更为脆弱。

### 2．不同权重系数的加权复杂网络抗毁性仿真分析

不同权重系数的 BA 无标度网络的抗毁性变化曲线如图 8-7 所示，其中信息准确度 $α=0.5$，仿真结果为 10 次计算的平均值。

由图 8-7 可以看出，在信息准确度确定的情况下，权重系数越小的 BA 无标度网络在攻击的初始阶段（节点移除比例小于 20%）网络效率下降越快。例如，在移除 10%的节点后，$θ=0.2$ 的 BA 无标度网络效率下降了 53%，而 $θ=1.0$ 的 BA 无标度网络效率仅下降了 36%。同时，可以看出，BA 无标度网络的网络连通性和临界移除比例对权重系数并不敏感。

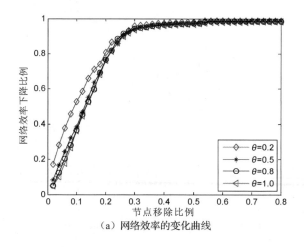

(a) 网络效率的变化曲线

图 8-7　不同权重系数的 BA 无标度网络的抗毁性变化曲线

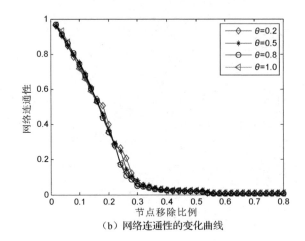

(b)网络连通性的变化曲线

图 8-7　不同权重系数的 BA 无标度网络的抗毁性变化曲线（续）

不同权重系数的 NW 小世界网络的抗毁性变化曲线如图 8-8 所示，其中信息准确度 $\alpha=0.5$，仿真结果为 10 次计算的平均值。

由图 8-8 可以看出，NW 小世界网络的网络效率、网络连通性和临界移除比例对网络的权重系数均不敏感。对于 NW 小世界网络，其度分布较为均匀，因此在不同权重系数的情况下，节点移除带来的网络效率下降和网络连通性变化均与网络的权重系数无明显关系。

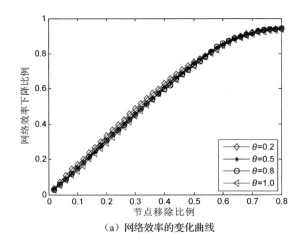

(a)网络效率的变化曲线

图 8-8　不同权重系数的 NW 小世界网络的抗毁性变化曲线

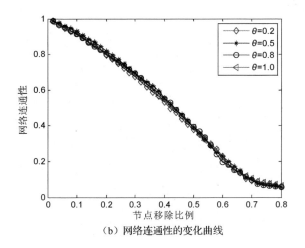

(b)网络连通性的变化曲线

图 8-8　不同权重系数的 NW 小世界网络的抗毁性变化曲线（续）

### 3．不同网络密度的加权复杂网络抗毁性仿真分析

BA 无标度网络的网络密度与平均度 $\langle k \rangle$ 密切相关。不同平均度 $\langle k \rangle$ 的 BA 无标度网络的抗毁性变化曲线如图 8-9 所示，其中权重系数 $\theta=0.5$，信息准确度 $\alpha=0.5$，仿真结果为 10 次计算的平均值。

由图 8-9 可以看出，在权重系数和信息准确度确定的情况下，BA 无标度网络的平均度 $\langle k \rangle$ 越大，即网络密度越大，则其抗毁性越强。同时，BA 无标度网络的临界移除比例也随着网络密度的增大而增大。例

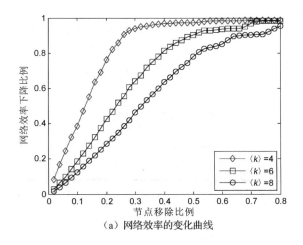

(a)网络效率的变化曲线

图 8-9　不同平均度 $\langle k \rangle$ 的 BA 无标度网络的抗毁性变化曲线

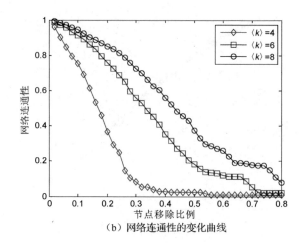

(b) 网络连通性的变化曲线

图 8-9　不同平均度 $\langle k \rangle$ 的 BA 无标度网络的抗毁性变化曲线（续）

如，当 $\langle k \rangle$=4 时，在移除 10%的节点后，BA 无标度网络效率下降了 39%，网络连通性下降为 75%；而当 $\langle k \rangle$=8 时，二者的数值则分别为 12%和 94%。网络密度的增大在一定程度上增加了节点间的冗余路径，当移除部分节点后，加权无标度网络的平均最短路径和节点的连通性受到的影响较小，因此其抗毁性得到了增强[15]。

NW 小世界网络的网络密度与随机化加边概率 $p$ 密切相关。不同随机化加边概率 $p$ 的 NW 小世界网络的抗毁性变化曲线如图 8-10 所示，其中权重系数 $\theta$=0.5，信息准确度 $\alpha$=0.5，仿真结果为 10 次计算的平均值。

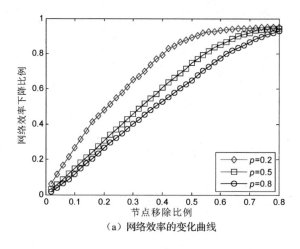

(a) 网络效率的变化曲线

图 8-10　不同随机化加边概率 $p$ 的 NW 小世界网络的抗毁性变化曲线

第8章 不完全信息条件下加权复杂网络抗毁性建模分析

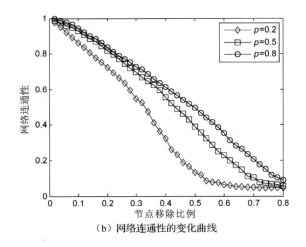

(b) 网络连通性的变化曲线

**图 8-10 不同随机化加边概率 $p$ 的 NW 小世界网络的抗毁性变化曲线（续）**

由图 8-10 可以看出，NW 小世界网络的抗毁性与随机化加边概率 $p$ 的关系类似于 BA 无标度网络，随机化加边概率越大，则 NW 小世界网络的抗毁性越强。该现象产生的原因可能在于，随机化加边概率 $p$ 越大，即网络密度越大，NW 小世界网络节点之间的冗余路径增加，当部分节点失效后仍然可以保持一定的网络连通性和网络效率。

由图 8-9 和图 8-10 也可以看出，当随机化加边概率 $p$=0.5 时，NW 小世界网络的平均度 $\langle k \rangle$=6，与相同平均度的 BA 无标度网络相比，NW 小世界网络的抗毁性稍强。

由图 8-3～图 8-10 的仿真结果可以得出，在不完全信息条件下，有如下结论。

（1）BA 无标度网络的节点度观测值在不确定区间上服从幂律分布，采用幂律分布对不完全信息进行白化，由此得到不完全信息条件下 BA 无标度网络的度观测值概率分布，其与节点度的幂律分布近似，这与直观上的认识是一致的。

（2）信息准确度对 BA 无标度网络的抗毁性具有显著影响，在攻击行为发生的早期，减小信息准确度能够有效增强 BA 无标度网络的抗毁性；而在攻击行为发生的早期，NW 小世界网络的抗毁性对信息准确度并不敏感。

（3）在攻击行为发生的早期，BA 无标度网络的抗毁性随着权重系

数的增大而略有增强，而网络连通性和临界移除比例对权重系数并不敏感。NW 小世界网络的网络效率、网络连通性和临界移除比例对网络的权重系数均不敏感。

（4）BA 无标度网络和 NW 小世界网络的网络密度越大，则其抗毁性越强，且在具有相同的平均度时，NW 小世界网络的抗毁性比 BA 无标度网络的抗毁性稍强。

## 8.3 不完全信息条件下指挥控制网络抗毁性分析

在高度信息化的战场环境中，夺取全面的控制信息权成为联合作战的主要焦点。战场网络的抗毁性，特别是指挥控制网络的抗毁性，日益受到世界各国的高度重视[16,17]。本节从复杂网络科学的角度出发，将指挥控制网络表示为具有复杂网络拓扑结构和动力学行为、由大量通报关系连接而成的网络模型，在此基础上对不完全信息条件下指挥控制网络的抗毁性进行分析。

### 8.3.1 指挥控制网络拓扑结构模型

在联合作战中，战场空间广阔，参战力量多元，指挥关系复杂，作战行动转换频繁，信息流量大；且战场环境中存在许多不确定因素，这些因素都对指挥控制网络的安全性和稳定性提出了更高要求。同时，战场网络地理分布的广阔性、开放性、互联性、共享性和广泛性等特性，决定了其在提供高效的协同作战环境的同时也不可避免地存在着严重的安全隐患。

首先是要构建指挥控制网络的拓扑结构模型。指挥控制网络包含数量众多且层次结构较为复杂的指控节点、资源节点、打击节点等，呈现出分布式、异构的特点。本节分析中忽略了各类节点之间的差异，用无向加权图来表示指挥控制网络的连接关系，将实体单元抽象为节点，将不同单元之间的连接关系看作连边，任意两个节点间只要有信息流，就在节点之间产生连边，不同连边的权重定义为信息流量，这样就在逻辑上形成了具有一定拓扑结构的抽象网络模型。对于指挥控制网络的连接关系和连接强度的描述，分别采用邻接矩阵 $a$ 和权重矩阵 $w$ 来表示。

依据指挥控制网络节点间严格的层次结构、通报关系及作战协同关系等，对指挥控制网络设定如下三种不同的连接结构。

（1）树形结构：依据指挥控制网络中作战单元的隶属关系，不同节点之间呈现树状延伸，横向连接较少，在指挥控制结构中具体表现为较长的平均最短路径和较小的聚类系数。这种结构的优点是信息传递层级多、连接关系复杂，缺点是整体抗毁性不强。

（2）连通结构：不同节点之间完全连通，上级指挥节点对所属节点实行完全连接，同级指挥节点之间存在一定的协同关系。这种结构的优点是抗毁性较强、信息传递层级少、作战指挥效率较高，缺点是不利于安全管控。

（3）混合结构：这是上述两种结构的混合，具体表现为根据作战任务的需要，上级指挥节点可实施越级指挥，同一级别的网络节点根据作战任务的需要，可以存在一定的协同关系。这种结构节点间连接关系较为灵活，能较为真实地反映指挥控制网络的实际情形。

由此构建的指挥控制网络局部拓扑结构模型如图 8-11 所示。

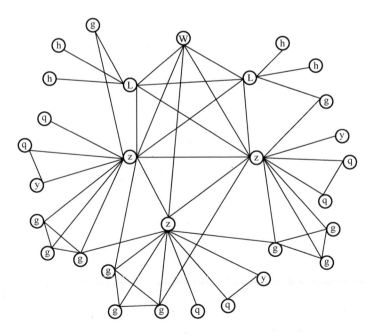

图 8-11　指挥控制网络局部拓扑结构模型

## 8.3.2 指挥控制网络模型特征参数分析

考虑到指挥控制网络的通信需求，将模型边的权重定义为信息流量。当网络遭受攻击时，网络的通信借助备用手段可以恢复，由于备用手段的效率和响应时间等问题，对网络的破坏导致通信频率、通信量等的下降，从而影响边上的信息流量。指挥控制网络的度分布和权重分布分别如图 8-12 和图 8-13 所示。

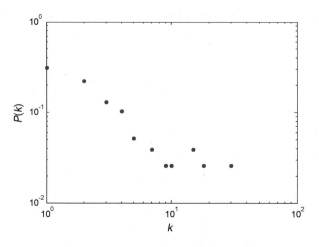

图 8-12 指挥控制网络的度分布

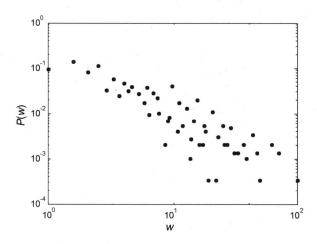

图 8-13 指挥控制网络的权重分布

由图 8-12 和图 8-13 可以看出，指挥控制网络的度分布和权重分布近似为幂律分布，表明其中存在一些连接度较大的节点和信息流量较大的通信链路。从增强网络抗毁性的角度出发，需要对这些节点和链路进行特殊的防护。从中也可以看出，网络权重分布并没有表现出一般加权网络的明显重尾特性，在一定程度上说明了指挥控制网络在组织结构和数据传输上有别于一般网络，在严格按照部队隶属关系层次结构进行数据交换的同时，指挥结构趋近于扁平化。指挥控制网络的平均聚类系数 $C=0.587$，聚集程度较高，平均最短路径长度 $L=1.36$，网络具有一定的小世界特性。

### 8.3.3 不完全信息条件下指挥控制网络抗毁性仿真分析

在攻防对抗的战场环境中，攻击者可能获取各类武器平台的数量、隶属关系等信息，然而这些信息大多是不明确的。在隐藏了网络中的部分关键节点后，假设攻击者获取的网络信息准确度为 $\alpha$，且已知各节点的最小度 $m$ 和最大度 $M$，那么可以假设 $\tilde{k}_i$ 是在区间 $[k_i-(k_i-m)(1-\alpha), k_i+(M-k_i)(1-\alpha)]$ 上均匀分布的随机变量。采用 8.2 节中的方法对上述区间数进行白化，并依据白化值的降序来对指挥控制网络中的节点进行攻击。不完全信息条件下指挥控制网络的抗毁性变化曲线如图 8-14 所示，其中预先隐藏了指挥控制网络中 2%的关键节点。

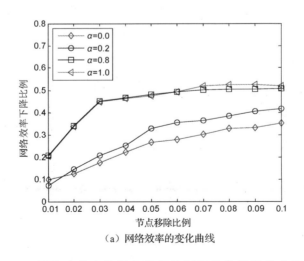

(a) 网络效率的变化曲线

图 8-14 不完全信息条件下指挥控制网络的抗毁性变化曲线

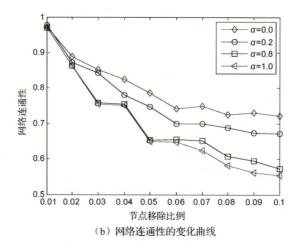

(b) 网络连通性的变化曲线

图 8-14 不完全信息条件下指挥控制网络的抗毁性变化曲线（续）

由图 8-14 可以看出，在隐藏了网络中 2% 的关键节点后，指挥控制网络效率及连通性依然受到了较强的破坏，在攻击者破坏了 10% 的次关键节点后，不同信息条件下指挥控制网络效率下降了 35%～52%，网络连通性下降为 55%～72%，且攻击者得到的信息准确度越大，则蓄意攻击对指挥控制网络的影响越大。同时可以看出，网络中的次关键节点对网络连通性和网络效率也具有重要影响。

因此，从网络防御的角度来看，一方面需要对指挥控制网络中的关键节点进行隐藏，另一方面需要加强对网络中次关键节点的修复和冗余备份能力，在被蓄意破坏之后，能快速恢复其与邻居节点之间的网络通信[18]。

## 8.4 本章小结

本章针对加权复杂网络抗毁性建模中存在的攻击信息不完全问题，引入信息准确度，建立了一个不完全信息条件下加权复杂网络抗毁性分析模型。在基于节点度的攻击策略下，对不完全信息条件下加权复杂网络的抗毁性进行了数值仿真。结果表明，信息准确度对 BA 无标度网络的抗毁性具有显著影响，而在攻击行为发生的早期，NW 小世界网络的抗毁性对信息准确度并不敏感；BA 无标度网络和 NW 小世界网络的抗毁性对权重系数并不太敏感；BA 无标度网络和 NW 小世界网络的网络密度越大，则其抗毁性越强，且在具有相同的平均度时，NW 小世界网络的抗毁性比 BA 无标度网络的抗毁性稍强。最后，对不完全信息条件下指挥控制网络的抗毁性进行了分析，验证了模型的有效性。

## 参考文献

[1] 王颖慧. 基于加权熵的复杂网络结构特性度量方法研究[D]. 吉林：东北电力大学，2020.

[2] 张振华. 基于灰色信息的加权复杂网络的相继故障模型研究[D]. 沈阳：沈阳理工大学，2017.

[3] XIAO S, XIAO G X, CHENG T H. Tolerance of intentional attacks in complex communication networks[J]. IEEE communication magazine, 2008, 46(1): 146-152.

[4] WU J, DENG H Z, TAN Y J, et al. Vulnerability of complex networks under intentional attack with incomplete information[J]. Journal of physics A mathematical & theoretical, 2007, 40(11): 2665-2671.

[5] 张强，曹军海，宋太亮，等. 基于模糊局部维数的装备保障网络节点重要性评估[J]. 兵工学报，2020, 41(7): 1449-1456.

[6] 田旭光，张成名. 不完全信息条件下的装备保障网络抗毁性模型[J]. 系统工程理论与实践，2017, 37(3): 790-798.

[7] 王甲生，吴晓平，叶清，等. 灰色信息条件下的加权复杂网络抗毁性[J]. 海军工程大学学报，2014, 26(1): 42-47.

[8] 杨苗本，熊伟. 基于复杂网络的动态天基预警系统抗毁性测度及影响因素灰色关联分析[J]. 指挥控制与仿真，2017, 39(6): 11-16.

[9] LI J, WU J, LI Y, et al. Attack robustness of scale-free networks based on grey information[J]. Chinese physics letters, 2011, 28(5): 058904.

[10] 丁琳，张嗣瀛. 灰色信息下复杂负载网络的鲁棒性研究[J]. 计算机工程与应用，2012, 48(13): 5-10.

[11] 孔芝，袁航，王立夫，等. 节点分类及失效对网络能控性的影响[J]. 自动化学报，2021, 47(x): 1-12.

[12] 聂媛媛, 方志耕, 刘思峰, 等. 基于节点修复的低轨卫星网络动态抗毁性模型[J]. 控制与决策, 2020, 35(5): 1247-1252.

[13] 金辉, 张红旗, 张传富, 等. 复杂网络中基于QRD的主动防御决策方法研究[J]. 信息网络安全, 2020, 20(5): 72-82.

[14] 朱云峰, 王艳军, 朱陈平. 不同攻击模式下中国航路网络抗毁性研究[J]. 南京工程学院学报（自然科学版）, 2018, 16(2): 51-56.

[15] 吴俊, 谭跃进, 邓宏钟, 等. 基于不等概率抽样的不完全信息条件下复杂网络抗毁性模型[J]. 系统工程理论与实践, 2010, 30(7): 1207-1217.

[16] 张多平. 基于累积k-shell的指挥控制网络级联抗毁性研究[D]. 大连：大连大学, 2018.

[17] 朱家明, 蒋沅, 赵平. 复杂网络提高的抗毁性优化设计仿真[J]. 计算机仿真, 2018, 35(4): 278-282.

[18] 王凡. 相依加权网络的鲁棒性研究[D]. 镇江：江苏大学, 2019.

第 9 章

# 修复策略下加权复杂网络抗毁性建模分析

在现实世界中,各类复杂网络系统即使在遭受蓄意攻击时也不会轻易崩溃,其中一个重要的原因是其具有一定的抗攻击能力和自我修复能力,如复杂电力网络、互联网、移动通信网等[1]。加权复杂网络在遭受蓄意攻击时,如果能引入有效的修复策略,将极大地增强网络的稳定性和抗毁性,这对防止级联失效可能导致的灾难性后果具有重要意义。不同拓扑结构网络具有不同的抗毁性,本章介绍加权复杂网络在蓄意攻击下的修复策略及修复效果,研究采用各种修复策略后网络特征参量的变化及其对网络抗毁性、网络性能的影响。对于加权复杂网络,探讨在初始攻击生效后级联失效的传播过程,以及如何在级联失效传播之前,采取有效的修复策略,减小级联失效范围,减小对网络性能的影响。

## 9.1 加权复杂网络的修复策略研究

加权复杂网络的修复策略研究有助于更好地理解与控制加权复杂网络的抗毁性[2]。本节引入针对加权复杂网络的修复策略,在每次网络攻击后,按照一定的修复准则对网络进行及时修复,进而研究加权复杂网络抗毁性的变化及加权复杂网络结构特性的变化等。

### 9.1.1 加权复杂网络的修复策略

在现实网络中,对网络的攻击往往是逐步进行的渐进式攻击。因此,在网络遭受攻击时,通过引入有效的修复策略可以有效地增强网络的抗毁性，这也是最为客观和有效的网络优化策略。缪志敏等[3]从拓扑信息与通信网络的联系出发，分析了拓扑图论与网络生存性的关系，介绍了拓扑图论算法在网络修复中的实际应用，其不足之处在于难以进行数值仿真和实验模拟。崔强等[4]基于无标度网络的幂律分布特性，提出了一种基于马太效应的复杂网络修复策略，对网络的修复率较高，同时优化了网络的拓扑结构。胡斌等[5]分析了复杂网络的三种攻击策略，建立了复杂网络的修复模型，在此基础上定义了三种修复策略，即平均修复策略、偏好修复策略和重点修复策略，仿真分析了三种修复策略在不同攻击策略下的适用性。李勇等[6-9]研究了物流保障网络和战域保障网络的级联失效抗毁性，建立了度均匀随机分布、不同网络流量下及任务时间约束下的级联失效抗毁性模型，提出了一个基于级联失效的网络节点容量优化模型，并对以上模型进行了仿真研究。

对加权复杂网络而言，节点的强度是衡量节点重要性的最重要测度，同时节点的强度分布具有较强的异质性[10]。因此，本节着重考虑基于最大点强（HS）的节点攻击策略，在移除一定比例的大强度节点后，研究 BA 无标度网络和 NW 小世界网络性能下降的程度，以及修复策略对网络结构特性的影响。出于成本和效率的考虑，定义三种修复策略，即平均修复（AR）策略、偏好修复（PR）策略和重点修复（KR）策略[5]，分别描述如下。

（1）平均修复策略：将修复资源 $R$ 平均分配到 $N$ 个节点上。因此，网络中每个节点的修复能力 $p_r$ 为

$$p_r = \frac{R}{N} \qquad (9.1)$$

（2）偏好修复策略：将修复资源 $R$ 按照节点强度的相对大小分配到 $N$ 个节点上。因此，网络中每个节点的修复能力 $p_{ri}$ 为

$$p_{ri} = R \frac{s_i}{\sum_{i=1}^{N} s_i} \qquad (9.2)$$

式中，$s_i$ 表示节点 $i$ 的强度。

（3）重点修复策略：将修复资源 $R$ 优先分配给强度较大的 $m_s$ 个节点。因此，网络中每个节点的修复能力 $p_{ri}$ 为

第9章 修复策略下加权复杂网络抗毁性建模分析

$$p_{ri} = \begin{cases} R\dfrac{S_i}{\sum_{i=1}^{m_s} S_i} & (\text{前}m_s\text{个强度较大的节点}) \\ 0 & (\text{强度较小的}N-m_s\text{个节点}) \end{cases} \quad (9.3)$$

另外，对于修复资源 $R$，将其设定为修复因子数与修复概率的乘积[11]。根据加权复杂网络规模的不同，选取一定数量的修复因子，假设修复因子数与网络节点总数的比例为 $S_r$，且每个修复因子对节点的修复概率为 $P_i$，那么可得

$$R = N \cdot S_r \cdot P_i \quad (9.4)$$

### 9.1.2 修复策略下加权复杂网络修复效果仿真分析

**1. 修复策略下 BA 无标度网络修复效果仿真分析**

不考虑网络中负载的动态流动，在基于 HS 攻击策略的节点移除后，不同修复策略下 BA 无标度网络效率及连通性的变化曲线分别如图 9-1 和图 9-2 所示，其中 BA 无标度网络的节点总数 $N=5000$，$m=2$，修复因子占比为 25%，每个修复因子的修复概率为 0.4，仿真结果为 10 次计算的平均值。

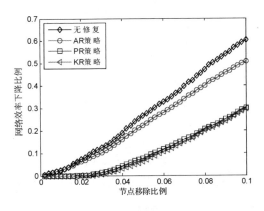

图 9-1 不同修复策略下 BA 无标度网络效率的变化曲线

由图 9-1 可以看出，随着基于 HS 的节点移除攻击的不断进行，BA 无标度网络效率下降比例逐渐增大。在不同修复策略下，BA 无标度网络效率得到了一定的改善，其中 KR 策略与 PR 策略的修复效果较为明

显，AR 策略的修复效果一般。在移除网络中 10%的大强度节点后，KR 策略和 PR 策略下 BA 无标度网络效率下降比例较无修复状态减小了 50%左右，而 AR 策略则减小了 17%左右。

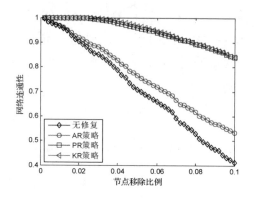

**图 9-2　不同修复策略下 BA 无标度网络连通性的变化曲线**

由图 9-2 可以看出，在不同修复策略下，BA 无标度网络连通性也得到了一定的改善，其中 KR 策略与 PR 策略的修复效果较为明显，在移除网络中 10%的大强度节点后，BA 无标度网络仍具有较高的连通性，AR 策略的修复效果一般。

总体来说，在基于 HS 的节点移除攻击下，KR 策略的修复效果最好。在移除网络中 10%的大强度节点后，KR 策略下 BA 无标度网络的点强分布和负载分布如图 9-3 所示。

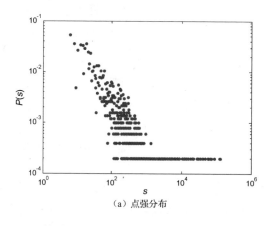

(a) 点强分布

**图 9-3　KR 策略下 BA 无标度网络的点强分布和负载分布**

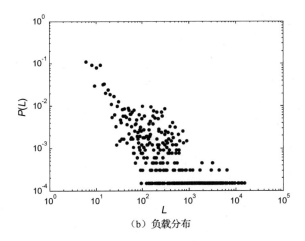

(b) 负载分布

图 9-3  KR 策略下 BA 无标度网络的点强分布和负载分布（续）

由图 9-3 可以看出，在采取 KR 策略后，BA 无标度网络的点强分布和负载分布依然呈现出重尾的幂律分布特性，表明网络中依然存在着较多大强度节点和大负载边，修复策略并没有改变 BA 无标度网络的无标度拓扑特性。

进一步的分析表明，在基于 HS 的节点移除攻击下，KR 策略重点修复了网络中大强度节点，在一定程度上抵消了蓄意攻击的攻击效果，修复效果最好；而 PR 策略在全局范围内依据强度偏好保护了大强度节点，其修复的针对性虽然没有 KR 策略强，却达到了同样理想的修复效果，这也说明了 BA 无标度网络中节点强度分布的异质性；最后，AR 策略均匀地照顾到所有节点，其对 BA 无标度网络具有较好的修复效果，然而对蓄意攻击的修复效果则表现一般。

### 2. 修复策略下 NW 小世界网络修复效果仿真分析

在基于 HS 攻击策略的节点移除后，不同修复策略下 NW 小世界网络的效率及连通性的变化曲线分别如图 9-4 和图 9-5 所示，其中 NW 小世界网络的节点总数 $N=5000$，$K=2$，随机化加边概率 $p=0.2$，修复因子占比 25%，每个修复因子的修复概率为 0.4，仿真结果为 10 次计算的平均值。

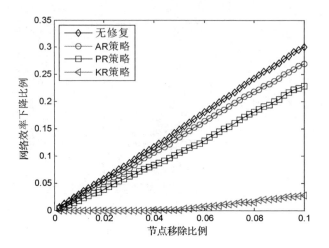

图 9-4　不同修复策略下 NW 小世界网络效率的变化曲线

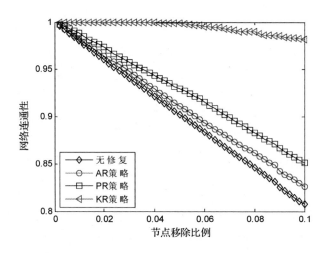

图 9-5　不同修复策略下 NW 小世界网络连通性的变化曲线

由图 9-4 可以看出，随着基于 HS 的节点移除攻击的不断进行，NW 小世界网络效率下降比例逐渐增大。KR 策略的修复效果比其他两种策略要好，AR 策略的修复效果最差。在移除网络中 10%的大强度节点后，KR 策略下 NW 小世界网络效率没有明显变化，PR 策略和 AR 策略下 NW 小世界网络效率仍然分别下降了 23%和 27%。

由图 9-5 可以看出，KR 策略的修复效果较为明显，在移除网络中 10%的大强度节点后，NW 小世界网络连通性依然高达 98%，而 PR 策略和 AR 策略下 NW 小世界网络连通性分别提高了 4.4%和 1.8%，修复效果并不明显。

进一步的分析表明，对于 NW 小世界网络，由于其点强分布和负载分布均较为均匀，在基于 HS 的节点移除攻击下，KR 策略能优先保护网络中强度较大的节点，对蓄意攻击而言修复效果最好；而 PR 策略和 AR 策略都是从全局的角度分配修复因子的，对强度分布较为均匀的 NW 小世界网络而言，其对大强度节点的针对性较差，也就决定了二者的修复效果一般。

## 9.2 修复策略下加权复杂网络级联抗毁性分析

加权复杂网络的级联抗毁性研究近年来得到了很大关注。近年来，国内外学者已经提出了很多模型用以研究复杂网络的级联失效过程[12-14]。然而，已有的工作很少考虑网络中节点或边自身具有的容错能力和修复能力。在掌握了足够的攻击信息时，攻击者往往会采用破坏力最强的蓄意攻击，那么有针对性地引入相应的网络防御和修复策略将是增强加权复杂网络级联抗毁性的重要手段，这对控制级联失效的发生及传播、提高加权复杂网络的稳定性和可靠性、防止级联失效可能导致的灾难性后果具有重要意义[15]。

在现实网络中，节点一般是不能被完全摧毁的，更多的时候是部分边失效。例如，在通信网络中，较多的故障发生在通信线路上，节点完全不能提供服务的情况较少[16,17]。在军事打击中，攻击者往往选择网络中的关键路径进行破坏。由于加权复杂网络中边的承载能力及在网络中的作用是不相同的，因此攻击不同的边对网络的影响也是不同的。例如，如果攻击的是一条大负载边，其承担着网络中较大流量的处理任务，则攻击该边将会对网络产生较大影响。如果攻击的是一条负载较小的边，则该边的移除对网络的影响也较小。为了能够近似地反映现实网络的抗毁性，本节将在基于负载的完全信息边移除攻击策略下，介绍加权复杂网络级联抗毁性的变化情况，并通过仿真对加权复杂网络级联失效的修复策略进行考察。

### 9.2.1 加权复杂网络级联失效的修复策略

为了研究加权复杂网络级联失效的修复策略,首先应抽象出加权复杂网络级联失效的修复模型。在以往的研究中,网络中节点或边的崩溃都是由于其上的负载超过了本身的处理能力,且一旦过载则节点或边立即从网络中移除[18]。这一移除机制是不合理的,其并没有考虑现实网络中存在的一些防护措施和网络自身的修复能力。这里重点考虑网络自身存在的修复措施对级联失效的影响,当网络中各条边上的负载超过了其承载能力后,不会从网络中移除,而是以一定的修复概率保证其仍能提供正常的服务。

由于加权复杂网络中的负载是动态变化的,因而对超负载边的修复概率是与边上的负载密切相关的。超载越严重,则修复概率越小;反之,超载越轻微,则修复概率越大[19]。因此,经过抽象可以得到以下修复模型。

假设加权复杂网络的级联失效是由一条边 $ij$ 的移除造成的,在局部加权的负载重分配准则下,这条断边上的负载 $L_{ij}$ 将被分配给与其端节点相连的邻边,当邻边接收到的负载 $\Delta L_{im}$ 加上自身负载 $L_{im}$ 大于其容量 $C_{im}$ 时,即 $L_{im}+\Delta L_{im}>C_{im}$,就需要对该边 $im$ 进行修复。此处定义对边 $im$ 的修复概率 $P_{im}$ 是边上负载 $L_{im}+\Delta L_{im}$ 的均匀分布函数,且当边上的负载超过一定的崩溃阈值 $t_{im}$ 后,修复概率为 0,即过载对边造成的破坏不可修复。对过载边 $im$ 的修复概率 $P_{im}$ 表示为

$$P_{im}=\begin{cases} \dfrac{t_{im}-(L_{im}+\Delta L_{im})}{t_{im}-C_{im}}, & C_{im}<L_{im}+\Delta L_{im}\leq t_{im} \\ 0, & L_{im}+\Delta L_{im}>t_{im} \end{cases} \quad (9.5)$$

另外,崩溃阈值 $t_{im}$ 与该边的容量 $C_{im}$ 密切相关,此处将崩溃阈值表示为边容量的函数,即 $t_{im}=\gamma C_{im}$,其中 $\gamma$ 为崩溃系数。对于超负载边 $ij$,其修复概率分布如图 9-6 所示。

对加权复杂网络而言,典型的蓄意攻击策略往往是针对网络中负载最大的节点(或边)的,以负载降序的方式选择负载较大的节点(或边)作为攻击对象[20]。因此,本节定义的修复策略以边负载的相对大小分配修复因子,并假设修复概率在崩溃阈值内服从均匀分布是符合实际网络情形的。

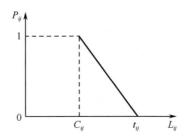

图 9-6　超负载边的修复概率分布

## 9.2.2　修复策略下加权复杂网络级联抗毁性仿真分析

修复策略下加权复杂网络的级联抗毁性研究可分为解析方法和仿真方法，由于加权复杂网络的级联抗毁性是与容量参数、崩溃阈值及权重系数等密切相关的，难以用解析方法给出其精确解，因此，本节采用数值仿真的方法来研究修复策略下加权复杂网络的级联抗毁性与各网络参数的关系，重点研究两种典型网络的级联抗毁性，即 BA 无标度网络和 NW 小世界网络。BA 无标度网络的构建依赖于择优连接机制，其初始节点数量 $m_0=5$，$m=2$，节点总数 $N=5000$，由此可知 BA 无标度网络的平均度 $\langle k \rangle=4$。NW 小世界网络的构建采用在规则图上随机化加边的方式，节点总数 $N=5000$，$K_0=2$，$p=0.5$。网络的赋权模型采用端节点度的乘积形式，权重系数在区间[0,2]中取值。

另外，对于 BA 无标度网络和 NW 小世界网络，采取典型的攻击网络中负载最大（HL）的边和负载最小（LL）的边的攻击策略[7]，依次移除加权复杂网络中负载最大和最小的 100 条边，研究修复策略下加权复杂网络的级联抗毁性与各网络参数的关系。

### 1. 修复策略下 BA 无标度网络级联抗毁性仿真分析

当容量参数确定时，HL 边攻击策略下 BA 无标度网络的级联抗毁性与权重系数的关系曲线如图 9-7 所示，仿真结果为 10 次计算的平均值。

在图 9-7 中，BA 无标度网络的容量参数 $\alpha=0.45$，$\beta=0.20$，崩溃系数 $\gamma$ 分别取 1.2 和 1.5。由图 9-7 可以看出，在修复策略下，BA 无标度网络的级联抗毁性较无修复状态有较大的增强，特别是当权重系数 $\theta=0.6$ 时，BA 无标度网络的级联抗毁性增强达 67%～88%，并且崩溃系数越大，网络的级联抗毁性增幅越大，这与直观上的认识是一致的。在修复策略下，在权重系数 $\theta \leq 0.5$ 时，BA 无标度网络的级联抗毁性最强；而在权重系数 $\theta > 0.5$ 时，BA 无标度网络的级联抗毁性呈现出先减弱后增强的趋势，且在 $\theta = 1$ 时达到最弱，这个结论与文献[6]中的结论正好相反。文献[6]得出的结论是加权复杂网络在 $\theta = 1$ 时具有最强的鲁棒性，并且这一特性是普适的。不同的地方在于，Wang W.X.等的研究工作侧重于控制级联失效的发生，而本节的结论侧重于研究基于 HL 边攻击策略移除网络中最重要的节点时，级联失效发生后加权无标度网络抗毁性的变化情况。

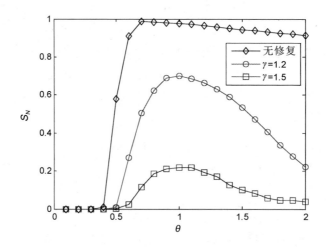

图 9-7　HL 边攻击策略下 BA 无标度网络的级联抗毁性与权重系数的关系曲线

LL 边攻击策略下 BA 无标度网络的级联抗毁性与权重系数的关系曲线如图 9-8 所示。

对比图 9-7 和图 9-8 可以看出，在无修复状态下，当权重系数较小时（$\theta \leq 0.4$），BA 无标度网络对 HL 边攻击策略的级联抗毁性比对 LL 边攻击策略的级联抗毁性要强。这一结论表明，在无修复状态下，当权重系数较小时，LL 边攻击策略更具攻击性。

不同崩溃系数下 BA 无标度网络的级联抗毁性随节点移除比例的变化曲线如图 9-9 所示，其中权重系数 $\theta = 1$，仿真结果为 10 次计算的平均值。

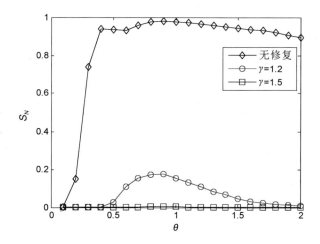

图 9-8 LL 边攻击策略下 BA 无标度网络的级联抗毁性与权重系数的关系曲线

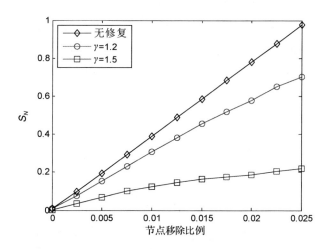

图 9-9 不同崩溃系数下 BA 无标度网络的级联抗毁性随节点移除比例的变化曲线

由图 9-9 可以看出,在 HL 边攻击策略下,随着节点的不断移除,BA 无标度网络的级联抗毁性呈现出单调递减的趋势,并且崩溃系数越小,网络的级联抗毁性减弱越快。这一结论表明,随着大负载节点的移除,BA 无标度网络的性能不断下降,级联抗毁性越来越弱。

修复策略下 BA 无标度网络的级联抗毁性与容量参数 $a$ 的关系曲线如图 9-10 所示。

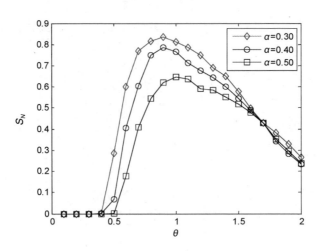

图 9-10 修复策略下 BA 无标度网络的级联抗毁性与容量参数 $\alpha$ 的关系曲线

由图 9-10 可以看出,在修复策略下,对于给定的 $\theta$ 值,BA 无标度网络的级联抗毁性随 $\alpha$ 的增大而不断增强。在权重系数确定的情况下,例如,当 $\theta=1$,参数 $\alpha$ 分别取 0.30 和 0.50 时,BA 无标度网络的级联抗毁性差异达到 17%。同时,对于给定的 $\alpha$ 值,随着权重系数 $\theta$ 的不断增大,BA 无标度网络的级联抗毁性呈现出先减弱后增强的趋势。

修复策略下 BA 无标度网络的级联抗毁性与容量参数 $\beta$ 的关系曲线如图 9-11 所示。

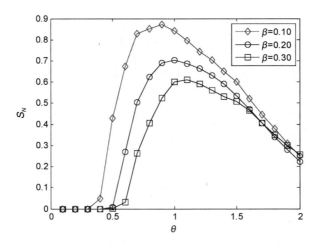

图 9-11 修复策略下 BA 无标度网络的级联抗毁性与容量参数 $\beta$ 的关系曲线

由图 9-11 可以看出，与图 9-10 类似，BA 无标度网络的级联抗毁性随参数 $\beta$ 的增大而不断增强，对于给定的 $\beta$ 值，网络的级联抗毁性呈现出先减弱后增强的趋势。当权重系数 $\theta=1$，参数 $\beta$ 分别取 0.10 和 0.30 时，网络的级联抗毁性差异达到 24%。

BA 无标度网络的网络密度与平均度 $\langle k \rangle$ 密切相关。不同平均度 $\langle k \rangle$ 的 BA 无标度网络的级联抗毁性与权重系数的关系曲线如图 9-12 所示，仿真结果为 10 次计算的平均值。

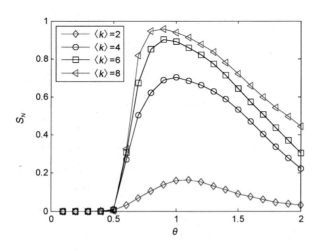

图 9-12　不同平均度 $\langle k \rangle$ 的 BA 无标度网络的级联抗毁性与权重系数的关系曲线

由图 9-12 可以看出，在修复策略下，BA 无标度网络的级联抗毁性随平均度 $\langle k \rangle$ 的增大而不断减弱，并且不同平均度的 BA 无标度网络的级联抗毁性表现出极大的差异。当权重系数 $\theta=1$ 时，平均度 $\langle k \rangle$ 分别为 2 和 8 的 BA 无标度网络的级联抗毁性差异达到 78%。

不同平均度 $\langle k \rangle$ 的 BA 无标度网络的级联抗毁性随节点移除比例的变化曲线如图 9-13 所示。

由图 9-13 可以看出，在修复策略下，在权重系数 $\theta=1$ 时，BA 无标度网络的级联抗毁性随节点移除比例的增大而减弱，且平均度越大，网络的级联抗毁性传播越快。

由图 9-7～图 9-13 的仿真结果可以得出如下结论。

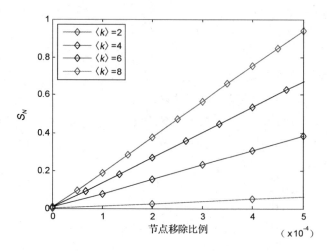

图 9-13　不同平均度 $\langle k \rangle$ 的 BA 无标度网络的级联抗毁性随节点移除比例的变化曲线

（1）在修复策略下，BA 无标度网络的级联抗毁性较无修复状态有较大的增强，并且崩溃系数越大，网络的级联抗毁性越强。同时发现，在无修复状态下，当权重系数较小时，LL 边攻击策略更容易引发 BA 无标度网络的级联失效。

（2）在修复策略下，BA 无标度网络在权重系数 $\theta \leqslant 0.5$ 时表现出较强的级联抗毁性，其对 HL 边攻击策略和 LL 边攻击策略均表现出最优的级联抗毁性。

（3）在修复策略下，BA 无标度网络的级联抗毁性随权重系数的增大而呈现出先减弱后增强的趋势；对于不同的容量参数 $\alpha$ 和 $\beta$，容量参数越大，则网络的级联抗毁性越强；另外，BA 无标度网络的平均度越大，则其级联抗毁性越弱。

## 2. 修复策略下 NW 小世界网络级联抗毁性仿真分析

当容量参数确定时，HL 边攻击策略下 NW 小世界网络的级联抗毁性与权重系数的关系曲线如图 9-14 所示，仿真结果为 10 次计算的平均值。

在图 9-14 中，NW 小世界网络的容量系数 $\alpha=0.45$，$\beta=0.20$，崩溃系数 $\gamma$ 分别取 1.2 和 1.5。由图 9-14 可以看出，在修复策略下，NW 小世界网络的级联抗毁性较无修复状态有一定程度的增强，并且崩溃系数越大，网络的级联抗毁性越强。在修复策略下，在权重系数 $\theta \leqslant 0.4$ 时，NW 小世界网络的级联抗毁性几乎不受 HL 边攻击策略的影响；而在权重系数 $\theta > 0.4$ 时，NW 小世界网络的级联抗毁性呈现出逐渐减弱的趋势，对于 $\gamma=1.2$ 的网络，在 $\theta > 0.9$ 时，修复策略对 NW 小世界网络级联抗毁性的影响逐渐消失。

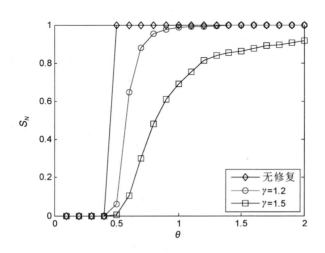

图 9-14　HL 边攻击策略下 NW 小世界网络的级联抗毁性与权重系数的关系曲线

LL 边攻击策略下 NW 小世界网络的级联抗毁性与权重系数的关系曲线如图 9-15 所示。

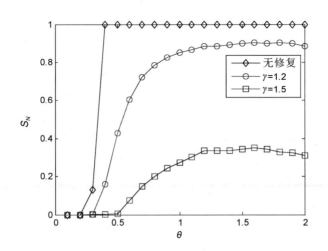

图 9-15　LL 边攻击策略下 NW 小世界网络的级联抗毁性与权重系数的关系曲线

对比图 9-14 和图 9-15 可以看出，在无修复状态下，当权重系数较小时（$\theta \leq 0.3$），NW 小世界网络对 LL 边攻击策略更为敏感。同时，在修复策略下，当崩溃系数 $\gamma=1.2$，权重系数 $\theta \leq 0.5$ 时，LL 边攻击策略较 HL 边攻击策略更具攻击性。这个结果是 BA 无标度网络所没有的，其表明在权重系数较小的情况下，LL 边攻击策略更容易引发 NW 小世界网络的级联失效。

不同崩溃系数下 NW 小世界网络的级联抗毁性随节点移除比例的变化曲线如图 9-16 所示，其中权重系数 $\theta=1$，仿真结果为 10 次计算的平均值。

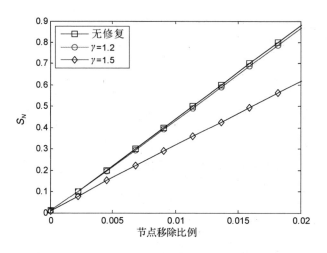

图 9-16　不同崩溃系数下 NW 小世界网络的级联
抗毁性随节点移除比例的变化曲线

由图 9-16 可以看出，在 HL 边攻击策略下，NW 小世界网络的级联抗毁性随节点移除比例的增大而不断减弱，并且崩溃系数越小，网络的级联抗毁性越弱。这一结论表明，随着大负载节点的移除，NW 小世界网络的性能不断下降，级联抗毁性越来越弱。

修复策略下 NW 小世界网络的级联抗毁性与容量参数 $\alpha$ 的关系曲线如图 9-17 所示。

由图 9-17 可以看出，在修复策略下，容量参数 $\alpha$ 越大，NW 小世界网络的级联抗毁性越强。对于给定的 $\alpha$ 值，随着权重系数 $\theta$ 的不断增大，

NW 小世界网络的级联抗毁性不断减弱。在 $\theta>1$ 时，NW 小世界网络几乎全盘崩溃。在权重系数确定的情况下，例如，当 $\theta=0.5$，参数 $\alpha$ 分别取 0.30 和 0.50 时，NW 小世界网络的级联抗毁性差异达到 72%，表明不同容量参数 $\alpha$ 对 NW 小世界网络的级联抗毁性具有重要影响。

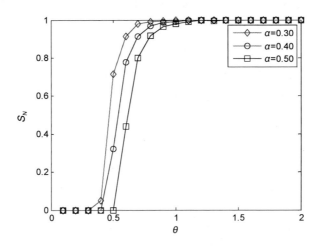

图 9-17　修复策略下 NW 小世界网络的级联抗毁性与容量参数 $\alpha$ 的关系曲线

修复策略下 NW 小世界网络的级联抗毁性与容量参数 $\beta$ 的关系曲线如图 9-18 所示。

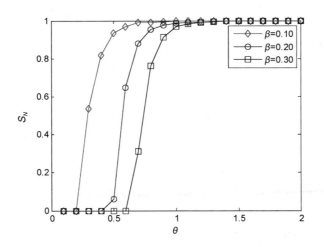

图 9-18　修复策略下 NW 小世界网络的级联抗毁性与容量参数 $\beta$ 的关系曲线

由图 9-18 可以看出，在修复策略下 NW 小世界网络的级联抗毁性随容量参数 $\beta$ 的增大而增强。对于给定的 $\beta$ 值，随着权重系数 $\theta$ 的不断增大，NW 小世界网络的级联抗毁性不断减弱。在 $\theta>1$ 时，NW 小世界网络几乎全盘崩溃。同时，不同容量参数 $\beta$ 对 NW 小世界网络的级联抗毁性影响差异较大，例如，当 $\theta=0.4$，参数 $\beta$ 分别取 0.10 和 0.30 时，NW 小世界网络的级联抗毁性差异达到 82%，表明 NW 小世界网络的级联抗毁性对容量参数 $\beta$ 更为敏感。

NW 小世界网络的网络密度与随机化加边概率 $p$ 密切相关。不同随机化加边概率 $p$ 的 NW 小世界网络的级联抗毁性与权重系数的关系曲线如图 9-19 所示。

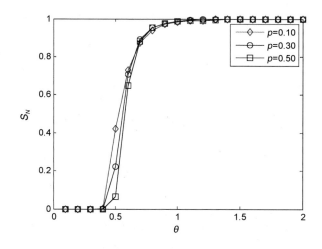

图 9-19　不同随机化加边概率 $p$ 的 NW 小世界网络的级联抗毁性与权重系数的关系曲线

由图 9-19 可以看出，在修复策略下，NW 小世界网络的级联抗毁性对不同随机化加边概率 $p$ 并不非常敏感。在权重系数 $\theta$ 较小的情况下，不同 $p$ 对应网络均表现出较强的级联抗毁性；而当权重系数 $\theta$ 在 [0.5,1.0] 中取值时，随机化加边概率 $p$ 较大的网络级联抗毁性表现稍强。

不同随机化加边概率 $p$ 的 NW 小世界网络的级联抗毁性随节点移除比例的变化曲线如图 9-20 所示。

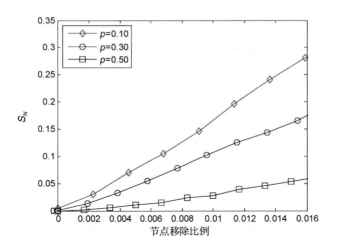

**图 9-20　不同随机化加边概率 $p$ 的 NW 小世界网络的级联抗毁性随节点移除比例的变化曲线**

由图 9-20 可以看出，在修复策略下，随机化加边概率 $p$ 越大的网络，其级联抗毁性表现越强。例如，当权重系数 $\theta=0.5$ 时，在移除网络中 1.6%的最大负载边后，$p=0.10$ 和 $p=0.50$ 对应网络的级联抗毁性差异达到 21%。

由图 9-14～图 9-20 的仿真结果可以得出如下结论。

（1）在修复策略下，NW 小世界网络的级联抗毁性较无修复状态有一定程度的增强，但是随着权重系数的进一步增大，修复效果逐渐弱化。

（2）在修复策略下，当权重系数较小时，LL 边攻击策略较 HL 边攻击策略对 NW 小世界网络级联抗毁性的影响更大，即 LL 边攻击策略更容易引发 NW 小世界网络的级联失效。

（3）在修复策略下，NW 小世界网络在权重系数 $\theta \leqslant 0.3$ 时对 HL 边攻击策略和 LL 边攻击策略均表现出较优的级联抗毁性。

（4）在修复策略下，容量参数 $\alpha$ 和 $\beta$ 越大，NW 小世界网络的级联抗毁性越强。另外，NW 小世界网络的随机化加边概率 $p$ 越大，其对 HL 边攻击策略的级联抗毁性越强，这一点与 BA 无标度网络的结果是相反的。

## 9.3 修复策略下指挥控制网络抗毁性分析

8.3 节对不完全信息条件下指挥控制网络的抗毁性进行了分析，结果表明，在隐藏了一定比例的关键节点后，指挥控制网络的网络效率及网络连通性依然受到了较强的破坏。本节从修复的角度对指挥控制网络的次关键节点进行安全防护，通过增强节点的修复能力来提高指挥控制网络对蓄意攻击的抗毁性。

### 9.3.1 指挥控制网络修复策略及仿真分析

在战场环境中，指挥控制网络中节点之间的连接通常会受到多种因素的影响，这里着重考虑网络节点的随机失效和攻击者的蓄意攻击两种因素[21]。对于前者，由于随机失效发生在网络中各节点的概率是均等的，所以采用平均修复策略对其进行修复，即将修复资源平均分配到网络中的所有节点上。而对于后者，攻击者往往采用某种评价准则对网络节点的重要度进行排序，并依次进行攻击。此处，假设指挥控制网络在保密通信这一功能层次上，节点的重要性仅与其处理的通信流量相关。因此，采用重点修复策略对流量处理能力较大的节点进行重点修复，即将修复资源优先分配给强度较大的节点。

对于修复资源 $R$，根据指挥控制网络的规模，这里选取与其节点数量相同的修复因子，且假设每个修复因子对节点的修复概率是均等的。同时，对于修复资源在平均修复策略和重点修复策略之间的分配，主要依据专家经验给出分配比例系数。

对于 8.3 节中建立的指挥控制网络模型，这里假设每个修复因子的修复概率为 0.5，平均修复策略占用的修复资源比例为 10%，重点修复策略占用的修复资源比例则为 90%。不考虑网络中信息流的动态分配，在基于 HS 攻击策略的节点移除后，混合修复策略下指挥控制网络效率及连通性的变化曲线如图 9-21 所示，其中预先隐藏了指挥控制网络中 2% 的关键节点。

由图 9-21 可以看出，在隐藏了网络中 2% 的关键节点后，混合修复策略下指挥控制网络效率及连通性得到了较大的改善，在攻击者破坏了

10%的次关键节点后,混合修复策略下指挥控制网络效率下降了 29%,网络连通性下降为 70%。为了得到更好的修复效果,可以通过增加修复因子的数量及提高修复因子对故障节点的修复能力来进一步增强指挥控制网络对随机失效和蓄意攻击的抗毁性。

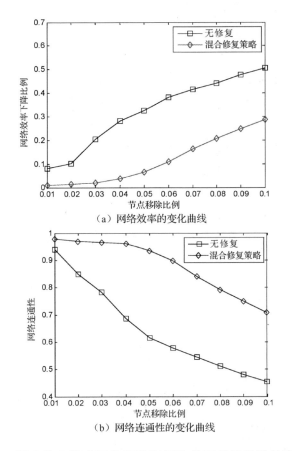

图 9-21 混合修复策略下指挥控制网络效率及连通性的变化曲线

## 9.3.2 修复策略下指挥控制网络级联抗毁性仿真分析

前文主要考虑采用修复策略对指挥控制网络中的节点进行防护,以保证网络能够正常运转,分析的侧重点在于网络的静态抗毁性。在实际情况中,指挥控制网络中传输的信息流还可以进行动态分配。由于指挥控制网络中节点间混合结构的拓扑特性,当节点或节点之间的连接遭到软杀伤或硬摧毁时，网络中的信息流可以通过其他可靠链路进行运输，从而维持指挥控制网络功能的正常发挥。

同样对 8.3 节中建立的指挥控制网络模型进行分析，并做出如下假设。

（1）攻击者对指挥控制网络的打击方式为软杀伤方式，即通过打击、干扰、屏蔽等破坏指挥控制网络的正常运转，致使通信链路部分或整体丧失功能。

（2）当指挥控制网络中的关键链路因攻击者的破坏而部分丧失功能时，首先尝试对该条链路进行修复，或者使用其他保密通联方式进行信息及指令传递；如果不能恢复正常的通联关系，则将其上的信息流分配给网络中的其他可靠链路。

在以上两条假设下，对指挥控制网络的级联抗毁性进行分析。在 HL 边攻击策略下，不同修复概率下指挥控制网络的级联抗毁性随节点移除比例的变化曲线如图 9-22 所示。其中，需要指出的是，对受损链路的修复概率与其上传输的信息流量无关，而是取决于修复因子的修复能力和备用通联手段的可靠性。

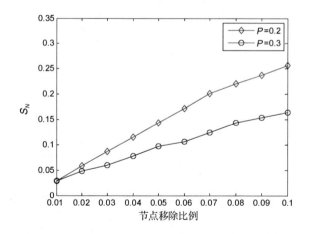

图 9-22　不同修复概率下指挥控制网络的级联抗毁性随节点移除比例的变化曲线

由图 9-22 可以看出，在不同修复概率下，指挥控制网络的级联抗毁性随着攻击的不断进行而逐渐减弱，且修复概率越大，网络对级联失效的抗毁性越强。

## 9.4 本章小结

本章针对加权复杂网络自身具有的抗攻击能力和自修复能力，研究了修复策略下的加权复杂网络抗毁性建模问题。首先，针对加权复杂网络定义了三种修复策略，分别是平均修复（AR）策略、偏好修复（PR）策略和重点修复（KR）策略。其次，对不同修复策略下 BA 无标度网络和 NW 小世界网络的修复效果进行了仿真分析。结果表明，在基于 HS 的节点移除攻击下，KR 策略对 BA 无标度网络和 NW 小世界网络的修复效果最好，而 AR 策略对二者的修复效果最差。再次，抽象出了加权复杂网络级联失效的修复模型，给出了修复策略，并且对修复策略下加权复杂网络的级联抗毁性进行了仿真分析。结果表明，在修复策略下，BA 无标度网络和 NW 小世界网络在权重系数较小时均表现出较强的级联抗毁性，其对 HL 边攻击策略和 LL 边攻击策略均表现出较强的级联抗毁性，且网络密度越大，BA 无标度网络的级联抗毁性越弱。当权重系数较小时，LL 边攻击策略更容易引发 NW 小世界网络的级联失效，且网络的随机化加边概率越大，其对 HL 边攻击策略的级联抗毁性越强。最后，对修复策略下指挥控制网络的抗毁性进行了分析，验证了模型的有效性。

## 参考文献

[1] 毕桥，方锦清. 网络科学与统计物理方法[M]. 北京：北京大学出版社，2011.

[2] 王甲生，吴晓平，陈泽茂，等. 修复策略下典型拓扑结构复杂网络抗毁性研究[J]. 海军工程大学学报，2015, 27(4): 75-79.

[3] 缪志敏，丁力，赵陆文，等. 基于拓扑信息的网络修复[J]. 计算机工程，2008, 34(5): 25-27.

[4] 崔强，谭敏生，王静. 复杂网络攻击与修复策略[J]. 网络安全技术与应用，2010(1): 35-38.

[5] 胡斌，黎放. 多种攻击策略下无标度网络修复策略[J]. 系统工

程与电子技术，2010, 32(1): 86-89.

[6] 李勇，邓宏钟，吴俊，等. 基于级联失效的复杂保障网络抗毁性仿真分析[J]. 计算机应用研究，2008, 25(11): 3451-3454.

[7] 李勇，吕欣，谭跃进. 基于级联失效的战域保障网络节点容量优化[J]. 复杂系统与复杂性科学，2009, 6(1):69-76.

[8] 李勇，谭跃进，吴俊. 基于任务时间约束的物流保障网络级联失效抗毁性建模与分析[J]. 系统工程，2009, 25(5): 25-11.

[9] 李勇，吴俊，谭跃进. 容量均匀分布的物流保障网络级联失效抗毁性[J]. 系统工程学报，2010, 25(6): 853-860.

[10] 陈关荣，陈增强，吕金虎. 复杂网络科学与工程的研究进展[J]. 系统工程学报，2010, 25(6): 723-724.

[11] WANG J W, RONG L L. Cascade-based attack vulnerability on the US power grid[J]. Safety science, 2009, 47(10): 1332-1336.

[12] WANG W X, CHEN G R. Universal robustness characteristic of weighted networks against cascading failure[J]. Physical review E, 2008, 77(2): 026101.

[13] CHI L P, YANG C B, CAI X. Stability of random networks under evolution of attack and repair[J]. Chinese physics letters, 2006, 23(1): 263-266.

[14] BABAEI M, GHASSEMIEH H, JALILI M. Cascading failure tolerance of modular small-world networks[J]. IEEE transactions on circuits and systems II: express briefs, 2011, 58(8): 527-531.

[15] 王甲生，吴晓平，陈永强. 加权无标度网络级联抗毁性研究[J]. 复杂系统与复杂性科学，2013, 10(2): 13-19.

[16] 刘伟彦,刘斌. 基于加权路由策略的复杂网络拥塞控制研究[J]. 系统工程理论与实践，2015, 35(4): 1063-1068.

[17] 李杰，宫二玲，孙志强，等. 航空自组网中面向容错的中继节点速度控制[J]. 国防科技大学学报，2015, 37(4): 158-164.

[18] 邢彪，曹军海，宋太亮，等. 考虑级联失效的加权复杂网络鲁棒性分析[J]. 计算机工程与设计，2017, 38(10): 2595-2599.

[19] ASZTALOS A, SREENIVASAN S, SZYMANSKI B K, et al.

Distributed flow optimization and cascading effects in weighted complex networks[J]. European physical journal B, 2012, 85(8): 36-42.

[20] 张豫翔，吴明功，王肖戎，等. 基于航线失效的流量重分配策略[J]. 空军工程大学学报（自然科学版），2017, 18(2): 6-12.

[21] 张勇，杨宏伟，杨学强，等. 基于复杂网络理论的装备保障网络模型研究[J]. 上海理工大学学报，2012, 34(5): 429-434.

第 10 章

# 加权复杂网络抗毁性优化设计

复杂网络抗毁性优化设计包括三个层次：基于网络拓扑结构的优化设计、基于网络容量的优化设计及基于修复策略的优化设计[1]。基于网络拓扑结构的优化设计是通过增加备份节点和备份链路的数量，改变复杂网络的拓扑结构和连接关系，从而保证网络在遭受随机故障或蓄意攻击时能够更好地维持网络的功能。基于网络容量的优化设计是针对复杂网络的级联失效过程而言的，如何在有限的成本下通过增大网络中部分节点或边的容量，以控制级联失效的发生及其传播成为复杂网络容量优化设计的目标。本章首先研究采用优化网络局部属性进行网络抗毁性优化设计的方法，重点考虑了重要节点的发掘及防护。其次，针对加权复杂网络的拓扑结构和连接关系已经确定的情况，探讨了如何提升网络中部分节点和边的容错能力，通过网络容量优化设计保证加权复杂网络的稳定运行。

## 10.1 加权复杂网络节点重要度评估方法

### 10.1.1 重要节点发掘的研究现状

复杂网络本质上的非同质拓扑结构[2]，决定了网络中每个节点的重要程度是不同的。同时，不同拓扑结构的网络对不同类型的攻击具有不同的抗毁性。因此，通过节点重要度评估找出重要的"关键性节点"将是增强复杂网络抗毁性的重要工作[3,4]。

目前，复杂网络中节点的重要度评估主要有社会网络分析领域的节点重要度评估方法、系统科学研究领域的节点重要度评估方法和信息搜索领域的节点重要度评估方法等。其中,社会网络分析领域的方法基于"重要性等价于显著性"的思想,通过从网络中寻找某种有用信息以充分反映节点在网络中的地位高低,扩大网络节点的显著性并以此定义节点的重要度,典型的评估方法有节点的度、介数、接近度和特征向量[5,6]等。系统科学研究领域的方法基于"破坏性等价于重要性"的思想,与社会网络分析方法不同,系统科学分析方法不是直接使用反映节点特征属性的指标来度量,而是基于网络拓扑结构的变化,通过删除节点破坏网络连通性,并使用某种指标来度量这种破坏对整个网络造成的影响,以此来反映网络节点的重要性,典型的评估方法有基于源节点到会聚节点最短路径的评估方法、基于生成树数量的节点删除法等[7,8]。信息搜索领域的方法考虑更多因素,节点的重要度不仅取决于其自身的连接度,而且与邻居节点的重要性相关,典型的算法有 PageRank 算法、HITS 算法及其变种 SALSA 算法等[9-11]。

另外,安世虎等[12]提出了一种针对加权网络的节点重要性综合测度法,采用综合测度来反映加权网络节点的关键性。吴俊等[13]提出了一个基于负载重分配的复杂负载网络级联失效模型,并在此基础上提出了一种考虑级联失效的复杂负载网络节点重要度评估方法。谭跃进等[14]提出了一种评估复杂网络节点重要度的节点收缩方法,认为最重要的节点就是将该节点收缩后网络的凝聚度最大的节点。朱涛等[15,16]给出了加权节点重要度的新定义,提出了改进的适用于加权复杂网络的节点收缩方法,并将其应用于网络化指挥控制中心的中心性评估工作中。王建伟等[17]提出了一种基于局部特征的网络节点重要性度量方法。余新等[18]提出了一种基于网络性能变化梯度的通信网络节点重要程度评价方法。陈静等[19]综合了节点的全局和局部重要性,提出了一种基于节点紧密度及节点在其邻域中的关键度的节点重要度评估方法。谢琼瑶等[20]提出了基于有权网络模型的电力网节点重要度评估指标。刘建强等[21]提出了一种基于节点疏远方法的网络节点重要性评价方法。周建等[22]提出了一种基于网络拓扑熵变化率的节点重要度评估方法。肖俐平等[23]提出了一种基于拓扑势的网络节点重要性排序及评价方法,该方法对于利用自然语言建立的描述节点重要性"公理集"的推理验证较其他评价方法更具科学性。王欣等[24]提出了一种新的 CIS 节点重要度评估方法，该方法综合考虑了作战任务需求和网络拓扑结构对节点重要度的影响，使用依赖度和影响度指标共同计算节点重要度。杨宏伟等[25]考虑实际加权复杂网络节点之间的负载流动情况，从节点间负载流动和网络系统运行的角度出发，提出了一种基于网络贡献度的节点重要性评估方法。

对于复杂网络中节点的重要度评估方法，国内外学者已经取得了很多的研究成果。然而，目前的研究仍存在以下问题。

（1）评估方法存在不确定性。以往的节点重要度评估方法如度、介数、紧密度、特征向量等，不同方法有不同的侧重点，而为了更加科学合理地进行评估，需要将不同方法结合起来使用，但目前尚没有一种方法可以将各种方法综合起来以有效地评估节点的重要度。

（2）评估方法存在内在关联性。现有的评估方法所基于的理论可以归纳为连接度、最短路径和网络模拟流，不同的节点重要度评估指标可能呈现出一定的相关性。例如，连接度较大的节点通常也构成了节点之间的最短路径，使得基于连接度和最短路径的重要度评估方法的结果存在很强的关联性。

针对以上问题，本节提出一种基于凝聚度的改进的加权复杂网络节点重要度评估方法。

## 10.1.2　改进的节点重要度评估模型

改进的节点重要度评估模型的主要思想是：节点连接的边越重要，则节点越重要，即节点的重要度不仅取决于其自身的重要度，而且与节点的连接特性相关。因此，引入节点连边的重要度。首先，以加权网络 $G$ 中的边为节点，各边之间的连接关系为边，将网络 $G$ 转化为网络 $G^*$；其次，计算出网络 $G^*$ 中各个节点的重要度；最后，将网络 $G$ 中节点 $v_i$ 的重要度与网络 $G^*$ 中对应节点的重要度进行叠加，即

$$\text{IMC}(v_i) = \alpha \cdot \text{IMC}_n(v_i) + \beta \cdot \sum_{j \in T} \text{IMC}_e(v_j) \qquad (10.1)$$

式中，$\text{IMC}_n(v_i)$ 表示网络 $G$ 中节点 $v_i$ 的重要度；$\text{IMC}_e(v_j)$ 表示网络 $G^*$ 中对应节点的重要度；$\alpha$ 和 $\beta$ 分别表示节点自身重要度与节点连边重要度的加权系数；$T$ 表示节点 $v_i$ 连边对应于网络 $G^*$ 中的节点集。如图 10-1

所示，节点 $v_4$ 的邻居节点为 $v_3$、$v_5$、$v_7$ 和 $v_9$，节点 $v_4$ 的连边为 $e_{34}$、$e_{45}$、$e_{47}$ 和 $e_{49}$。

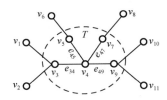

图 10-1　节点连边

由式（10.1）可以看出，节点的重要度取决于节点自身的重要度、节点连边的重要度及加权比例系数。因此，节点的重要度评估也就在一定程度上兼顾了节点的连接度、紧密度、位置及连接特性，与直观上判断节点重要度是统一的。

同时，由于考虑了节点连边的重要度，节点的重要度可能会出现 $\text{IMC}(v_i) > 1$ 的情况，因此需要对节点的重要度进行归一化处理，即

$$\text{IMC}_f(v_i) = \text{IMC}(v_i) \Big/ \sum_{i=1}^{n} \text{IMC}(v_i) \qquad (10.2)$$

式中，$\text{IMC}_f(v_i)$ 表示归一化处理后节点 $v_i$ 的重要度。令 $\rho = \alpha/\beta$ 且 $\alpha + \beta = 1$，$\rho$ 表示加权网络 $G$ 中节点自身重要度与节点连边重要度的加权比例系数。当 $\alpha \gg \beta$ 时，表示节点自身的重要度较大，连边对节点重要度的影响可以忽略；当 $\beta \gg \alpha$ 时，表示重点考虑节点连边的重要度，节点自身的重要度影响较小；当 $\beta = 0$ 时，表示仅考虑节点自身重要度的节点重要度评估算法；当 $\alpha = 0$ 时，表示仅考虑节点连边重要度的节点重要度评估算法。通过调节 $\rho$ 的值，可以分析节点连边的属性对节点重要度排序的影响。

### 10.1.3　基于凝聚度的节点重要度评估方法

假设 $v_i$ 是网络 $G = (V, E)$ 中的一个节点，所谓节点收缩，是指将节点 $v_i$ 与其邻居节点进行融合，即用一个新节点 $v_i'$ 来代替融合后的节点，且与节点 $v_i'$ 及其邻居节点相连的边转而与新节点 $v_i'$ 相连接。加权网络中节点收缩方法与之类似，不同的是节点收缩后如果外围节点与节点 $v_i'$ 及其

邻居节点有多条路径到达，新的连接以最短路径形式收缩。

加权网络的凝聚度描述了选定的节点收缩后加权网络的凝聚程度，其与网络中的节点数量、节点强度及平均最短距离密切相关。考虑边权差异的影响，文献[15]给出了加权网络凝聚度 $\partial(G)$ 的定义，即

$$\partial(G) = \frac{1}{S(G) \cdot L(G)} \tag{10.3}$$

式中，$S(G)$ 为加权网络的平均点权之和；$L(G)$ 为将加权网络退化为无权网络后的平均最短距离。进一步细化的加权网络凝聚度定义为

$$\partial(G) = \frac{1}{S(G) \cdot L(G)} = \frac{1}{\sum_{i=1}^{n} \frac{S_i}{N_i} \cdot \frac{2\sum_{i,j=1}^{N} d_{ij}}{n(n-1)}} \tag{10.4}$$

式中，$d_{ij}$ 为节点 $v_i$ 与节点 $v_j$ 的无权最短距离；$S_i$ 为点权；$N_i$ 为节点度。当 $n=1$ 时，令加权网络的凝聚度为 1。依据加权网络的凝聚度 $\partial(G)$ 定义节点 $v_i$ 的重要度 $\mathrm{IMC}(v_i)$ 为

$$\mathrm{IMC}(v_i) = 1 - \frac{\partial(G)}{\partial[G'(v_i)]} \tag{10.5}$$

式中，$G'(v_i)$ 表示将节点 $v_i$ 收缩后得到的加权网络。当边权差异消失时，加权网络即退化为无权网络。因此，加权网络的凝聚度和节点的重要度与无权网络是统一的。

### 10.1.4 改进的加权复杂网络节点重要度评估方法的步骤

依据改进的节点重要度评估模型，通过网络的转化，分别计算节点及其连边的重要度，并对二者进行加权求和，最终给出加权网络的节点重要度评估值。

下面给出改进的加权复杂网络节点重要度评估方法的步骤。

Step1：计算加权复杂网络 $G$ 的平均点权之和 $S(G)$。

Step2：调用 Floyd 算法，计算网络 $G$ 的平均无权最短距离 $L(G)$。

Step3：根据式（10.3）计算网络 $G$ 的初始加权凝聚度 $\partial(G)$。

Step4：计算节点 $v_i(i=1,2,\cdots,n)$ 收缩后网络 $G'(v_i)$ 的平均点权之和 $S[G'(v_i)]$) 及平均无权最短距离 $L[G'(v_i)]$。

Step5：根据式（10.3）计算网络 $G'(v_i)$ 的加权凝聚度 $\partial[G'(v_i)]$。

Step6：根据式（10.5）计算网络 $G$ 中各节点的重要度 $\mathrm{IMC}_n(v_i)$。

Step7：将网络 $G$ 转化为网络 $G^*$，重复 Step1～Step6 计算网络 $G^*$ 中各节点的重要度 $\mathrm{IMC}_e(v_j)$。

Step8：设定重要度加权系数 $\alpha$ 和 $\beta$，根据式（10.1）计算网络 $G$ 中各节点的重要度 $\mathrm{IMC}(v_i)$，最后对节点的重要度根据式（10.2）进行归一化处理。

由以上方法的步骤可以看出，改进的加权复杂网络节点重要度评估方法还需要考虑节点连边的重要度，即需要计算网络 $G^*$ 中各节点的重要度，而两者的时间复杂度是相同的，那么整个方法的复杂度为 $O(n^3)$。改进方法的时间复杂度远小于加权点介数法的时间复杂度，对于大型加权复杂网络可以获得理想的计算能力。另外，以上方法仅从网络拓扑结构及边权特征方面对节点的重要度进行排序，考虑到实际网络应用的特殊性，还要依据网络及节点的实际情况对节点的重要度进行调节。

### 10.1.5 加权复杂网络节点重要度评估方法仿真分析

如图 10-2 所示，加权复杂网络 $G$ 由 10 个节点和 10 条边组成。以网络 $G$ 中的边为节点，各边之间的连接关系为边，将网络 $G$ 转化为网络 $G^*$，其拓扑结构如图 10-3 所示。

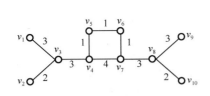
图 10-2 加权复杂网络 $G$ 的拓扑结构

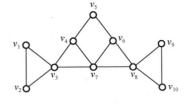
图 10-3 加权复杂网络 $G^*$ 的拓扑结构

分别运用介数中心化法、基于凝聚度的节点收缩法及本节提出的改进方法评估加权复杂网络 $G$ 中各节点的重要度。设改进方法中重要度加权比例系数 $\rho=5$，表示节点重要度评估中较为关注节点自身的重要度。不同评估方法的节点重要度评估结果如表 10-1 所示。

表 10-1  不同评估方法的节点重要度评估结果

| 节点 | 介数中心化法 | | 基于凝聚度的节点收缩法 | | 本节提出的改进方法 | |
|---|---|---|---|---|---|---|
| | 重要度 | 排序 | 重要度 | 排序 | 重要度 | 排序 |
| 1 | 0.200 0 | 4 | 0.108 7 | 5 | 0.035 8 | 5 |
| 2 | 0.200 0 | 4 | 0.151 6 | 4 | 0.044 7 | 4 |
| 3 | 0.366 7 | 3 | 0.413 0 | 3 | 0.135 1 | 2 |
| 4 | 0.422 2 | 2 | 0.428 9 | 2 | 0.153 3 | 1 |
| 5 | 0.533 3 | 1 | 0.498 7 | 1 | 0.131 1 | 3 |
| 6 | 0.533 3 | 1 | 0.498 7 | 1 | 0.131 1 | 3 |
| 7 | 0.422 2 | 2 | 0.428 9 | 2 | 0.153 3 | 1 |
| 8 | 0.366 7 | 3 | 0.413 0 | 3 | 0.135 1 | 2 |
| 9 | 0.200 0 | 4 | 0.108 7 | 5 | 0.035 8 | 5 |
| 10 | 0.200 0 | 4 | 0.151 6 | 4 | 0.044 7 | 4 |

由表 10-1 可以看出，改进方法通过考虑节点连边的重要度评估进一步刻画了节点的重要度差异。结果表明，节点 $v_3$ 与 $v_4$ 的重要度排序较节点 $v_5$ 有所上升，原因是节点 $v_3$ 与 $v_4$ 连边的重要度较大，即使在重点考虑节点自身重要度的情况下，二者的重要度变化量仍然超过了不考虑连边时节点 $v_5$ 与节点 $v_3$ 和 $v_4$ 的重要度差值，因此节点 $v_3$ 和 $v_4$ 的重要度超过了节点 $v_5$，符合直观判断。节点 $v_7$ 和 $v_8$ 相对于节点 $v_6$ 的重要度变化亦然。另外，通过调节加权比例系数 $\rho$ 的值，可以分析节点连边的属性对节点重要度的影响，如图 10-4 所示。

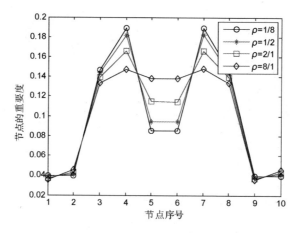

图 10-4  不同加权比例系数的节点重要度比较

由图 10-4 可以看出，随着加权比例系数 $\rho$ 的变化，各节点的重要度有着显著变化。其中，节点 $v_1$ 和 $v_9$、$v_3$ 和 $v_8$ 及 $v_4$ 和 $v_7$ 的重要度随 $\rho$ 的递增而递减，而节点 $v_2$ 和 $v_{10}$ 及 $v_5$ 和 $v_6$ 的重要度随 $\rho$ 的递增而递增。同时，随着 $\rho$ 的递增，节点 $v_5$ 和 $v_6$ 的重要度逐渐超过了节点 $v_4$ 和 $v_7$。图 10-4 表明，评估节点重要度时考虑的侧重点不同，将对节点的重要度排序结果产生较大影响。

另外，不同的 $\rho$ 值对节点重要度的一个重要影响是节点相对重要性大小的变化。在某些情况下，节点的相对重要性即局部重要性相对于全局重要性往往更为重要，尤其是当加权复杂网络的规模非常大的时候[2]。不同加权比例系数的节点相对重要性比较如图 10-5 所示，其中 $\text{RIMC}_{ij}$ 是指节点 $i$ 相对于节点 $j$ 的重要性。

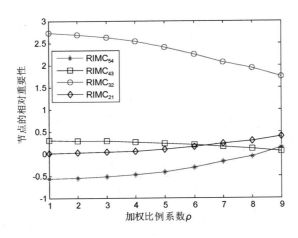

图 10-5　不同加权比例系数的节点相对重要性比较

由图 10-5 可以看出，随着加权比例系数 $\rho$ 的增大，节点 $v_5$ 相对于 $v_4$、节点 $v_2$ 相对于 $v_1$ 的重要性不断增大，节点 $v_4$ 相对于 $v_3$、节点 $v_3$ 相对于 $v_2$ 的重要性不断减小。图 10-5 表明，评估节点重要度时考虑的侧重点不同，也将对节点的相对重要性产生较大影响。

## 10.2　加权复杂网络容量优化设计

基于网络容量的优化设计是针对复杂网络的级联失效过程而言的，

有限的容量和网络负载的动态分配使得网络的抗毁性问题更为复杂，如何在有限的成本下通过增大网络中部分节点或边的容量，以控制级联失效的发生及其传播成为复杂网络容量优化设计的目标[26]。本节侧重考虑了现实网络中连边容量已经确定且用于修复网络的冗余容量有限的情况，介绍网络冗余容量分配策略以达到最强的级联抗毁性。

### 10.2.1 基于有限冗余容量的容量优化设计

#### 1. 冗余容量有限的容量优化模型

在实际加权复杂网络的安全防护中，出于成本的考虑，用于防御级联失效的冗余资源往往是有限的[27]。对于一个给定的加权复杂网络，网络中各条边上的负载与容量呈现出非线性关系，容量较小的边上反而具有较大的空闲容量。在此沿用第 7 章中定义的非线性负载容量模型，将加权复杂网络中边的容量 $C$ 表示为 $C=L+\beta L^\alpha$，其中 $\alpha$（$\alpha>0$）和 $\beta$（$\beta>0$）是容量参数。当 $\alpha=1$ 时，该模型即退化为线性负载容量模型。

在级联失效发生前，加权复杂网络中各条边上的负载均小于其承载能力。通过对实际网络的实证研究获取网络的容量参数 $\alpha$ 和 $\beta$。针对加权复杂网络的攻击方式有两种，即随机失效和蓄意攻击，本节重点考虑破坏力最强的蓄意攻击的情况。在加权复杂网络遭受蓄意攻击的情况下，有限的容量和负载的重分配可能引发级联失效[28]。假设用于防御级联失效的冗余容量 $C_r$ 是有限的，设其为常量 $R$，表示为

$$R = C_r = \sum_{i=1}^{M} C_r^i \qquad (10.6)$$

式中，$R$ 为常量，$M$ 表示加权复杂网络中边的数量。在冗余容量有限的容量优化模型中，网络中各边对防御级联失效的冗余容量分配定义为一组值 $\Omega = \{a_1, a_2, \cdots, a_M\}$，其中 $a_i$ 表示分配给边 $i$ 的冗余容量系数。在此采用标准化崩塌规模 $S_N$ 来表示移除一定数量的边后对加权复杂网络造成的平均破坏程度。由于冗余容量是有限的，因此对于不同的冗余容量分配策略，加权复杂网络表现出不同的级联抗毁性。可以通过比较不同冗余容量分配策略对加权复杂网络级联抗毁性的影响，从而找出最优分配策略。

## 2. 冗余容量分配策略

这里定义了三种冗余容量分配策略，分别为平均容量分配（ACD）策略、负载偏好容量分配（LPCD）策略和负载重点容量分配（LKCD）策略，分别描述如下。

（1）平均容量分配策略：将冗余容量 $C_r$ 平均分配到 $M$ 条边上。因此，加权复杂网络中每条边接收到的冗余容量系数 $a_i$ 为

$$a_i = \frac{C_r}{C_i M} \quad (10.7)$$

（2）负载偏好容量分配策略：将冗余容量 $C_r$ 按照边初始负载的相对大小分配到 $M$ 条边上。因此，加权复杂网络中每条边接收到的冗余容量系数 $a_i$ 为

$$a_i = \frac{C_r}{C_i} \frac{L_i}{\sum_{i=1}^{M} L_i} \quad (10.8)$$

式中，$L_i$ 表示边 $i$ 上的初始负载。

（3）负载重点容量分配策略[28]：将冗余容量 $C_r$ 优先分配到 $m_s$ 条边上，其中边的选择是依据初始负载的大小进行排序后取前 $m_s$ 条边。因此，加权复杂网络中每条边接收到的冗余容量系数 $a_i$ 为

$$a_i = \begin{cases} \dfrac{C_r}{C_i} \dfrac{L_i}{\sum_{i=1}^{m_s} L_i} & （前 m_s 条初始负载较大的边）\\ 0 & （初始负载较小的 M-m_s 条边）\end{cases} \quad (10.9)$$

### 10.2.2 冗余容量分配策略优化效果仿真分析

网络的拓扑结构在网络动力学方面扮演着重要角色，鉴于实际网络都表现出的无标度特性，本节重点研究 BA 无标度网络的级联抗毁性。BA 无标度网络的构建依赖于择优连接机制，其初始节点数量 $m_0=5$，$m=2$，节点总数 $N=5000$，平均度 $\langle k \rangle=4$。网络的赋权模型采用端节点度的乘积形式 $w_{ij}=(k_i k_j)^\theta$，权重系数 $\theta$ 在区间 $(0,2]$ 中取值。另外，将 BA 无标度网络的容量参数设置为 $\alpha=0.45$，$\beta=0.20$。

## 1. 平均容量分配策略优化效果仿真分析

根据本书前文的仿真结果，当权重系数 $\theta$ 在区间 $(0,0.4]$ 中取值时，BA 无标度网络的级联失效范围较小。因此，在下面的仿真中，权重系数的取值设定在 $[0.5,2.0]$ 中。

ACD 策略下 BA 无标度网络的级联抗毁性随节点移除比例的变化曲线如图 10-6 所示，其中权重系数 $\theta=1$，冗余容量占总容量的比例为 $E_C$，分别设定为 0.05 和 0.10，仿真结果为 10 次计算的平均值。

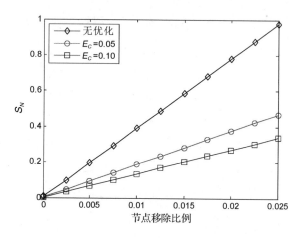

图 10-6 ACD 策略下 BA 无标度网络的级联抗毁性随节点移除比例的变化曲线

由图 10-6 可以看出，随着基于 HL 边攻击策略的边移除的不断进行，BA 无标度网络的级联抗毁性不断减弱。在 ACD 策略下，BA 无标度网络的级联抗毁性较无优化状态得到了一定程度的增强，且冗余容量占比 $E_C$ 越大，网络的级联抗毁性增强越快，这与直观上的认识是一致的。

当权重系数 $\theta$ 在 $[0.5,2.0]$ 中取值时，ACD 策略下 BA 无标度网络的级联抗毁性与权重系数的关系曲线如图 10-7 所示，其中 RI 表示级联失效范围较无优化状态减小的比例，仿真结果为 10 次计算的平均值。

由图 10-7 可以看出，在 ACD 策略下，不同权重系数的 BA 无标度网络级联抗毁性的增强程度呈现出先降低后升高的趋势。对于冗余容量占比 $E_C=0.05$ 的情况，其对 BA 无标度网络级联抗毁性的增强维持在 40% 以上，优化效果已经较好。

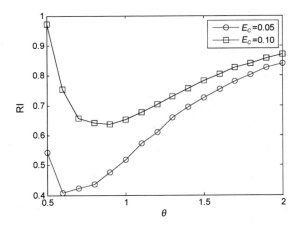

图 10-7 ACD 策略下 BA 无标度网络的级联抗毁性与权重系数的关系曲线

### 2．负载偏好容量分配策略优化效果仿真分析

LPCD 策略下 BA 无标度网络的级联抗毁性随节点移除比例的变化曲线如图 10-8 所示，其中权重系数 $\theta=1$，仿真结果为 10 次计算的平均值。

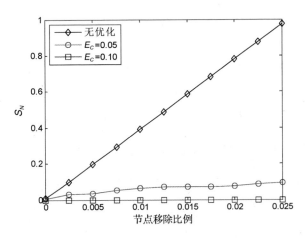

图 10-8 LPCD 策略下 BA 无标度网络的级联抗毁性随节点移除比例的变化曲线

由图 10-8 可以看出，在冗余容量占比为 0.05 的情况下，BA 无标度网络的级联抗毁性较无优化状态得到了显著增强，网络级联失效范围始终保持在 10%以下；且当冗余容量占比为 0.10 时，几乎抑制了级联失效的发生和传播。

当权重系数 $\theta$ 在[0.5,2.0]中取值时，LPCD 策略下 BA 无标度网络的级联抗毁性与权重系数的关系曲线如图 10-9 所示，仿真结果为 10 次计算的平均值。

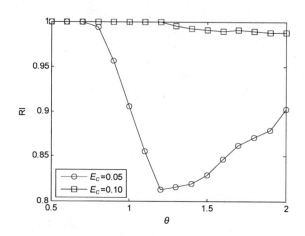

图 10-9　LPCD 策略下 BA 无标度网络的级联抗毁性与权重系数的关系曲线

由图 10-9 可以看出，在 LPCD 策略下，不同权重系数的 BA 无标度网络级联抗毁性的增强程度呈现出先降低后升高的趋势。特别地，对于冗余容量占比 $E_c$=0.05 的情况，其对 BA 无标度网络级联抗毁性的增强一直维持在 80%以上。这一结论表明，在 LPCD 策略下，仅需要非常小的冗余容量就可以较大程度地改善 BA 无标度网络的级联抗毁性。

### 3．负载重点容量分配策略优化效果仿真分析

LKCD 策略下 BA 无标度网络的级联抗毁性随节点移除比例的变化曲线如图 10-10 所示，其中权重系数 $\theta$=1，仿真结果为 10 次计算的平均值。

由图 10-10 可以看出，在 LKCD 策略下，BA 无标度网络的级联抗毁性较无优化状态没有大的变化，甚至在冗余容量占比为 0.20 的情况下，该策略对 BA 无标度网络的级联抗毁性优化也没有表现出明显差异。

当权重系数 $\theta$ 在[0.5,2.0]中取值时，LKCD 策略下 BA 无标度网络的级联抗毁性与权重系数的关系曲线如图 10-11 所示，仿真结果为 10 次计算的平均值。

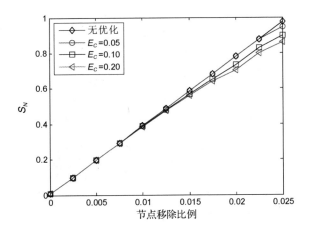

图 10-10　LKCD 策略下 BA 无标度网络的级联
抗毁性随节点移除比例的变化曲线

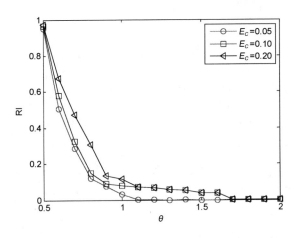

图 10-11　LKCD 策略下 BA 无标度网络的级联抗毁性与权重系数的关系曲线

由图 10-11 可以看出，在 LKCD 策略下，不同权重系数的 BA 无标度网络级联抗毁性的增强程度差异较大，当权重系数较小时，LKCD 策略具有较好的修复效果。例如，当 $\theta=0.5$ 时，$E_C=0.05$ 对应的增强为 95%。而当权重系数逐渐增大时，LKCD 策略的修复效果逐渐减弱，最终趋近于 0。这一结论表明，LKCD 策略的修复效果对权重系数较为敏感，在权重系数较小时能显著改善 BA 无标度网络的级联抗毁性。

由图 10-6～图 10-11 的仿真结果可以看出，在同样的冗余容量下，

LPCD 策略对增强 BA 无标度网络级联抗毁性的效果最为显著,在仅具有较小冗余容量的情况下即可以较大程度地控制级联失效发生的范围和造成的影响,并且该策略对不同权重系数的 BA 无标度网络是普适的。在有限的冗余容量条件下,当权重系数较大时,三种策略对级联抗毁性的增强效果排序为 LPCD>ACD>LKCD,LKCD 策略的优化效果最不理想。进一步的分析表明,BA 无标度网络中边的重要度是与其上的负载密切相关的。因此,LPCD 策略的优化效率最高。另外,对于 LKCD 策略,其依据边的初始负载对边的重要度进行排序,将冗余容量分配给初始负载较大的部分节点,然而对于大部分初始负载较小的节点,其容错能力并没有得到增强,因此其对 BA 无标度网络级联抗毁性的改善并不明显。

## 10.3 本章小结

抗毁性优化设计是加权复杂网络抗毁性研究的落脚点。本章主要从加权复杂网络局部属性优化和全局容量优化两个方面对加权复杂网络抗毁性优化设计进行了深入研究。首先,针对当前复杂网络节点重要度评估方法中存在的问题,提出了一种基于凝聚度的改进的加权复杂网络节点重要度评估方法。节点的重要度评估不仅考虑了节点自身的重要度,而且兼顾了节点连边的重要度,通过调节加权比例系数的值,可以调节节点连边对节点重要度排序的影响。其次,针对加权复杂网络的容量优化设计问题,提出了一个冗余容量有限的容量优化模型,定义了三种冗余容量分配策略。仿真结果表明,负载偏好容量分配策略对 BA 无标度网络级联抗毁性的增强效果最好,而负载重点容量分配策略的效果最差。本章的研究成果能够为实际网络的抗毁性优化设计提供有益的参考和借鉴。

## 参考文献

[1] ALBERT R, BARABASI A L. Statistical mechanics of complex networks[J]. Review of modern physics, 2002, 74(1):47-97.

[2] 赫南,李德毅,淦文燕,等. 复杂网络中重要性节点发掘综述[J]. 计算机科学, 2007, 34(12): 1-6.

[3] DELVENNE J C, LIBERT A S. Centrality measures and thermodynamic formalism for complex networks[J]. Physical review E, 2011, 83(4): 046117.

[4] NICOSIA V, CRIADO R, ROMANCE M, et al. Controlling centrality in complex networks[J]. Nature scientific reports, 2011, 2: 00218.

[5] OCHAB J K. Maximal-entropy random walk unifies centrality measures [J]. Physical review E, 2012, 86(6): 066109.

[6] PEERRA N, FORTUNARO S. Spectral centrality measures in complex networks [J]. Physical review E, 2008, 78(3): 136107.

[7] GAO Y. Shortest path problem with uncertain arc lengths[J]. Computers & mathematics with applications, 2011, 62(6): 2591-2600.

[8] BAZGAN C, TOUBALINE S, TUZAB Z. The most vital nodes with respect to independent set and vertex cover[J]. Discrete applied mathematics, 2011, 159(17): 1933-1946.

[9] ESTRADA E. Structural patterns in complex networks through spectral analysis[J]. Structural, syntactic, and statistical pattern recognition, 2010, 6218: 45-59.

[10] FORTUNATO S, FLAMMINI A. Random walks on directed networks: the case of PageRank[J]. International journal of bifurcation & chaos, 2007, 17: 2343-2353.

[11] LAMBIOTTE R, ROSVALL M. Ranking and clustering of nodes in networks with smart teleportation[J]. Physical review E, 2012, 85(5): 056107.

[12] 安世虎, 都艺兵, 曲吉林. 节点集重要性测度——综合法及其在知识共享网络中的应用[J]. 中国管理科学, 2006, 14(1): 106-111.

[13] 吴俊, 谭跃进, 邓宏钟, 等. 考虑级联失效的复杂网络节点重要度评估[J]. 小型微型计算机系统, 2007, 4(4): 627-630.

[14] 谭跃进, 吴俊, 邓宏钟. 复杂网络中节点重要度评估的节点收缩方法[J]. 系统工程理论与实践, 2006, 26(11): 79-83.

[15] 朱涛, 张水平, 郭戎潇, 等. 改进的加权复杂网络节点重要度

评估的收缩方法[J]. 系统工程与电子技术, 2009, 31(8): 1902-1905.

[16] 朱涛, 常国岑, 郭戎潇, 等. 网络化指挥控制中心性建模评估研究[J]. 系统仿真学报, 2010, 22(1): 201-204.

[17] 王建伟, 荣莉莉, 郭天柱. 一种基于局部特征的网络节点重要性度量方法[J]. 大连理工大学学报, 2010, 50(5): 822-826.

[18] 余新, 李艳和, 郑小平, 等. 基于网络性能变化梯度的通信网络节点重要程度评价方法[J]. 清华大学学报, 2008, 48(4): 541-544.

[19] 陈静, 孙林夫. 复杂网络中节点重要度评估[J]. 西南交通大学学报, 2009, 44(3): 426-429.

[20] 谢琼瑶, 邓长虹, 赵红生, 等. 基于有权网络模型的电力网节点重要度评估[J]. 电力系统自动化, 2009, 33(4): 21-24.

[21] 刘建强, 兰巨龙, 邬江兴. 基于节点疏远方法的网络节点重要性评价[J]. 计算机工程与科学, 2011, 33(3): 13-17.

[22] ZHOU J, PAN J X, ZHOU Y R. Node importance evaluation based on network heterogeneity[C]//2010 International Conference on Communication and Mobile Computing (CMC), Hefei, China. IEEE, 2010: 188-194.

[23] 肖俐平, 孟晖, 李德毅. 基于拓扑势的网络节点重要性排序及评价方法[J]. 武汉大学学报(信息科学版), 2008, 33(4): 379-383.

[24] 王欣, 姚佩阳, 周翔翔, 等. 指挥信息系统网络节点重要度评估方法[J]. 北京邮电大学学报, 2011, 34(4): 38-42.

[25] 杨宏伟, 张勇, 王焕坤, 等. 基于负载流的点加权复杂网络节点重要性评估方法研究[J]. 计算机应用研究, 2013, 30(1): 134-137.

[26] YAN Y, LIU X, ZHUANG X T. Analyzing and identifying of cascading failure in supply chain networks[C]//2010 International Conference on Logistics Systems and Intelligent Management, Shenyang, China. IEEE, 2010, 3: 1292-1295.

[27] 王威, 狄鹏, 胡斌. 基于随机行走介数的级联失效模型[J]. 系统工程与电子技术, 2012, 34(9): 1914-1917.

[28] 黎放, 胡斌, 狄鹏. 基于资源有限模型的无标度网络动态抗毁性优化[J]. 系统工程与电子技术, 2012, 34(1): 175-178.

# 反侵权盗版声明

电子工业出版社依法对本作品享有专有出版权。任何未经权利人书面许可，复制、销售或通过信息网络传播本作品的行为，歪曲、篡改、剽窃本作品的行为，均违反《中华人民共和国著作权法》，其行为人应承担相应的民事责任和行政责任，构成犯罪的，将被依法追究刑事责任。

为了维护市场秩序，保护权利人的合法权益，我社将依法查处和打击侵权盗版的单位和个人。欢迎社会各界人士积极举报侵权盗版行为，本社将奖励举报有功人员，并保证举报人的信息不被泄露。

举报电话：（010）88254396；（010）88258888
传　　真：（010）88254397
E-mail：dbqq@phei.com.cn
通信地址：北京市海淀区万寿路 173 信箱
　　　　　电子工业出版社总编办公室
邮　　编：100036